JN194847

Git ハンズオンラーニング

手を動かして学ぶバージョン管理システムの基本

Anna Skoulikari　著
原 隆文　訳

本書で使用するシステム名、製品名は、いずれも各社の商標、または登録商標です。
なお、本文中では ™、®、© マークは省略している場合もあります。

Learning Git

A Hands-On and Visual Guide to the Basics of Git

Anna Skoulikari

Beijing • Boston • Farnham • Sebastopol • Tokyo

©2025 O'Reilly Japan, Inc. Authorized Japanese translation of the English edition of Learning Git.
©2023 Anna Skoulikari. All rights reserved. This translation is published and sold by permission of O'Reilly Media, Inc., the owner of all rights to publish and sell the same.

本書は、株式会社オライリー・ジャパンが O'Reilly Media, Inc. の許諾に基づき翻訳したものです。日本語版についての権利は、株式会社オライリー・ジャパンが保有します。

日本語版の内容について、株式会社オライリー・ジャパンは最大限の努力をもって正確を期していますが、本書の内容に基づく運用結果について責任を負いかねますので、ご了承ください。

愛する両親に本書を捧ぐ

お父さん、お母さん、私たちが人生と呼ぶこの最高の旅を通じて
いつも支えてくれてありがとう

賞賛の声

本書は、Git の実用的な知識を身につけたい人にとって、きわめて楽しく、わかりやすく、それでいて完全なガイドブックである。

—— **Robert C. Martin**（Uncle Bob）　ソフトウェア職人および『Clean Code』の著者

Anna は、Git のコミュニティが本当に必要としている本を執筆した。Git について理解している人でも、本書から学べることがいくつもあるだろう。

—— **Ben Straub**　開発者および『Pro Git』の共著者

まえがき

Git について教える本を私が書くことになろうとは、思ってもいませんでした。しかし、一連の幸運な出来事を経て、いつしか、このテクノロジーを簡単に教えるための独創的なアイデアを抱くようになりました。

Git との出会いは、Web 開発を学ぶためのコーディング研修に参加したときでした。講師は Git について学生たちに簡単に説明しましたが、すべてのプロジェクトが個別に行われることを考えると、Git を大々的に使用する必要はありませんでした。

コーディング研修の後、企業で Web サイトに取り組むフロントエンド開発者の職を得ました。Git を学ぶ本当の旅は、この新しい仕事の初日に始まりました。最初の数か月間、企業のチームの一員として働きながら、筆者は Git におびえていました。Git を使って、何か複雑に思えることをしなければならないたびに、リポジトリーを壊してしまわないか、めちゃくちゃにしてしまわないかと不安に感じていました。

同僚と一緒に仕事をできるようになるために、Git について詳しく学ぶことにしました。しかし、いろいろなオンラインリソースを読んでみましたが、それらの教材のほとんどは初心者向けのものではないことがすぐにわかりました。いったん Git の基礎を理解できるようになると、図と色を使えば、このテクノロジーをもっと簡単に教えられるのではないかと考えるようになりました。

筆者はオンライン学習コースを作成し、Web にアップロードしました。コースの作成に取り組みながら、頭の片隅では、Git に関する本もいつか執筆してみたいと思っていました。

オンライン学習コースについて多くの建設的なフィードバックをもらい、ついに 2021 年の夏に、そのプロジェクトに取り掛かるべきだと決心しました。読者がいま読んでいる本はその決心の成果であり、読者が Git を学習するうえで、本書が大いに役立つことを心から願っています！

本書の対象読者

本書は、Gitがどのように動作するかという基礎を学びたいと考えている、すべての人を対象としています。特に、技術スキルを学び始めたばかりの人や、技術系の職種ではないが、Gitを使って技術者と共同作業しなければならない人のために書かれています。そのほかに、コーディング研修を受けている学生、コンピューターサイエンスの学生、テクニカルライター、プロダクトマネージャー、デザイナー、若手の開発者、データサイエンティスト、独学のプログラマーなど、多くの人が本書から恩恵を受けられるでしょう。

本書は、Gitの使用経験がまったくない、あるいは少ししかない読者のために書かれています。Gitをまったく使ったことがなかったとしても、本書はゼロからスタートするので問題ありません。Gitのインストールやコマンドラインの使い方から始めて、だんだんと知識を積み上げていきます。

Gitやコマンドラインを少しでも使ったことがある人にとっては、最初の章は復習にすぎないかもしれませんが、読み飛ばさないことをお勧めします。なぜなら、本書を通じて使用するRainbowプロジェクトをセットアップするからです。

本書の使い方

本書はハンズオン形式の学習体験を提供します。Gitの基本的な概念を学びながら、自分のコンピューター上で練習課題を実行します。本書を通じて、RainbowプロジェクトおよびBookプロジェクトという2つのプロジェクトを取り上げます。

Rainbowプロジェクトは、練習課題を実際に試すことで取り組むハンズオンプロジェクトです。これは、学習目的のための簡略化したプロジェクトです。Bookプロジェクトは、より現実的なプロジェクトでGitの機能をどのように利用できるかを説明するための架空のプロジェクトです。これらのプロジェクトおよび本書の構成について、さらに詳しく見てみましょう。

この後の説明で、「リポジトリー」や「コミット」など、なじみのない用語が出てきても心配はいりません。それらの概念については、本書の中で詳しく説明します。

Rainbowプロジェクト

Gitの基礎を学ぶために、本書を通じて、読者はRainbowプロジェクトに取り組みます。説明を理解するために、「1章 Gitとコマンドライン」から「12章 プルリクエスト(マージリクエスト)」まで順番に読み、それぞれの練習課題を自分のコンピューター上で試します。たとえば、「4章 ブランチ」の練習課題は、1章から3章までの練習課題が終わっていることを前提としています。

リポジトリー

基本的なレベルでは、**リポジトリー**とは、Gitプロジェクトの1つのコピーです。本書では、Rainbowプロジェクトに取り組むために、まず`rainbow`というローカルリポジトリーを作成します。その後、7章で`rainbow-remote`というリモートリポジトリーを作成します。最後に8章で、Rainbowプロジェクトでの友人との共同作業をシミュレーションするために、`friend-rainbow`というもう1つのローカルリポジトリーを作成します。8章以降で、「友人」が何かを行うと言及するときには、`friend-rainbow`リポジトリーでアクションを実行することを意味します。

筆者が大文字の「R」を使って「Rainbowプロジェクト」と書く場合は、1つのリポジトリーから始まり、最終的に3つのリポジトリーを含むことになる、プロジェクト全体を表します。小文字の「r」を使って、「`rainbow`プロジェクトディレクトリー」や「`rainbow`リポジトリー」と書く場合は、Rainbowプロジェクトの一部である特定のローカルリポジトリーを表します。

コミット

Rainbowプロジェクトでは、ファイルの作成や編集を行い、虹(rainbow)の色に関する文と、それ以外の色に関する文をファイル内に追加していきます。これは、Gitによってバージョン管理される現実的なプロジェクトの例ではありません。複雑なものを作成する代わりに、Gitを学ぶことに焦点を合わせた、簡略化したプロジェクトです。

本書を通じて、Rainbowプロジェクトで何が行われているかを説明するために、ダイアグラム(図)を使います。Rainbowプロジェクトに色を追加するたびに、リポジトリー内で**コミット**を作成します。コミットとは、基本的にプロジェクトの1つのバージョンを表します。ダイアグラムでは、コミットは円によって表され、追加した色で示されます。また、その色の名前をコミットの名前として使います。たとえば、Rainbow プロジェクトに最初に追加する色は赤（red）なので、そのコミットを表す円は赤色で示し、「red コミット」と呼ぶことにします[†1]。

色覚異常の読者も利用できるように、ダイアグラムにはコミットの名前（または略称）を含めるようにします。**図1** は、red コミットの例を示しています。

図1　完全な名前を含んでいるコミットの例

表1 は、本書の Rainbow プロジェクトで作成するすべてのコミットの完全な名前と略称を示したものです。

表1　Rainbow プロジェクトで作成するすべてのコミットのリスト

コミットの完全な名前	コミットの略称
red	R
orange	O
yellow	Y
green	G
blue	B
brown	Br
merge commit 1	M1
indigo	I
violet	V
merge commit 2	M2
gray	Gr
black	Bl
rainbow	Ra
pink	P
merge commit 3	M3

図2 は、すべてのコミットを示したダイアグラムです。

†1　訳注：紙版の書籍はモノクロ印刷なので少しわかりにくいですが、電子版の Ebook はオールカラーです。

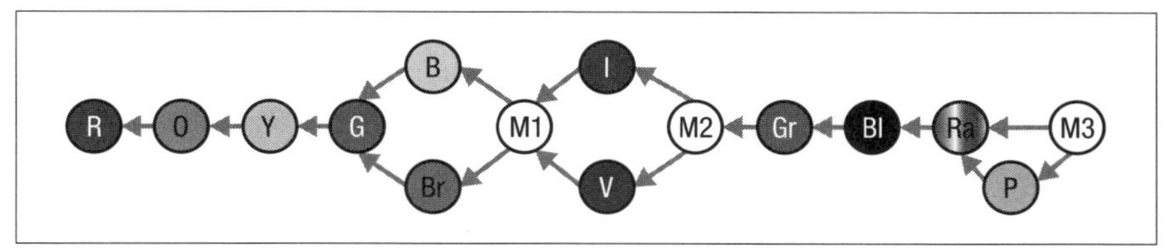

図2　本書の終わりまでにRainbowプロジェクトで作成する15個のコミット

巻末付録

本書は「1章　Gitとコマンドライン」から「12章　プルリクエスト（マージリクエスト）」まで通して読むように設計されていますが、特定の章から始めたい場合もあるかもしれません。たとえば次のような場合です。

- 本書の練習課題をすべてやり終えた後で、特定の章から復習したい場合
- 前の章で、解決できないトラブルがRainbowプロジェクトに発生し、新たな状態で新しい章から続行したい場合

このような場合、「付録A　各章を始めるためのセットアップ」の指示に従って、始めたい章の開始時点でのRainbowプロジェクトを再作成することができます。

「付録B　コマンドのクイックリファレンス」は、それぞれの章で紹介するコマンドをまとめたクイックリファレンスガイドです。

「付録C　ビジュアル言語のリファレンス」は、本書のダイアグラムで使用するビジュアル言語のガイドです。

「付録D　補足資料」は、日本語版の翻訳時点での本書のGitHubリポジトリーの内容を収めたものです。これについては後で説明します。

Bookプロジェクト

Bookプロジェクトは、より現実的なプロジェクトでGitをどのように利用できるかを説明するための架空のプロジェクトです。このプロジェクトでは、筆者が本を執筆していて、そのファイルを、Gitを使ってバージョン管理すると想定します。この本は10個の章（chapter）で構成されており、`chapter_one.txt`、`chapter_two.txt`といった具合に、10個のテキストファイルがそれぞれの章を表します。また、共著者や編集者と一緒にBookプロジェクトに取り組むとどうなるかについてもシミュレーションします。これらの説明は、**サンプルBookプロジェクト**のセクション内で行い

ます。

読者がBookプロジェクトに能動的に取り組んだり、それらを作成したりすることはありません。Bookプロジェクトは、Gitの機能の使い方について、さらに詳しい説明や例を提示するためだけに使います。

サンプルBookプロジェクトのセクションのほかに、本書にはいくつかのセクションがあります。それらについて次に見てみましょう。

本書でのセクション

本書で読者が目にする、さまざまなセクションについて簡単に説明します。

サンプルBookプロジェクト

すでに述べたように、**サンプルBookプロジェクト**のセクションでは、Bookプロジェクトに基づいて、Gitの機能やコマンドに関する追加のコンテキストや例を提示します。

実行手順

実行手順のセクションでは、読者がコンピューター上で実行すべきステップを、番号付きリストとして提示します。あるステップに太字のコマンドが含まれている場合は、コマンドラインにそのコマンドを入力し、実行する必要があります。出力を生成するコマンドについては、出力結果の例を示します。この出力結果は、本書の執筆時に筆者が取り組んだRainbowプロジェクトに基づくものです。これはmacOSでの結果ですが、Gitコマンドの出力結果はWindowsでも同じです。WindowsとmacOSで、その他のコマンドの出力結果に大きな違いがある場合は、その旨を文中に記載します。

ビジュアル化

ビジュアル化のセクションでは、Rainbowプロジェクトで何が行われているかを表すダイアグラム（図）を示します。このセクションで使われている2つの重要なダイアグラムが、**Gitダイアグラム**と**リポジトリーダイアグラム**です。Git

ダイアグラムについては「2章　ローカルリポジトリー」で紹介します。リポジトリーダイアグラムは「4章　ブランチ」から使い始めます。本書のすべてのダイアグラムは、本文の説明とともに段階的に作成します。
本書を通じて使用するビジュアル言語の概要については、「付録C　ビジュアル言語のリファレンス」を参照してください。

コマンドの紹介
このセクションでは、役に立つコマンドを紹介します。これらの多くは、**実行手順**のセクションで使用します。
「付録B　コマンドのクイックリファレンス」では、章ごとにまとめられた、すべての重要なコマンドのリストを参照できます。

このセクションでは、本文の内容に関連する有益な情報を提示します。

本書のGitHubリポジトリー

Gitを学習するために必要な情報は、できるだけ本書内で提示するように心がけましたが、本書に記載するには変化が激しすぎるテクノロジーやプロセスもいくつかあります。そのようなテクノロジーやプロセスに関する最新情報を提供するために、https://github.com/gitlearningjourney/learning-gitという公開リポジトリーをGitHub上に作成しました。このリポジトリーには、特に次のような情報が含まれています。

- Gitのインストールに関する情報
- ホスティングサービスの利用に関する情報源へのリンク
- リモートリポジトリーへのHTTPSアクセスまたはSSHアクセスの設定に関する情報

本書の日本語版では、翻訳時点でのこのGitHubリポジトリーの内容を、「付録D　補足資料」として巻末に収めました。本文で指示があった場合は、この付録を参照してください。

本書が目的としないもの

本書はリファレンスガイドではありません。したがって、すべてのGit コマンドは解説しません（Git には本当にたくさんのコマンドがあるのです！）。本書はGit の応用ガイドでもありません。本書で解説しないGit の機能は山ほどあります。読者に教えたい基本的なアクションを実行するためにはそれらは必要ないので、本書では解説しません。本書に含めるべきコマンドについても厳選しました。本書の目的は、Git の基礎について明快なメンタルモデルを読者に与え、確固たる基礎に基づいて、必要な追加機能を読者が自力で学んでいけるようにすることです。

また、本書は、読者のGit ワークフローがどのようなものであるべきかや、Git の機能をどのように利用すべきかを示すものでもありません。これらのテーマについて意見を述べることは極力避け、代わりに、Git がどのように動作するかを教えることに注力しました。Git は、読者の個別のコンテキストや好みに応じて、さまざまな方法で利用することができます。

本書は、可能なかぎり規範的でないことを意図しています。たとえば、本書の練習課題を実行するためには、どのようなテキストエディターやホスティングサービスを使用しても構いません。

各章の要約

本書は論理的に2つのパートに分かれています。最初のパート（1章から5章まで）では、自分のコンピューター上のローカルリポジトリーを使った作業に関して学びます。6章から12章では、それに加えて、ホスティングサービスやリモートリポジトリーを使った作業に関して学びます。それぞれの章で何を学ぶかの概要を次に示します。

1章 Git とコマンドライン

1章では、Git を使ってプロジェクトに取り組むための準備をします。Git をインストールし、コマンドラインの基礎を学び、Git の設定を行い、本書を通じて使用するプロジェクトディレクトリーの1つを作成し、テキストエディターを準備します。

2章 ローカルリポジトリー

2章では、プロジェクトディレクトリーをGit リポジトリーに変換します。作業ディレクトリー、ステージングエリア、コミット履歴、ローカルリポジトリーといった、Git のさまざまな領域を表す Git ダイアグラムを紹介します。この章の終わりには、プロジェクトディレクトリー内に最初のファイルを作成します。

3 章　コミットの作成

3 章では、ローカルリポジトリーで最初のコミットを作成するための 2 つの主要なステップについて学び、それらを実行します。

4 章　ブランチ

4 章では、ブランチについて学びます。ブランチの概要、ブランチの作成方法、ブランチの切り替え方法、現在いるブランチを確認する方法を学びます。

5 章　マージ

5 章では、2 種類のマージについて学び、早送りマージを実行します。

6 章　ホスティングサービスと認証

6 章では、リモートリポジトリーを使って作業するための準備をします。ホスティングサービスを選択し、HTTPS または SSH を介してリモートリポジトリーに接続するための認証情報を設定します。

7 章　リモートリポジトリーの作成とプッシュ

7 章では、ローカルリポジトリーとリモートリポジトリーを使って作業するための方法を解説します。リモートリポジトリーの作成方法とデータのアップロード方法を学びます。

8 章　クローンとフェッチ

8 章からは、Git プロジェクトでの他のユーザーとの共同作業をシミュレーションします。そのために、もう 1 つのローカルリポジトリーを作成します。このリポジトリーは、Rainbow プロジェクトで読者に協力してくれる友人のものであり、友人のコンピューター上に存在していると想定します。これらの過程で、リモートリポジトリーのクローンやデータのフェッチについて学びます。

9 章　3 方向マージ

9 章では、3 方向マージを実行し、データのフェッチとプルの違いについて学びます。

10章　マージコンフリクト

10章では、3方向マージの実行中にマージコンフリクトを解決する方法について学びます。

11章　リベース

11章では、リベースについて学びます。リベースは、あるブランチから別のブランチに変更を取り込むための、マージの代わりとなる方法です。

12章　プルリクエスト（マージリクエスト）

12章では、プルリクエスト（マージリクエストとも呼ばれます）について学び、それによってGitプロジェクトでの共同作業がいかに容易になるかを理解します。

このほかに、本書には4つの付録があります。それらの内容については、前述の「巻末付録」を参照してください。

表記上のルール

本書では、次に示す表記上のルールに従います。

太字（Bold）

新しい用語、強調やキーワードフレーズを表します。

等幅（`Constant Width`）

プログラムのコード、コマンド、配列、要素、文、オプション、スイッチ、変数、属性、キー、関数、型、クラス、名前空間、メソッド、モジュール、プロパティ、パラメーター、値、オブジェクト、イベント、イベントハンドラ、XMLタグ、HTMLタグ、マクロ、ファイルの内容、コマンドからの出力を表します。その断片（変数、関数、キーワードなど）を本文中から参照する場合にも使われます。

等幅太字（`Constant Width Bold`）

ユーザーが入力するコマンドやテキストを表します。コードを強調する場合にも使われます。

等幅イタリック（*Constant Width Italic*）
ユーザーの環境などに応じて置き換えなければならない文字列を表します。

監訳者および翻訳者による補足説明を表します。

サンプルコードの使用について

技術的な質問は bookquestions@oreilly.com まで（英語で）ご連絡ください。

本書の目的は、読者の仕事を助けることです。一般に、本書に掲載しているコードは読者のプログラムやドキュメントに使用して構いません。コードの大部分を転載する場合を除き、我々に許可を求める必要はありません。たとえば、本書のコードの一部を使用するプログラムを作成するために、許可を求める必要はありません。なお、オライリー・ジャパンから出版されている書籍のサンプルコードを CD-ROM として販売したり配布したりする場合には、そのための許可が必要です。本書や本書のサンプルコードを引用して質問などに答える場合、許可を求める必要はありません。ただし、本書のサンプルコードのかなりの部分を製品マニュアルに転載するような場合には、そのための許可が必要です。

出典を明記する必要はありませんが、そうしていただければ感謝します。Anna Skoulikari 著『Git ハンズオンラーニング』（オライリー・ジャパン発行）のように、タイトル、著者、出版社、ISBN などを記載してください。

サンプルコードの使用について、公正な使用の範囲を超えると思われる場合、または上記で許可している範囲を超えると感じる場合は、permissions@oreilly.com まで（英語で）ご連絡ください。

意見と質問

本書（日本語翻訳版）の内容については、最大限の努力をもって検証、確認していますが、誤りや不正確な点、誤解や混乱を招くような表現、単純な誤植などに気がつかれることもあるかもしれません。そうした場合、今後の版で改善できるようお知らせいただければ幸いです。将来の改訂に関する提案なども歓迎いたします。連絡先は次のとおりです。

株式会社オライリー・ジャパン
電子メール　japan@oreilly.co.jp

本書のWebページには次のアドレスでアクセスできます。

https://www.oreilly.co.jp/books/9784814401048
https://www.oreilly.com/library/view/learning-git/9781098133900/（英語）
https://github.com/oreilly-japan/learning-git-ja（日本語版のサポートサイト。正誤表など）

オライリーに関するそのほかの情報については、次のオライリーのWebサイトを参照してください。

https://www.oreilly.co.jp/
https://www.oreilly.com/（英語）

オライリー学習プラットフォーム

オライリーはフォーチュン100のうち60社以上から信頼されています。オライリー学習プラットフォームには、6万冊以上の書籍と3万時間以上の動画が用意されています。さらに、業界エキスパートによるライブイベント、インタラクティブなシナリオとサンドボックスを使った実践的な学習、公式認定試験対策資料など、多様なコンテンツを提供しています。

https://www.oreilly.co.jp/online-learning/

また以下のページでは、オライリー学習プラットフォームに関するよくある質問とその回答を紹介しています。

https://www.oreilly.co.jp/online-learning/learning-platform-faq.html

謝辞

本書の執筆過程を通じてサポートしてくれたすべての人に感謝します。特に、本書の初期バージョンのユーザーテストを強制的に担当させられた友人と家族に感謝します。この創造的なプロジェクトを通じてサポートしてくれたO'Reilly社のチームに感謝します。最後に、何度も書き直した原稿を読み、貴重なフィードバックを与えてくれた技術レビュー担当者とユーザーテスト担当者に感謝します。

目次

1章
Gitとコマンドライン

この章では、Gitとは何か、なぜGitを使うのかを説明し、コンピューターにGitをインストールします。また、Gitの構成変数をいくつか設定します。次に、グラフィカルユーザーインターフェース（GUI）とコマンドラインについて説明します。これらは、GitやサンプルのRainbowプロジェクトと対話するために使用するツールです。コマンドラインでの作業を快適にするために、カレントディレクトリーの表示、ディレクトリー間の移動、ディレクトリーの作成など、いくつかの基本的な操作を学びます。最後に、次の章からRainbowプロジェクトに取り組むために使用するテキストエディターを準備します。

コマンドラインで作業した経験のある読者であれば、この章の情報はすでにご存じかもしれません。しかし、本書を通じて使用するRainbowプロジェクトをセットアップするので、この章は読み飛ばさないことを勧めます。

本書の使い方を理解するために、「まえがき」の「本書の使い方」を読んでおく必要があります。まだ読んでいない場合は、先に進む前に読んでおいてください。

1.1　Gitとは何か？

Gitとは、プロジェクトの変更を追跡したり、同じプロジェクトで複数のユーザーが共同作業できるようにしたりするためのテクノロジーです。基本的なレベルでは、Gitによってバージョン管理されるプロジェクトは、1つのフォルダーとその中に含まれるファイルで構成され、Gitは、プロジェクト内のそれらのファイルに加えられる変更を追跡します。これにより、ユーザーは、自身が行っている作業のさまざまなバージョンを保存することができます。Gitが**バージョン管理システム**（version control system）と呼ばれるのは、そのためです。

Gitは、Linuxカーネルと呼ばれる大規模なソフトウェア開発プロジェクトでの開発作業をバージョン管理するために、Linus Torvalds氏によって作成されました。しかし、Gitはあらゆる種類のファイルの変更を追跡できるので、多種多様なプロジェクトで利用できます。

Gitはパワフルなテクノロジーであり、その機能があまりに豊富であるために——また、もともとコマンドラインで使うように設計されているために——Gitを利用することは、たとえばマウスで［ファイル］→［保存］を選択するよりも、少し理解しづらいと言えます。

要約すると、Gitは、自分のコンピューターにインストールできるバージョン管理システムであり、プロジェクトの履歴を追跡したり、他のユーザーと共同作業したりすることを可能にしてくれます。次に、Bookプロジェクトで Gitをどのように利用できるかという例を見るために、**サンプルBookプロジェクト1-1**を見てみましょう。

サンプルBookプロジェクト1-1

筆者は本を執筆していて、Bookプロジェクト内のすべてのファイルを、Gitを使ってバージョン管理すると仮定しましょう。執筆原稿に変更を加えるたびに、Gitを使って新しいバージョンを保存します。たとえば、月曜日と水曜日と金曜日に変更を加え、それぞれの日ごとに1つのバージョンを保存するとします。つまり、このプロジェクトについて、少なくとも3つのバージョンを持つことになります。Gitでは、プロジェクトの1つのバージョンのことを**コミット**と呼びます。コミットについては、「2章 ローカルリポジトリー」でさらに詳しく学びます。ここでは、この例には少なくとも3つのコミットが存在することを知っておけば十分です。

この3つのコミットにより、月曜日の作業終了時点、水曜日の作業終了時点、金曜日の作業終了時点のそれぞれ異なるバージョンの原稿を参照することができます。また、それらのコミット（すなわち、保存されたプロジェクトのバージョン）を比較して、それぞれのバージョンで何が変更されたかを確認することもできます。プロジェクトの履歴を追跡するためにGitがいかに役立つかがわかるでしょう。

次に、共著者と一緒に Book プロジェクトに取り組むことに決めたと仮定しましょう。Git を使うと、筆者と共著者が同じプロジェクトに同時に取り組むことができ、準備ができたら、お互いの作業を統合することができます。たとえば、筆者が 1 章に、共著者が 2 章にそれぞれ取り組むことができ、準備ができたら、完了した作業を統合できるのです。

さらに、編集者に原稿をレビューしてもらうことになったら、筆者と共著者が執筆したすべての章に編集者も変更を加えることができ、それらの変更をメインのバージョンに統合することができます。共同作業を行うために Git がいかに役立つツールであるかがわかるでしょう。

次に、Git の学習体験で使用するその他のツールについて学び、Git と対話する方法を理解しましょう。

1.2 GUI とコマンドライン

コンピューターと対話するための 2 つの主要な方法は、グラフィカルユーザーインターフェースまたはコマンドラインを使用することです。

グラフィカルユーザーインターフェース（GUI：Graphical User Interface）は、アイコンやボタンなど、コンピューターと容易に対話できるようにするためのオブジェクトのグラフィカル表現の集まりです。たとえば、デスクトップ上のフォルダーアイコンによって表現されるフォルダーは、コンピューターの GUI の一部です。

コマンドライン――コマンドラインインターフェース（CLI：Command Line Interface）、ターミナル、シェルなどとも呼ばれます――は、コンピューターと対話するためにテキストベースのコマンドを入力することができる場所です。

Git を使って作業するためのデフォルトの方法は、コマンドラインを使うことです。ただし、Git GUI クライアントや、Git が統合されたテキストエディターを利用することで、GUI を使って Git の作業を行うこともできます。その場合、コマンドラインにコマンドを入力する代わりに、ボタンをクリックしたりオプションを選択したりすることで、Git のアクションを実行できます。

本書では、コマンドラインで Git を使う方法を学びます。これにより、Git がどのように動作するかについての強固なメンタルモデルが構築され、Git のすべての機能を利用できるようになります。GUI は、たとえばファイルシステム内でファイルを参照したり、テキストエディター内でファイルを編集したりといった、Git 以外の操作のためだけに使います。次の節では、コマンドラインについて詳しく説明します。

本書を通じて、macOS ユーザーや Windows ユーザーのために特定の指示を与える場合があります。読者が Linux ユーザーであれば、コマンドラインの基礎については、すでに理解していることを前提としています。

1.3 コマンドラインウィンドウを開く

コマンドラインを使うためには、コマンドラインアプリケーションを使って、コマンドラインウィンドウを開く必要があります。コマンドラインウィンドウでは、ユーザーは常に、ある特定のディレクトリーの中にいます。ユーザーが現在いるディレクトリーのことを、**カレントディレクトリー**（current directory）と呼びます。ディレクトリーとは、本書の目的に関して言えば、フォルダーと同じです。

コマンドラインウィンドウを開くと、左上に**コマンドプロンプト**が表示されます。これは短いテキストの断片であり、表示される内容は、オペレーティングシステム（OS）やコンピューターの設定によって異なります。デフォルトでは、コマンドプロンプトは、コマンドラインにおけるディレクトリーの場所（すなわちカレントディレクトリー）を表示します。新しいコマンドラインウィンドウを開くと、ディレクトリーの場所は、ユーザーのホームディレクトリー（ホームフォルダー）から始まります。ホームディレクトリーはチルダ記号（~）で表されます。本書の練習課題を行うときに、コマンドプロンプトで唯一重要なのはディレクトリーの場所であり、これは常に確認する必要があります。コマンドプロンプトの後には、コマンドラインでユーザーが入力する場所を示すカーソルが続きます。

図1-1 は、一般的なコマンドプロンプトの例を、注釈付きで示しています。本書では、コマンドプロンプトの終わりの記号としてドル記号（$）を使いますが、これは1つの例にすぎません。読者のコマンドプロンプトは、別の文字や記号で終わっているかもしれません。

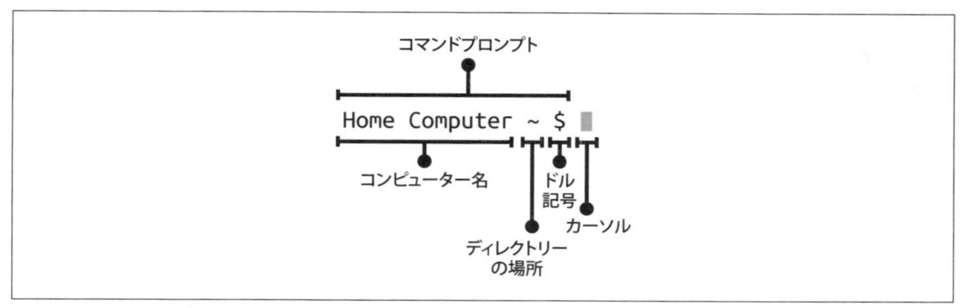

図 1-1　コマンドプロンプトの例

本書の練習課題を行うために使用するコマンドラインアプリケーションは、使用している OS によって異なります。

macOS

ターミナル（Terminal）と呼ばれるコマンドラインアプリケーションを使います。

Windows

Git Bash と呼ばれるコマンドラインアプリケーションを使います。Git Bash は、Git がインストール済みである場合にのみ使用可能です。

Windows を使用していて、まだ Git をインストールしていない場合は、「付録 D　補足資料」を参照し、手順に従って Git for Windows をインストールしてください。この章の残りの部分を続行する前に、Git Bash を使えるようにしておく必要があります。
macOS を使用していて、まだ Git をインストールしていない場合は、このまま続行してください。「1.5　Git のインストール」で Git をインストールします。

コマンドラインウィンドウを開くには、使用しているコンピューターの検索機能を使ってコマンドラインアプリケーションを検索し、それを開きます。**実行手順 1-1** に進み、コマンドラインウィンドウを開いてコマンドプロンプトを確認します。

実行手順 1-1

1. コマンドラインアプリケーションを使って、コマンドラインウィンドウを開きます。
2. コマンドラインウィンドウでコマンドプロンプトを確認します。

注目してほしいこと

- コマンドプロンプトがディレクトリーの場所を示しています。

これでコマンドラインウィンドウを開くことができたので、次に、コマンドラインでコマンドを実行する方法を見てみましょう。

1.4 コマンドラインでコマンドを実行する

コマンドラインウィンドウでコマンドプロンプトの後にあるのが、コマンドを入力する場所を示すカーソルです。カーソルは、macOS のターミナルでは、コマンドプロンプトと同じ行にありますが、Windows の Git Bash では、コマンドプロンプトの次の行に、ドル記号とともにあります。コマンドを入力したら、それを実行するために［Enter］キー（または［Return］キー）を押します。

本書の**実行手順**セクションのステップで、ドル記号（$）に続いて**太字**のコマンドが書かれている場合は、コマンドラインでそれを実行する必要があります。コマンドが出力結果を生成する場合は、コマンドの下に、太字ではない書体で出力結果を示します。ホームディレクトリー以外のディレクトリーでコマンドを実行する必要がある場合は、ドル記号の前にディレクトリーの場所を示します。

図1-2 は、**実行手順**セクションでコマンドを実行する場合の表示例です。この例では、`desktop` ディレクトリーの中で `pwd` コマンドを実行しています。`pwd` コマンドが何を行うかは後で説明します。ここでは、**図1-2** を見て、ディレクトリーの場所、実行すべきコマンド、コマンドの出力結果が、それぞれどこに表示されているかを確認してください。

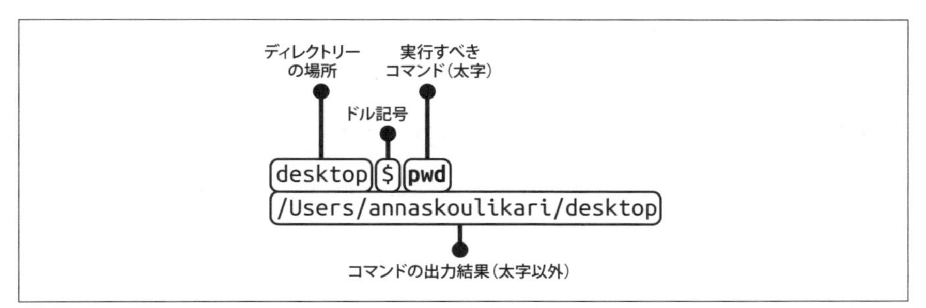

図1-2　**実行手順**セクションに含まれるコマンドの実行方法

本書の印刷版では、ページ幅の制約により、一部の長いコマンドが折り返されています。次のようなコマンドラインを見かけた場合、

```
rainbow $ git remote add origin https://github.com/gitlearningjourney/
rainbow-remote.git
```

途中で改行せずに、コマンド全体を 1 行に入力する必要があります。本書を通じて、必要に応じてこのような注意喚起を行います。

1.4.1　コマンドの出力結果

コマンドの中には出力結果を生成するものもありますし、そうでないものもあります。出力結果を生成するコマンドについては、本書の執筆時に筆者が取り組んだ Rainbow プロジェクトに基づいて、出力結果の例を示してあります。これは macOS で生成されたものですが、Git 関連のコマンドの出力結果は、OS が違っても同じです。一方、数は少ないですが、Git 関連でないコマンドの出力結果が OS によって大きく異なる場合は、その旨を本文に記載します。

練習課題の実行中に、本書の出力結果と大きく異なる結果が表示された場合や、予期せぬエラーが出た場合は、指示とは違うことをしてしまった可能性が高いので、**実行手順**のステップを再確認してください。

今後、Git がアップデートされ、出力結果が変わることがあるかもしれません。大きな変更に気がついた場合は、本書の GitHub リポジトリー（https://github.com/gitlearningjourney/learning-git）に状況を記載します。

これから先、**実行手順**の練習課題でコマンドが出てきたら、太字のコマンド部分をコマンドラインに入力し、実行してください。

1.4.2 コマンドラインで初めてのコマンドを実行する

コマンドラインで練習する最初のコマンドは、`git version` です。コンピューターにGitがインストール済みであれば、そのバージョン番号が表示されます。インストール済みでない場合は、Gitがインストールされていないことを示すメッセージが表示されます。

本書の練習課題で使用するすべてのコマンドを使うためには、Gitのバージョンが2.28以上である必要があります。**実行手順1-2**に進み、Gitがインストール済みであるかどうか、またバージョンが何であるかをチェックします。

実行手順1-2

```
1 $ git version
  git version 2.35.1
```

注目してほしいこと

- Gitがインストール済みであれば、そのバージョンが表示されます。
- Gitがインストール済みでなければ、代わりにエラーメッセージが表示されます。

`git version` コマンドを実行した結果、インストール済みのGitのバージョンが2.28以上である場合は、次の「1.5 Gitのインストール」を飛ばして、「1.6 コマンドのオプションと引数」に進んでください。

Gitがインストール済みでない場合や、Gitのバージョンが2.28より古い場合は、次の節に進んで、最新バージョンのGitをインストールしてください。

1.5 Gitのインストール

Git（バージョン2.28以上）がインストール済みでない場合は、**実行手順1-3**に進みます。インストール済みの場合は、次の節に進んでください。

実行手順 1-3

1. 「付録D　補足資料」を参照し、手順に従って、使用しているOS用のGitをインストールします。

これで、最新バージョンのGitをインストールできたので、本書の**実行手順**セクションで使用するコマンドについて学習を続けましょう。

1.6　コマンドのオプションと引数

オプションや引数の付いたコマンドを使用することがあります。**オプション**（option）とは、コマンドの動作を変更するための設定です。オプションは、単一のダッシュ記号（`-`）または二重のダッシュ記号（`--`）の後に続けて指定します。

引数（argument）とは、コマンドに対して情報を与えるための値です。本書のコマンドの説明では引数を山括弧（<>）で示し、この部分が、ユーザーが入力する値によって置き換えられることを表します。練習課題を行うときには、引数に対して値を入力する必要があります。その際に山括弧は含めません。

`git commit -m "<message>"`は、オプションと引数が付いたコマンドの例です。**図1-3**に示すように、この例では`-m`がオプションであり、`<message>`が引数です。このコマンドが何を行うかは、「3章　コミットの作成」で説明します。

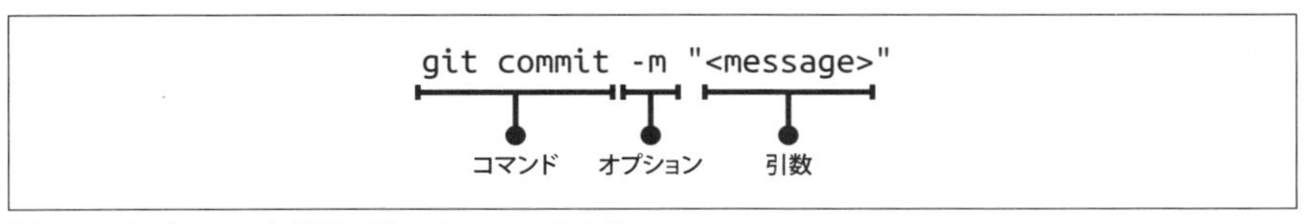

図1-3　オプションと引数が付いたコマンドの例

コマンドラインにコマンドを入力する方法のほかに、それらを消去する方法も重要です。次に、それについて学びましょう。

1.7　コマンドラインを消去する

コマンドラインウィンドウでコマンドを入力すると、そのコマンドは、前に入力したコマンド（またはその出力結果）のすぐ下に表示されます。たくさんのコマンドを入力すると、コマンドラインウィンドウは雑然としてしまいます。`clear` コマンドを使うと、コマンドラインウィンドウの内容を消去できます。

コマンドの紹介

- `clear`
  コマンドラインウィンドウを消去する

実行手順 1-4 に進み、`clear` コマンドの使い方を練習しましょう。

実行手順 1-4

1 `$ clear`

注目してほしいこと

- コマンドラインウィンドウが消去されます。

これで、コマンドラインウィンドウにコマンドを入力する方法とそれらを消去する方法がわかりました。次に、Git の学習を容易にしてくれる新たなツールの準備をしましょう。ファイルシステムウィンドウです。

1.8 ファイルシステムウィンドウを開く

ファイルシステムウィンドウを開くには、ファイルシステムアプリケーションを使います。ファイルシステムウィンドウは GUI の一部です。Git の学習の旅を通じて、読者はファイルシステムウィンドウとコマンドラインウィンドウの両方と対話します。そのため、コンピューターの画面上で両方のウィンドウを並べて開いておくと便利です。

使用するファイルシステムアプリケーションは、OS によって異なります。

macOS

Finder と呼ばれるファイルシステムアプリケーションを使います。

Windows

エクスプローラーと呼ばれるファイルシステムアプリケーションを使います。

実行手順 1-5 に進み、ファイルシステムウィンドウを開きます。

実行手順 1-5

1. 使用している OS のファイルシステムアプリケーションを検索し、コマンドラインウィンドウの隣にファイルシステムウィンドウを開きます。

これで両方のウィンドウを開けたので、コマンドラインの基礎に戻りましょう。

1.9　ディレクトリーの操作

前に述べたように、コマンドラインウィンドウでは、ユーザーは常に、ある特定のディレクトリー（カレントディレクトリー）の中にいます。デフォルトの設定を変更していなければ、コマンドラインアプリケーションを初めて開くと、ホームディレクトリーにいる状態から始まります。コマンドプロンプトでは、ホームディレクトリーはチルダ記号（~）で表されます。

コマンドラインで別のディレクトリーに移動すると、現在いるディレクトリーを示すようにコマンドプロンプトが更新されます。また、pwd コマンド（「print working directory」の意味）を使って、カレントディレクトリーのパスを表示することもできます。

コマンドの紹介

- pwd
  カレントディレクトリーのパスを表示する

実行手順 1-6 に進み、pwd コマンドの使い方を練習しましょう。

実行手順 1-6

1.
```
$ pwd
/Users/annaskoulikari
```

注目してほしいこと

- 読者は現在、ホームディレクトリーにいます。

実行手順 1-6 で、Windows ユーザーの `pwd` コマンドの出力結果は、macOS ユーザーのものとは少し異なり、`/c/Users/annaskoulikari` のように表示されます。この章の練習課題を行うときには、このことを覚えておいてください。

`pwd` コマンドの出力結果は、カレントディレクトリーのパスを表します。**実行手順 1-6** の `/Users/annaskoulikari` はパスの例です。筆者の名前は Anna Skoulikari であり、`annaskoulikari` は筆者のコンピューターでのユーザー名です。`Users` と `annaskoulikari` は、どちらもディレクトリーです。パスの中では、ディレクトリーをスラッシュ記号（`/`）で区切ります。`annaskoulikari` ディレクトリーは、`Users` ディレクトリーの中にあります。

コマンドラインウィンドウでの現在のディレクトリーの場所を把握しておくことは、とても重要です。なぜなら、多くのコマンドは、カレントディレクトリーに関する情報を表示したり、カレントディレクトリーに影響を及ぼしたりするからです。また、ディレクトリーの場所を把握しておくことで、ファイルシステム内での移動も容易になります。これについては後で説明します。

これで、カレントディレクトリーを確認する方法がわかったので、次に、ディレクトリーの実際の内容を表示する方法を学びましょう。

1.9.1 ディレクトリーの内容を表示する

GUI やコマンドラインウィンドウでは、ディレクトリーの内容を表示できます。しかしその前に、ファイルシステムには2種類のファイルとディレクトリーが存在することに触れておかなければなりません。すなわち、**可視ファイル**および**可視ディレクトリー**と、**隠しファイル**および**隠しディレクトリー**です。可視ファイルと可視ディレクトリーは、ファイルシステム内で常に表示されます。隠しファイルと隠しディレクトリーは、それらを表示するように設定を変更した場合にのみ、ファイルシステム内で表示されます。それらは多くの場合、アプリケーションの構成や各種のシステム設定など、私たちユーザーがアクセスする必要のない情報を保存するためのファイルやディレクトリーです。

自分がしていることを本当に理解している場合を除いて、隠しファイルや隠しディレクトリーを変更したり削除したりすることは勧めません。隠しファイルや隠しディレクトリーを表示するように設定を変更すると、それらは半透明で（グレーアウトして）表示されます。多くの場合、それらの名前はドット（.）で始まります。

Git の学習において、知っておきたい重要な隠しファイルと隠しディレクトリーがいくつかあります。そのため、GUI とコマンドラインの両方でそれらを表示する方法を理解しておく必要があります。

GUI のファイルシステムウィンドウで隠しファイルと隠しディレクトリーを表示するには、それらを明示的に表示させる必要があります。

macOS

[Command] - [Shift] - [.]（ドット）を押して、隠しファイルと隠しディレクトリーの表示と非表示を切り替えます。

Windows

隠しファイルと隠しディレクトリーを表示させるには、エクスプローラーの設定を変更する必要があります。これについて順を追った説明が必要であれば、オンラインリソースを参照してください。

実行手順 1-7 に進み、ファイルシステム内で隠しファイルと隠しディレクトリーを表示します。

実行手順 1-7

1. ファイルシステム内で隠しファイルと隠しディレクトリーを表示します。

コマンドラインで、カレントディレクトリーの可視ファイルと可視ディレクトリーのリストを表示するには、`ls` コマンド（「list」の意味）を使います。

隠しファイルと隠しディレクトリーを含めて、カレントディレクトリーのすべてのファイルとディレクトリーを表示するには、`-a` オプションを付けて `ls` コマンドを使います。すなわち、`ls -a` を実行します。

コマンドの紹介

- `ls`
  可視ファイルと可視ディレクトリーをリスト表示する

- `ls -a`
  隠しファイルと隠しディレクトリーを含めて、すべてのファイルとディレクトリーをリスト表示する

実行手順 1-8 に進み、これらのコマンドを使って、さまざまな種類のファイルを表示する練習をしましょう。

実行手順 1-8

1
```
$ ls
Applications            Downloads               Music
Desktop                 Library                 Pictures
Documents               Movies                  Public
```

2
```
$ ls -a
.                       .config                 Desktop
..                      .local                  Documents
..CFUserTextEncoding    .npm                    Downloads
.DS_Store               .ssh                    Library
.Trash                  .viminfo                Movies
.bash_history           .vscode                 Music
.bash_sessions          .yarnrc                 Pictures
.bashrc                 Applications            Public
```

注目してほしいこと

- 隠しファイルと隠しディレクトリーの名前の多くは、ドット（.）で始まります。
- コンピューターの内容は人によって異なるので、本書の出力結果で表示されているファイルとディレクトリーは、読者のものとは異なります。

これで、コマンドラインでカレントディレクトリーの内容を表示する方法がわかったので、次に、ディレクトリーを移動する方法を学びましょう。

1.9.2 ディレクトリー間の移動

GUIでは、あるディレクトリーをダブルクリックすれば、そのディレクトリーに移動できます。コマンドラインで、あるディレクトリーに移動するには `cd` コマンド（「change directory」の意味）を使い、ディレクトリーの名前またはパスを指定します。

コマンドの紹介

- `cd <path_to_directory>`
  ディレクトリーを変更する

実行手順 1-9 に進み、desktop ディレクトリーに移動してみましょう。

実行手順 1-9

1
```
$ cd desktop
```

2
```
desktop $ pwd
/Users/annaskoulikari/desktop
```

Windows では、バージョンや環境によって、desktop ディレクトリー（デスクトップフォルダー）の場所はさまざまです。「C:\Users\ユーザー名\Desktop」（ユーザー名の部分には読者のユーザー名が入ります）でアクセスできる場合もありますし、「C:\Users\ユーザー名\デスクトップ」でアクセスできる場合もあります。OneDrive を使用している場合は、「C:\Users\ユーザー名\OneDrive\デスクトップ」のようになることもあります。
ホームディレクトリーが、C ドライブではなく D ドライブにある場合は、「C:」の部分が「D:」になりますし、Windows のバージョンや使用環境によっては、これらとまったく異なる場合もあります。エクスプローラーを使って、デスクトップフォルダーのパスを確認してください（デスクトップのアイコンを右クリックして［プロパティ］を開き、「場所」タブをクリックすると、デスクトップフォルダーのパスを確認できます）。
仮に、デスクトップフォルダーのパスが「C:\Users\ユーザー名\Desktop」であるとすると、Git Bash で cd コマンドを使ってそのディレクトリーに移動するには、そのまま「cd C:\Users\ユーザー名\Desktop」と入力してもエラーになるので、「cd 'C:\Users\ユーザー名\Desktop'」のようにパスを単一引用符（'）または二重引用符（"）で囲むか、または区切り文字を「/」に置き換え、「/」から始めて「cd /C/Users/ユーザー名/Desktop」のようにします。

注目してほしいこと

- ステップ 1 で、cd コマンドは出力結果を何も生成しません。
- ステップ 2 では、コマンドプロンプトと pwd コマンドの出力結果の両方が、現在、desktopディレクトリーにいることを示しています。

前にこの章で、コマンドプロンプトがディレクトリーの場所を示していることを説明しました。**実行手順1-9**では、カレントディレクトリーがdesktopディレクトリーであることを示すようにコマンドプロンプトが更新されていることに注目してください。デフォルトでは、ディレクトリーの場所の表示方法は、使用しているOSによって異なります。

macOS
ターミナルでは、カレントディレクトリーの名前が表示されます。

Windows
Git Bashでは、カレントディレクトリーのパスが表示されます。

コマンドラインでディレクトリーを移動しても、ファイルシステムで表示されている内容には影響がありません。たとえば、コマンドラインでdesktopディレクトリーに移動しても、ファイルシステムでdesktopディレクトリーの内容が自動的に表示されるわけではありません。

親ディレクトリーから子のディレクトリーに移動していた場合、GUIでは、[戻る]ボタンを選択すると、親ディレクトリーに戻ることができます。コマンドラインで親ディレクトリーに戻るには、cdコマンドに2つのドット（..）を渡します。2つのドットは、カレントディレクトリーの親ディレクトリーを表します。**実行手順1-10**に進み、これを試してみましょう。

実行手順1-10

❶
```
desktop $ cd ..
```

❷
```
$ pwd
/Users/annaskoulikari
```

注目してほしいこと

- ステップ2でpwdの出力結果は、ホームディレクトリーに戻ったことを示しています。コマンドプロンプトの表示も更新されています。

これでディレクトリーの移動方法がわかったので、次に、新しいディレクトリーを作成する方法を見てみましょう。

1.9.3　ディレクトリーの作成

GUI では、アイコンを右クリックしたり、関連するメニューオプションを選択したりすることで、ディレクトリーを作成できます。コマンドラインでディレクトリーを作成するには、mkdir コマンド（「make directory」の意味）を使います。このコマンドを実行すると、カレントディレクトリー内に新しいディレクトリーが作成されます。

コマンドの紹介

- `mkdir <directory_name>`
  ディレクトリーを作成する

わずらわしさを避けるために、ディレクトリー名にはスペースを含めないようにしてください。ディレクトリー名がスペースを含んでいると、一部のコマンドの使い方に修正を加えなければならず、作業が面倒になります。

一般に、コマンドラインで作業を行うときには、ファイル名やディレクトリー名、あるいは作成するその他の物の名前の中でスペースを使うことは避けるべきです。コマンドを使うときに面倒なことになるからです。

「まえがき」で述べたように、本書全体を通じて 1 つのプロジェクトに取り組みます。その中で、虹の色とそれ以外の色を列挙するファイルを作成および編集します。これは、Git によってバージョン管理されるプロジェクトの現実的な例ではありません。Git がどのように動作するかを学ぶことに集中するための簡略化した例です。

サンプルプロジェクトの主な目的は、虹の色を列挙することなので、このプロジェクトのディレクトリーの名前を rainbow としましょう。コンピューターの画面上でこのプロジェクトディレクトリーをデスクトップから簡単に見られるようにするために、このディレクトリーを desktop ディレクトリーの中に作成します[†1]。**実行手順**

†1　訳注：あくまでデスクトップから簡単に見られるようにするためなので、実際にはどこに作成しても構いません。特に Windows では、デスクトップに作成するとコマンドラインでの移動が面倒になるので、ホームディレクトリーに作成するのも 1 つの考えです。

1-11 に進み、ディレクトリーを作成します。

実行手順 1-11

```
1 $ cd desktop

2 desktop $ mkdir rainbow

3 desktop $ ls
rainbow
```

注目してほしいこと

- ステップ3の `ls` の出力結果は、作成したばかりの `rainbow` プロジェクトディレクトリーを示しており、`desktop` ディレクトリーにはそれ以外のディレクトリーやファイルが存在していないことがわかります。ただし、読者のコンピューターの内容は筆者のものとは異なるので、出力結果がこれと同じとは限りません。

コンピューターのデスクトップを見ると、**図1-4** のように、作成した `rainbow` プロジェクトディレクトリーが表示されているはずです。

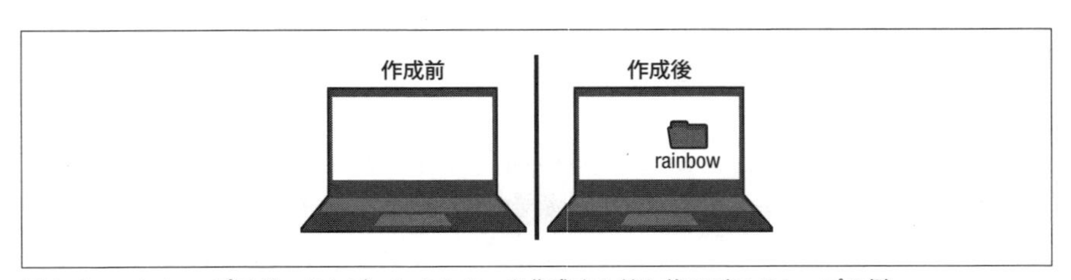

図1-4　rainbow プロジェクトディレクトリーを作成する前と後のデスクトップの例

出力結果をよく見ると、`rainbow` プロジェクトディレクトリーを作成しただけでは、まだそのディレクトリーに移動していないことに気がつくでしょう。**実行手順 1-12** に進み、コマンドラインで `rainbow` プロジェクトディレクトリーに明示的に移動します。

実行手順 1-12

1. desktop $ **cd rainbow**
2. rainbow $ **pwd**
   /Users/annaskoulikari/desktop/rainbow

注目してほしいこと

- ステップ 2 では、コマンドプロンプトと pwd コマンドの出力結果の両方が、現在、rainbow ディレクトリーにいることを示しています。

これで、rainbow ディレクトリーを作成し、そこに移動することができました。ここで、コマンドラインウィンドウを閉じ、もう一度開いたら、どうなるでしょうか？

1.10 コマンドラインを閉じる

デフォルトでは、コマンドラインウィンドウを閉じてもう一度開くと、ディレクトリーの場所はホームディレクトリーにリセットされます[†2]。したがって、作業したいディレクトリーまで、もう一度移動する必要があります。**実行手順 1-13** に進み、このことを確認しましょう。

実行手順 1-13

1. rainbow $ **pwd**
   /Users/annaskoulikari/desktop/rainbow
2. コマンドラインウィンドウを閉じ、新しいコマンドラインウィンドウを開きます。
3. $ **pwd**
   /Users/annaskoulikari
4. $ **cd desktop**
5. desktop $ **cd rainbow**

†2　訳注：Windows で、タスクバーにピン留めしたアイコンから起動すると、Git Bash の起動時にホームディレクトリーにリセットされない場合があります。Git Bash のアイコンを右クリックし、さらに［Git Bash］を右クリックして［プロパティ］を開き、「作業フォルダー」を %HOMEDRIVE%%HOMEPATH% に設定すると、ホームディレクトリーにリセットされます。また、「作業フォルダー」を別のディレクトリーに設定することで、任意のディレクトリーからスタートすることもできます。

```
6  rainbow $ pwd
   /Users/annaskoulikari/desktop/rainbow
```

ここまで、コマンドラインの基礎についていくつか学んできました。次に、基本的なGit構成を設定します。

1.11 Git構成の設定

Git構成とは、Gitの動作をカスタマイズするための設定です。Git構成は複数の変数とそれらの値で構成されており、いくつかの異なるファイルに保存されます。Gitを使って作業するためには、ユーザー設定に関する構成変数をいくつか設定する必要があります。

変数を設定する前に、ファイルシステム内にグローバルGit構成ファイルが存在しているかどうかをチェックし、もし存在していれば、どの変数が設定されているかを確認します。それを行うためには、`git config`コマンドを使い、`--global`オプションと`--list`オプションを指定します。

`--global`オプションの付いた`git config`コマンドは、その実行時にカレントディレクトリーがどこであるかを問わないコマンドの例であり、グローバルGit構成ファイルに関する情報を単に表示したり、そのファイルに含まれる情報を変更したりします。グローバルGit構成ファイルは`.gitconfig`と呼ばれる隠しファイルであり、通常はホームディレクトリーに作成されます。

コマンドの紹介

- `git config --global --list`
  グローバルGit構成ファイルに含まれる変数とその値をリスト表示する

実行手順1-14に進み、これを試してみましょう。

実行手順1-14

```
1  rainbow $ git config --global --list
   fatal: unable to read config file '/Users/annaskoulikari/.gitconfig':
   No such file or directory
```

注目してほしいこと

- この出力結果は、グローバル Git 構成ファイルに何も設定されていない場合のものです。ここでは、ファイルが存在していないことを示すエラーが発生しています（`No such file or directory`）。グローバル Git 構成ファイルに変数が設定されている場合は、変数とその値が表示されます。

本書に関して私たちが関心のある変数は、`user.name` と `user.email` の 2 つです。誰かがプロジェクトのバージョンを保存するたびに（言い換えれば、コミットを作成するたびに）、Git は個人の名前と E メールアドレスを記録し、保存されたバージョンにそれらを関連づけます。`user.name` 変数と `user.email` 変数は、ユーザーが作成するコミットに関連づけて保存される名前と E メールアドレスを設定するために使われます。つまり、Git のプロジェクトで誰が何に取り組んだかを参照できるということです。Git を使って作業するためには、これらの変数を設定する必要があります。ただし、プロジェクト内であなたのコミットのリストを参照できる人であれば、誰でもあなたの E メールアドレスを参照できることを覚えておいてください。そのため、他人に見られても構わないアドレスを使うようにしてください。

グローバル Git 構成ファイルにこれらの変数を設定するには、`git config` コマンドの引数としてそれらを渡し、希望する値を引用符の中に入力します（値の前後の山括弧は含めないようにしてください）。

コマンドの紹介

- `git config --global user.name "<name>"`
  グローバル Git 構成ファイルに自分の名前を設定する
- `git config --global user.email "<email>"`
  グローバル Git 構成ファイルに自分の E メールアドレスを設定する

実行手順 1-14 の出力結果で、これらの変数が希望する値に設定されていれば、**実行手順 1-15** はスキップしてください。これらの変数が表示されない場合や、希望する値に設定されていない場合は、Rainbow プロジェクトで行う作業に関連づけたい名前と E メールアドレスを決めて、**実行手順 1-15** に進みます。筆者のユーザー名と E メールアドレスの代わりに、必ず、読者が希望する値に置き換えてください。

実行手順 1-15

```
1 rainbow $ git config --global user.name "annaskoulikari"

2 rainbow $ git config --global user.email "gitlearningjourney@gmail.com"

3 rainbow $ git config --global --list
  user.name=annaskoulikari
  user.email=gitlearningjourney@gmail.com
```

注目してほしいこと

- ステップ3の`git config --global --list`の出力結果で、`user.name`変数と`user.email`変数が、入力した値に設定されています。

これで、Gitのインストールとユーザー設定が完了しました。Gitプロジェクトに取り組むために必要な最後のツールは、テキストエディターです。

1.12 テキストエディターの準備

Gitプロジェクトは、バージョン管理されるファイルとディレクトリーで構成されます。Gitは、あらゆる種類のファイルをバージョン管理することができます。Rainbowプロジェクトでは、テキストエディターを使って、シンプルなテキストファイル（`.txt`という拡張子を持つファイル）で作業を行います。

テキストエディターは、プレーンテキストを編集するためのプログラムです。本書の練習課題を実行するには、テキストエディターが必要です。テキストエディターは、主にリッチテキストを編集するために使われるワードプロセッサーとは異なります。Microsoft WordやGoogle Docsなどはワードプロセッサーです。これらは、Gitプロジェクトのファイルを管理するためには使用できません。リッチテキストとは、書式などの情報が関連づけられたテキスト、またはそれらが中に埋め込まれたテキストです。

テキストエディターの中には、他のものより容易にGitプロジェクトを扱えるものもあります。本書は、どのテキストエディターでも使えるように書いてあります。テキストエディターがすでにインストール済みであり、それを使ってGitプロジェクトに取り組んだ経験がある人は、それを使ってもらって構いません。どのテキストエディターを使ったらよいかわからない場合は、Visual Studio Code (https://code.visualstudio.com) を推奨します。これは人気のあるテキストエディターであり、本書を書くにあたって筆者が使用したエディターです。**実行手順 1-16** に進み、テキストエディターを準備してください。

実行手順 1-16

1. 好みのテキストエディターを選択します。まだインストールしていない場合は、テキストエディターをインストールします。
2. テキストエディターのウィンドウ内で `rainbow` プロジェクトディレクトリーを開きます[†3]。

1.13 統合ターミナル

Visual Studio Code のような高度なテキストエディター――**統合開発環境**（IDE：Integrated Development Environment）とも呼ばれます――には、**統合ターミナル**（integrated terminal）と呼ばれるコマンドラインが含まれています。通常はコマンドラインウィンドウで実行するコマンドを、統合ターミナルの中で実行することができます。

統合ターミナルはテキストエディターウィンドウの一部なので、これを使うと画面スペースの管理が容易になります。ただし、これは個人の好みによります。使用しているテキストエディターに統合ターミナルが含まれている場合は、本書の練習課題の Git コマンドを実行するために、別個のコマンドラインウィンドウの代わりに統合ターミナルを利用できます。どちらも問題なく利用できるので、どちらを選択するかは読者次第です。

本書では、コマンドを実行する場所を指すときには、コマンドラインウィンドウという言い方をしますが、これには統合ターミナルも含まれることを覚えておいてください。

これで、Git のインストールとテキストエディターの準備ができたので、Rainbow プロジェクトに取り組む準備ができました！

---

†3 訳注：これは、Visual Studio Code のように、テキストエディターに［フォルダーを開く…］といったメニューがある場合の話です。一般的なテキストエディターには、そのようなメニューはないので、ファイルを開いたり保存したりするときに、必要に応じてディレクトリーを変更します。

1.14 まとめ

この章では、Git について学び始め、プロジェクトの履歴を追跡したり他のユーザーと共同作業したりするために Git がとても役に立つツールであることを理解しました。最新バージョンの Git をコンピューターにインストールし、Git の基本的な構成変数をいくつか設定することで、Git を使ってプロジェクトに取り組むための準備をしました。

また、ディレクトリーの内容を表示する方法、ディレクトリーを移動する方法、ディレクトリーを作成する方法など、いくつかのコマンドラインの基礎について学びました。その過程で、本書の学習の旅を通じて使用する、`rainbow` というプロジェクトディレクトリーを作成しました。

最後に、読者が取り組む Git プロジェクトでファイルの作成や編集が行えるように、テキストエディターを準備しました。

これで、次の章に進む準備ができました。次の 2 章では、`rainbow` プロジェクトディレクトリーを Git リポジトリーに変換し、Git を使って作業するときに最も重要ないくつかの領域について学びます。

2章 ローカルリポジトリー

前の章ではコマンドラインの基礎について学び、Git をインストールし、いくつかの構成変数を設定することで、Git を使って作業を行う準備をしました。

この章では、「1章　Git とコマンドライン」で作成した `rainbow` プロジェクトディレクトリーを Git リポジトリーに変換します。また、Git を使って作業するときに重要な 4 つの領域――作業ディレクトリー、ステージングエリア、コミット履歴、ローカルリポジトリー――について学びます。これらの領域が互いにどのように関連するかを視覚化するために、それぞれの領域の表現を含む Git ダイアグラムを作成します。

この章の終わりには、`rainbow` プロジェクトディレクトリーに最初のファイルを追加します。その過程で、未追跡ファイルと追跡済みファイルについて学びます。それでは始めましょう！

2.1　現在のセットアップ

この章を始めるには、次の状態である必要があります。

- Git（バージョン 2.28 以上）がコンピューターにインストール済みである
- `rainbow` という空のプロジェクトディレクトリーをデスクトップに作成済みである
- コマンドラインウィンドウを開いており、`rainbow` ディレクトリーに移動済みである
- 使用するテキストエディターを決めており、テキストエディターのウィンドウ内で `rainbow` プロジェクトディレクトリーをすでに開いている（Visual

Studio Code のような統合開発環境の場合）
- `user.name` および `user.email` というグローバルな Git 構成変数を、自分の名前と E メールアドレスに設定済みである

2.2 リポジトリーの紹介

リポジトリー（repository）とは、Git によってバージョン管理されるプロジェクトを指す言い方です。**リポ**（repo）とも呼ばれます。リポジトリーには、次の 2 つの種類があります。

- **ローカルリポジトリー**（local repository）は、自分のコンピューター上に保存されるリポジトリーです。
- **リモートリポジトリー**（remote repository）は、ホスティングサービス上で保存、管理されるリポジトリーです。

ホスティングサービス（hosting service）とは、Git を使ったプロジェクト向けのサービスプロバイダーのことです。本書の執筆時点で主要なホスティングサービスには、GitHub（https://github.com）、GitLab（https://about.gitlab.com）、Bitbucket（https://bitbucket.org/product）などがあります。

本書の前半（5 章まで）ではローカルリポジトリーについて学び、それだけを使って作業を行います。本書の後半（6 章以降）では、リモートリポジトリーを使って作業する方法についても学びます。

これで、ローカルリポジトリーとリモートリポジトリーの違いがわかったので、次にローカルリポジトリーの初期化について学びましょう。

2.3 ローカルリポジトリーの初期化

ローカルリポジトリーは、プロジェクトディレクトリー内に存在する、`.git` と呼ばれる隠しディレクトリーによって表されます。ローカルリポジトリーには、プロジェクト内のファイルに加えられた変更に関するすべてのデータが含まれています。

プロジェクトディレクトリーをローカルリポジトリーに変換するには、リポジトリーを**初期化**（initialize）します。リポジトリーを初期化すると、プロジェクトディレクトリーの中に`.git` ディレクトリーが自動的に作成されます。`.git` ディレクト

リーは隠しディレクトリーなので、隠しファイルや隠しディレクトリーを明示的に表示しないかぎり、見ることはできません。

.git ディレクトリーに含まれるファイルやディレクトリーを変更してはいけません。リポジトリーに好ましくない結果が出るおそれがあるからです。リポジトリーを削除したい場合を除いて、.git ディレクトリーは削除しないでください。

実行手順 2-1 では、まず、隠しファイルや隠しディレクトリーを表示するように設定済みであることを確認します（この設定方法を忘れてしまった場合は、「1.9.1 ディレクトリーの内容を表示する」を参照してください）。次に、ファイルシステムウィンドウとコマンドラインウィンドウの両方をチェックして、rainbow プロジェクトディレクトリーの中にファイルやディレクトリーが存在しているかどうかを確かめます。

実行手順 2-1

1. ファイルシステムで、隠しファイルと隠しディレクトリーを表示するように設定します。
2. ファイルシステムウィンドウで rainbow プロジェクトディレクトリーを開き、その内容を参照します。隠しファイルや隠しディレクトリーを含めて、ファイルやディレクトリーはいっさい存在していないはずです。
3.
```
rainbow $ ls -a
.       ..
```

注目してほしいこと

- ステップ 2 でファイルシステムウィンドウを見ると、rainbow プロジェクトディレクトリーが空であることがわかります。
- ステップ 3 でコマンドラインウィンドウを見ると、rainbow プロジェクトディレクトリーが空であることがわかります。

Git ダイアグラムを作成する準備として、**ビジュアル化 2-1** に示すように、空の rainbow プロジェクトディレクトリーの表現を作成します。

ビジュアル化 2-1

Git ダイアグラムの元となる、空の rainbow プロジェクトディレクトリーの表現

Git リポジトリーを初期化するには、`git init` コマンドを使います。ユーザーは、このコマンドを使ってリポジトリーに変換したいプロジェクトディレクトリーにいる必要があります（つまり、そのディレクトリーがカレントディレクトリーでなければなりません）。

通常、Git ユーザーは、何もオプションを付けずに `git init` コマンドを使って、Git リポジトリーを初期化します。しかし、Rainbow プロジェクトでは、`-b` オプション（`--initial-branch` の省略形）を付けて `git init` コマンドを使うことで、ブランチに `main` という名前を付けて、リポジトリーを初期化します。ブランチについては「4章　ブランチ」で詳しく説明しますが、ここでは、新しいローカルリポジトリーを初期化するときに、Git はデフォルトで、`master` と呼ばれるブランチを作成することを知っておけば十分です。Git のバージョン 2.28 以降では、初期ブランチ（最初のブランチ）の名前は変更可能です。本書では、`master` の代わりに `main` という名前を使うことにします。`master` という名前は、一部の人にとっては不快な言葉に感じられるからです。このテーマについては、「4.2.2　Git の歴史について少しだけ：`master` と `main`」で詳しく説明します。

作成するすべてのリポジトリー内の初期ブランチが `master` 以外の名前を持つようにしたい場合は、グローバル構成ファイル内に `init.defaultBranch` という変数を設定します。この設定方法は、「1.11　Git 構成の設定」で `user.name` と `user.email` を設定した方法と同じです。`init.defaultBranch` 変数が設定されている場合、`git init` コマンドを使って Git リポジトリーを初期化すると、初期ブランチの名前は、構成ファイルで定義されている名前になります。

コマンドの紹介

- `git init`
  Git リポジトリーを初期化する
- `git init -b <branch_name>`
  Git リポジトリーを初期化し、初期ブランチの名前を`<branch_name>`に設定する

実行手順 2-2 に進み、`rainbow` プロジェクトディレクトリーを Git リポジトリーに変換します。

実行手順 2-2

1. 作成される`.git` ディレクトリーを表示するために、ファイルシステムウィンドウで、隠しファイルと隠しディレクトリーが表示されるように設定されていることを確認します。
2.
```
rainbow $ git init -b main
Initialized empty Git repository in /Users/annaskoulikari/desktop/
rainbow/.git/
```
3. ファイルシステムウィンドウで `rainbow` プロジェクトディレクトリーに移動し、`.git` ディレクトリーが作成されていることを確認します。`.git` ディレクトリーを開き、その内容を表示します。

注目してほしいこと

- Git によって、`rainbow` プロジェクトディレクトリー内に`.git` ディレクトリーが作成されました。

Git ダイアグラムに表現を追加する最初の領域は、ローカルリポジトリーです。ローカルリポジトリーは、`.git` ディレクトリーそのものによって表されます。**ビジュアル化 2-2** にこれを示します。

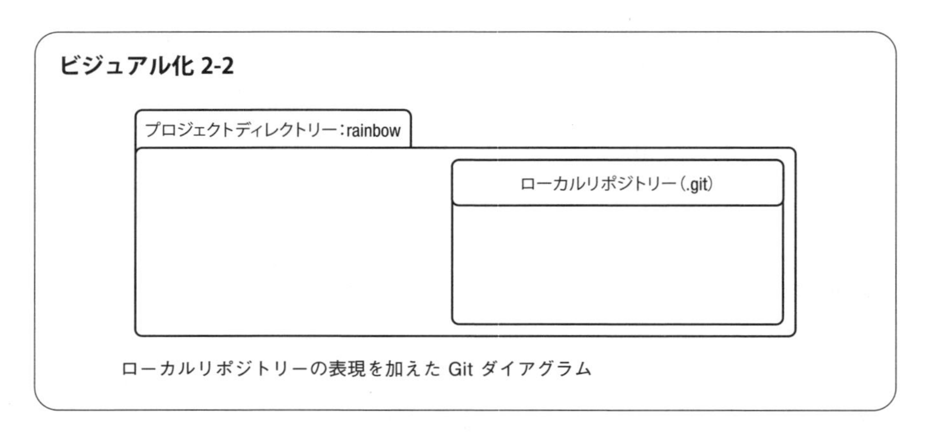

ローカルリポジトリーの表現を加えたGitダイアグラム

.gitディレクトリーの中には、さまざまなファイルやディレクトリーがあります。そのうちのいくつかは、次に学習するGitの領域を表します。次の節では、これらの領域の表現もGitダイアグラムに追加します。rainbowリポジトリーで作業を続けるにつれて、.gitディレクトリー内にファイルやディレクトリーが作成されていきます。そのうちのいくつかについては、学習を進めていく過程で学びます。

図2-1は、初期化されたリポジトリーでの.gitディレクトリーの内容の例を示しています。

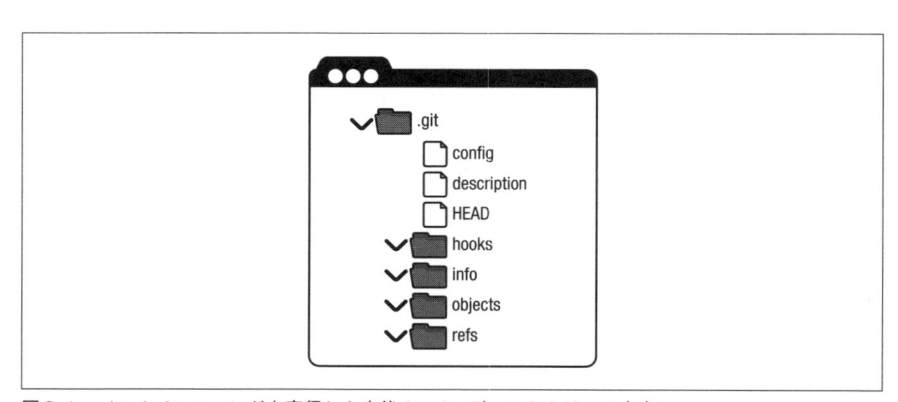

図2-1 git initコマンドを実行した直後の.gitディレクトリーの内容

次に、Gitを使って作業するときにユーザーが対話する、さまざまな領域について調べてみましょう。

2.4　Git のさまざまな領域

Git を使って作業するときに意識しておくべき、4 つの重要な領域があります。

- 作業ディレクトリー
- ステージングエリア
- コミット履歴
- ローカルリポジトリー

ローカルリポジトリーについては、前の節で学びました。この節では、残りの 3 つの領域とそれらが互いにどのように関連するかについて学びます。また、Git ダイアグラムの作成を継続します。まず、作業ディレクトリーから始めましょう。

2.4.1　作業ディレクトリーの紹介

作業ディレクトリー（working directory）には、プロジェクトディレクトリー内でプロジェクトの 1 つのバージョンを表すファイルとディレクトリーが含まれます。作業ディレクトリーは、いわば作業台のようなものです。そこでは、ファイルやディレクトリーを追加したり編集したり削除したりします。

作業ディレクトリー内でファイルがどのように扱われるかを調べるために、**サンプル Book プロジェクト 2-1** を見てみましょう。

サンプル Book プロジェクト 2-1

筆者が取り組んでいる Book プロジェクトには 10 個の章があり、`chapter_one.txt`、`chapter_two.txt` といった具合に、章ごとに 1 つのテキストファイルを作成すると仮定しましょう。

これらの各ファイルをプロジェクトに追加するために、作業ディレクトリー内にこれらのファイルを作成します。

それぞれの章の内容に変更を加えたい場合は、作業ディレクトリー内のファイルを編集することから作業を始めます。

もし、1 つの章全体を削除したければ、最初に行うべきステップは、それに対応する作業ディレクトリー内のファイルを削除することです。

サンプル Book プロジェクト 2-1 から、作業ディレクトリーとは、プロジェクトの内容にすべての変更を加える場所であると結論づけることができます。

`rainbow` リポジトリーについて言えば、現時点では作業ディレクトリーは空です。Git ダイアグラムの作成を継続し、作業ディレクトリーの表現を追加します。**ビジュアル化 2-3** はこれを示しています。

ビジュアル化 2-3

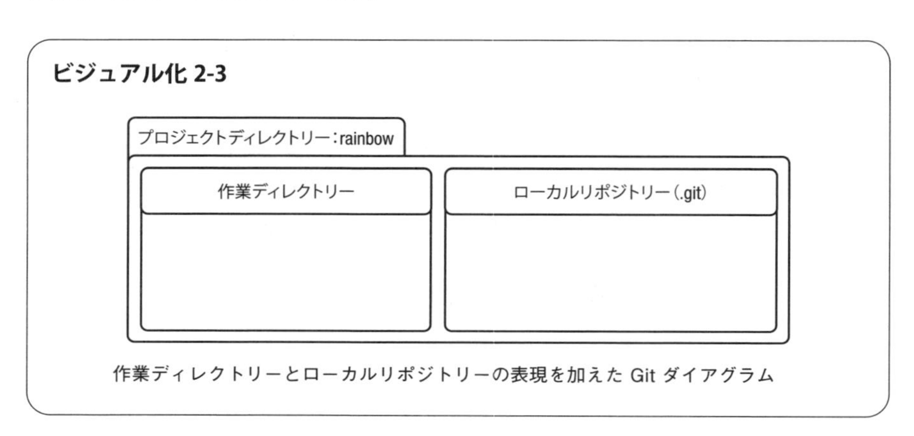

作業ディレクトリーとローカルリポジトリーの表現を加えた Git ダイアグラム

ビジュアル化 2-3 を見ると、`rainbow` プロジェクトディレクトリーは、内部にローカルリポジトリーを含んでいます。しかし、人々が、Git によってバージョン管理されるプロジェクトについて言うときには、プロジェクトディレクトリーのことを「リポジトリー」と呼ぶ場合が多いことを知っておいてください。たとえば、本書の例では、「rainbow リポジトリー」と呼ばれます。

ローカルリポジトリーの中には、さらに詳しく学びたい 2 つの重要な領域があります。ステージングエリアとコミット履歴です。次にこれらについて学び、コミットの概念についてもう少し詳しく見てみましょう。

2.4.2　ステージングエリアの紹介

ステージングエリア（staging area）とは下書きスペースのようなものであり、次に保存するプロジェクトのバージョン（すなわち次のコミット）に含めたいものを準備するときに、ファイルを追加したり取り消したりできる場所です。ステージングエリアは、`.git` ディレクトリー内の `index` と呼ばれるファイルによって表されます。

index ファイルは、プロジェクト内のステージングエリアに少なくとも 1 つのファイルを追加した場合にのみ作成されます。rainbow プロジェクトディレクトリーでは、まだステージングエリアにファイルを追加していないので、.git ディレクトリーにはまだ index ファイルは存在しません。「3 章　コミットの作成」では、ステージングエリアにファイルを追加し、index ファイルが作成されることを確認します。

ステージングエリアがなぜ役に立つのかについては、「3 章　コミットの作成」で、ステージングエリアにファイルを追加する練習をするときに詳しく説明します。ここでは、**ビジュアル化 2-4** に示すように、Git ダイアグラムのローカルリポジトリーの内部にステージングエリアの表現を追加します。

ビジュアル化 2-4

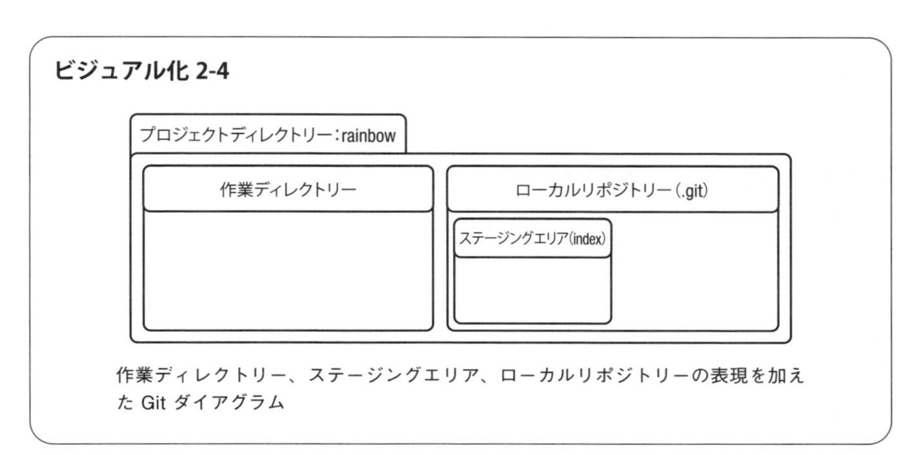

作業ディレクトリー、ステージングエリア、ローカルリポジトリーの表現を加えた Git ダイアグラム

これで Git ダイアグラムに、作業ディレクトリー、ステージングエリア、ローカルリポジトリーの表現が含まれるようになりました。紹介したい最後の領域はコミット履歴です。しかし、その前に、コミットの概念をきちんと理解しておきましょう。

2.4.3　コミットとは何か？

Git における**コミット**（commit）とは、基本的に、プロジェクトの 1 つのバージョンを表します。コミットは、プロジェクトのスナップショットと考えることができます。すなわち、そのコミットに含まれるすべてのファイルへの参照を含んでいる、プロジェクトの独立したバージョンです。

すべてのコミットは、**コミットハッシュ**（commit hash）を持ちます。コミットハッシュは、英数字で構成される40文字の一意のハッシュ値であり、**コミットID**と呼ばれることもあります。これはコミットの名前のように振る舞い、コミットを参照するための方法となります。

コミットハッシュは、`51dc6ecb327578cca503abba4a56e8c18f3835e1`のような値になりますが、実際にコミットを参照するには、コミットハッシュの最初の7文字だけが必要です。したがって、この例では、`51dc6ec`だけを使えばコミットを参照できます。

コミットハッシュは一意の値なので、読者のRainbowプロジェクトのコミットハッシュは、本書のものとは異なります。本書の練習課題を試すときには、このことを覚えておいてください。

これで、コミットとは何かがわかったので、次に、Gitダイアグラムに追加する最後の領域について紹介します。コミット履歴です。

2.4.4 コミット履歴の紹介

コミット履歴（commit history）とは、コミットが存在していると考えられる場所です。コミット履歴は、`.git`ディレクトリー内の`objects`ディレクトリーによって表されます。コミット履歴について深く理解するためには、Gitの内部を掘り下げて調べる必要がありますが、それは、Gitの使い方の基礎を学ぶためには必ずしも知っておく必要のない複雑なトピックです。私たちの目的のためには、コミットを作成するたびに、そのコミットがコミット履歴に保存されることを知っておけば十分です。

実行手順2-3に進み、`rainbow`リポジトリーのコミット履歴を確認します。

実行手順2-3

1. ファイルシステムウィンドウで、`rainbow`プロジェクトディレクトリーの`.git`ディレクトリーの内部を参照し、`objects`ディレクトリーを探します。

ビジュアル化2-5では、Gitダイアグラムのローカルリポジトリーの内部にコミット履歴の表現を追加します。

ビジュアル化 2-5

作業ディレクトリー、ステージングエリア、コミット履歴、ローカルリポジトリーの表現を加えた、完全なGitダイアグラム

これで、Gitを使って作業するときに最も重要な領域を示した完全なGitダイアグラムが作成できたので、次にRainbowプロジェクトに最初のファイルを追加し、テキストエディターを使ってそれを編集します。

2.5 Gitプロジェクトにファイルを追加する

前に述べたように、本書の学習の旅を通じて、読者は、虹の色とそれ以外の色を列挙するプロジェクトに取り組みます。色を追加するたびに、読者はコミットを作成し、プロジェクトの進行状況を記録します。

最初に行うステップは、`rainbowcolors.txt`というファイルを作成することです。このファイルの中に色を列挙していきます。「1.9.3 ディレクトリーの作成」で述べたように、ファイル名にはスペースを含めないことが重要です。次に、1章で準備したテキストエディターを使って、ファイルの1行目に「Red is the first color of the rainbow.」と入力します。**実行手順2-4**に進み、ファイルの作成と編集を行います。

実行手順2-4

1. テキストエディターを使って、`rainbow`プロジェクトディレクトリーの中に、`rainbowcolors.txt`というファイルを作成します。
2. その1行目に「Red is the first color of the rainbow.」と入力し、ファイルを保存します。

注目してほしいこと

- rainbowcolors.txt ファイルは、rainbow プロジェクトディレクトリーの中にあります。したがって、このファイルは作業ディレクトリーの中にあります。

rainbowcolors.txt ファイルは作業ディレクトリー内にありますが、リポジトリーの一部ではありません。まだステージングエリアに追加されていませんし、コミット履歴内のコミットにも含まれていません。**ビジュアル化 2-6** はこれを示しています。

ビジュアル化 2-6

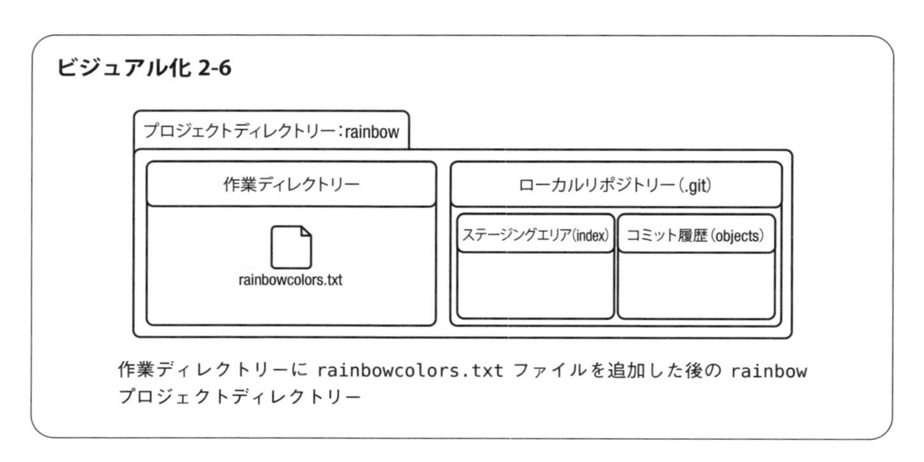

作業ディレクトリーに rainbowcolors.txt ファイルを追加した後の rainbow プロジェクトディレクトリー

rainbowcolors.txt ファイルはまだリポジトリーの中にはないので、これは未追跡ファイルです。**未追跡ファイル**（untracked file）とは、作業ディレクトリー内に存在し、Git がバージョン管理していないファイルのことです。このファイルはステージングエリアに追加されたこともありませんし、コミットに含まれたこともありません。したがって、リポジトリーの一部ではありません。

ファイルをステージングエリアに追加し、コミットに含めると、そのファイルは**追跡済みファイル**（tracked file）になります。これは、バージョン管理されるファイル、言い換えれば Git が追跡するファイルです。

プロジェクト内の新しいファイルを、Git を使ってバージョン管理するには、それらを明示的にステージングエリアに追加し、さらにコミットに含めて、それらを追跡済みファイルにする必要があります。これらのステップについては、「3章 コミットの作成」で実行します。

「まえがき」で、虹の色とそれ以外の色を列挙するファイルを作成したり編集したりすることは、Git によってバージョン管理されるプロジェクトの現実的な例ではないと説明しました。このプロジェクトの目的は、編集しているファイルの内容にではなく、Git がどのように動作するかに集中できるように、Git の学習の旅をシンプルに保つことです。実際のプロジェクトで読者がファイルに加える変更は、これとは大きく違ったものになるでしょう。

2.6 まとめ

この章では、リポジトリーを初期化することで、`rainbow` プロジェクトディレクトリーをリポジトリーに変換しました。また、作業ディレクトリー、ステージングエリア、コミット履歴、ローカルリポジトリーという、Git の 4 つの重要な領域を視覚化する Git ダイアグラムを作成しました。

`rainbow` プロジェクトディレクトリーに最初のファイルを追加し、未追跡ファイルと追跡済みファイルの重要な違いについて学びました。

次の章では、コミットの作成に関するステップについて学びます。その過程で、Git ダイアグラムのそれぞれの領域が、コミットの作成プロセスとどのように関わっているかを説明します。

3章 コミットの作成

前の章では、Git を使って作業するときにユーザーが対話するさまざまな領域、すなわち作業ディレクトリー、ステージングエリア、コミット履歴、ローカルリポジトリーについて学びました。これらの領域を表す Git ダイアグラムを作成し、章の終わりには、rainbow プロジェクトディレクトリーに最初のファイルを追加しました。

この章では、Rainbow プロジェクトでコミットを作成するプロセスを体験し、Git ダイアグラムのそれぞれの領域がそれとどのように関連するかを観察します。また、Git を使った日々の作業を容易にしてくれる 2 つの重要なコマンドを紹介します。その 1 つは、作業ディレクトリーとステージングエリアの状態を確認するためのコマンドであり、もう 1 つは、コミットのリストを表示するためのコマンドです。

3.1 現在のセットアップ

現時点では、内部に.git ディレクトリーを含んでいる rainbow というプロジェクトディレクトリーがあり、作業ディレクトリーの中に rainbowcolors.txt という 1 つのファイルがあります。rainbow リポジトリーではまだコミットを作成したことがないので、ステージングエリアとコミット履歴は空です。**ビジュアル化 3-1** は、これらの様子を示しています。

ビジュアル化 3-1

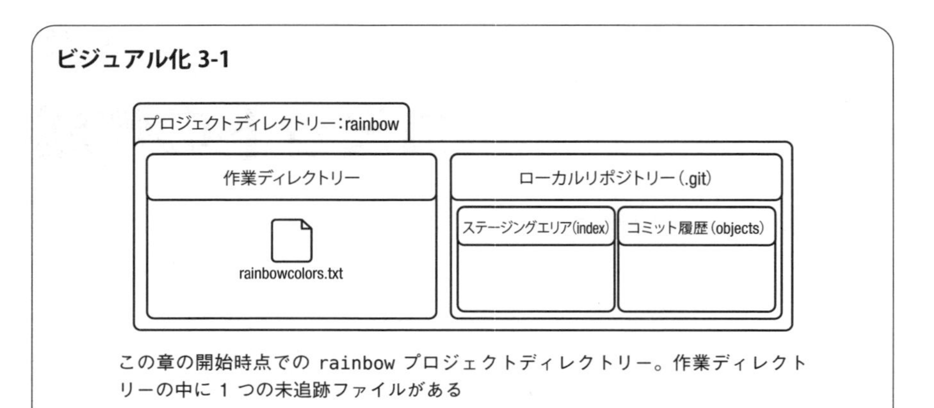

この章の開始時点での rainbow プロジェクトディレクトリー。作業ディレクトリーの中に 1 つの未追跡ファイルがある

3.2 なぜコミットを作成するのか？

前の章では、コミットが基本的にプロジェクトの 1 つのバージョンを表すことを学びました。プロジェクトの新しいバージョンを保存したいと思ったら、そのたびにコミットを作成することができます。

コミットはとても重要です。なぜなら、作業をバックアップすることができ、保存していない作業を失ってしまうフラストレーションを避けられるからです。いったんコミットを作成すると、その作業は保存され、後からそのコミットに戻って参照することができます。つまり、その時点でプロジェクトがどのようなものであったかを知ることができます。

コミットをいつ作成すべきかに関して、厳密なルールはありません。これは、さまざまな要因によって異なります。たとえば、プロジェクトに一人で取り組んでいるのか、それとも他のユーザーと一緒に取り組んでいるのか、またどのようなタイプのプロジェクトに取り組んでいるのか（たとえば、コンパイルが必要なコードを書いているのか、それともある機能についてのドキュメントを書いているのか）などによって大きく異なります。チームで作業をしている場合は、最終的には、チームで使用しているワークフローや、チームで合意しているルール（たとえば、4 章で紹介するブランチをどのように使用するか）によって決まります。

Git の世界でよく使われる格言に、「commit early, commit often」（コミットは早く、コミットは頻繁に）というものがあります。Git を始めたばかりの人にとって、これはよいアドバイスと言えます。この段階では、少なすぎるコミットよりも、多すぎるコミットのほうが望ましいからです。また、Gitの基礎を十分に理解できるようになったら、コミットを整理するためにGitが提供している追加のツールについて学ぶことができます。

3.3　コミットを作成するための２つのステップ

コミットを作成する理由がわかったので、次に、コミットを作成する方法を見てみましょう。コミットの作成は、次の２つのステップから成るプロセスです。

1. 次のコミットに含めたいすべてのファイルをステージングエリアに追加する。
2. コミットメッセージを付けてコミットを作成する。

ユーザーはこのプロセスを通じて、２章で紹介したGitの４つの領域、すなわち作業ディレクトリー、ステージングエリア、コミット履歴、ローカルリポジトリーと対話します。

コミットの作成プロセスで役に立つコマンドの１つが、`git status`です。このコマンドは、特に作業ディレクトリーとステージングエリアの状態を教えてくれます。多くのファイルが存在するプロジェクトでは、作業ディレクトリー内のファイルがどのような状態であるか（つまり、どのファイルを編集したか）や、どのファイルをステージングエリアに追加したか、などがすぐにわからなくなってしまうので、このコマンドはとても便利です。

コマンドの紹介

- `git status`
  作業ディレクトリーとステージングエリアの状態を表示する

多くのファイルが存在するプロジェクトでは、どれが未追跡ファイルか、どれが追跡済みファイルか、どのファイルを編集したか、などを覚えておくのは困難です。今のところRainbowプロジェクトには１つのファイルしかありませんが、**サンプルBookプロジェクト3-1**を読んで、より多くのファイルが存在するプロジェクトの例を考えてみましょう。

サンプルBookプロジェクト3-1

筆者が取り組んでいるBookプロジェクトは10個のファイルで構成され、それぞれのファイルがそれぞれの章を表します。最後にコミットを作成した後で、しばらく執筆作業に取り組んでいましたが、どの章のファイルを編集したかを忘れてしまいました。2章と3章に取り組んだことは覚えていますが、4章に変更を加えたかどうかは定かではありません。もし変更を加えていたとすれば、その変更を失いたくはありません。

このような場合にgit statusコマンドを使うと、どの章のファイルを編集したか、どの章のファイルをステージングエリアに追加したか、どの章のファイルをまだ追加していないか、がわかります。

git statusコマンドは情報を提供するだけです。リポジトリー内で実際に何かを変更することはありません。Gitプロジェクトに取り組むときには、いつでも自由に使ってみてください。作業ディレクトリーとステージングエリアの状態について詳しく知ることができます。

実行手順3-1に進み、git statusコマンドを使って、rainbowリポジトリーの作業ディレクトリーとステージングエリアの状態をチェックします。この**実行手順**を試すには、コマンドプロンプトが示しているように、コマンドラインでrainbowプロジェクトディレクトリーに移動している必要があります。

実行手順3-1

❶
```
rainbow $ git status
On branch main

No commits yet

Untracked files:
  (use "git add <file>..." to include in what will be committed)
        rainbowcolors.txt

nothing added to commit but untracked files present (use "git add"
to track)
```

注目してほしいこと

- git status の出力結果は、まだコミットが存在していないことを示しています（No commits yet）。言い換えれば、この時点ではコミット履歴にコミットが含まれていません。
- rainbowcolors.txt は未追跡ファイルです（Untracked files）。
- Git は、未追跡ファイルをステージングエリアに追加するための方法を示しています（use "git add <file>..." to include in what will be committed）。

2 章では、rainbowcolors.txt が未追跡ファイルであり、それを追跡済みファイルにするためには、ステージングエリアに追加し、コミットに含める必要があることを説明しました。次に、コミットを作成するプロセスの最初のステップを実行してみましょう。すなわち、コミットに含めたいすべてのファイルをステージングエリアに追加します。

3.3.1　ステージングエリアにファイルを追加する

ステージングエリアにファイルを追加するには、git add コマンドを使います。編集したファイルを個別にステージングエリアに追加したい場合は、git add コマンドの引数として、1 つまたは複数のファイル名を指定します。作業ディレクトリーで編集したすべてのファイルをステージングエリアに追加したい場合は、-A オプション（「all」の意味）を付けて git add コマンドを実行します。これは、多くのファイルを編集していて、それらのファイル名を個別にコマンドラインに書き出したくない場合に便利です。

コマンドの紹介

- git add <filename>
  1 つのファイルをステージングエリアに追加する
- git add <filename> <filename> ...
  複数のファイルをステージングエリアに追加する
- git add -A
  作業ディレクトリーで編集したすべてのファイルをステージングエリアに追加する

2章で説明したように、ステージングエリアでは、編集したどのファイル（すなわち、どの変更）を次のコミットに含めるかを選択できます。原則として、関連する変更同士を1つにまとめます。そうすることで、コミットを整理された状態に保つことができます。次の節で説明しますが、すべてのコミットには、それに関連づけられたコミットメッセージがあります。これを使うと、特定のコミットで何が更新されたかを説明できます。

コミット作成プロセスの最初のステップでは、何をコミットに含めるかに関して、具体的に指定できます。つまり、プロジェクト内で多くのファイルを編集していたとしても、そのすべてを1つのコミットに保存する必要はないということです。これについて、**サンプル Book プロジェクト 3-2** で見てみましょう。

サンプル Book プロジェクト 3-2

筆者が取り組んでいる Book プロジェクトには、10個のファイルで表される10個の章があります。ここで、1章、2章、3章に取り組むシナリオを考えてみましょう。つまり、chapter_one.txt、chapter_two.txt、chapter_three.txt を編集します。

2章について行った作業はコミットする（保存する）準備ができているが、1章と3章について行った作業は次のコミットには含めたくないとすると、更新した1章と3章のファイルはステージングエリアには追加せず、2章のファイルだけをステージングエリアに追加することができます。つまり、2章のファイル内の変更だけが次のコミットに含まれ、ローカルリポジトリーに正式に「保存」されます。

サンプル Book プロジェクト 3-2 は、保存するプロジェクトのバージョン（すなわちコミット）に関して、ステージングエリアで多くの制御が可能であることを示しています。

Rainbow プロジェクトでは、ステージングエリアに追加する最初のファイルは rainbowcolors.txt です。このファイルを追加すると、ステージングエリアを表す index ファイルが.git ディレクトリー内に作成されます。2章で学んだように、index ファイルは、ステージングエリアにファイルを追加するまで存在しません。index ファイルはバイナリーファイルなので、その実際の内容は、人間にとってはちんぷんかんぷんで、簡単には理解できません。私たちの目的のためには、それがステージングエリアを表していることを理解しておけば十分です。**実行手順 3-2** に進み、rainbowcolors.txt ファイルをステージングエリアに追加し、index ファイルを作成します。

実行手順 3-2

1. .git ディレクトリー内に index ファイルが作成されることを確かめるために、ファイルシステムウィンドウで、隠しファイルと隠しディレクトリーが表示されるように設定されていることを確認します。

2.
```
rainbow $ git add rainbowcolors.txt
```

3.
```
rainbow $ git status
On branch main

No commits yet

Changes to be committed:
  (use "git rm --cached <file>..." to unstage)
        new file: rainbowcolors.txt
```

4. ファイルシステムウィンドウを使って.git ディレクトリーの内容を表示し、index ファイルが新しく作成されたことを確認します。

注目してほしいこと

- rainbowcolors.txt をステージングエリアに追加したので、ステップ 3 では、「Changes to be committed」（コミットされる変更）のセクションにそれが表示されています。**ビジュアル化 3-2** はこの様子を示しています。

ビジュアル化 3-2

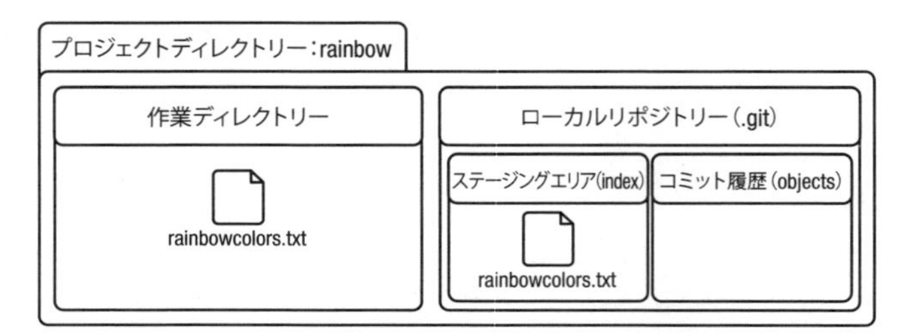

rainbowcolors.txt ファイルをステージングエリアに追加した後の rainbow プロジェクトディレクトリー

rainbowcolors.txt ファイルは、現在、作業ディレクトリーとステージングエリアの両方に存在しています。この理由は、git add コマンドが作業ディレクトリーからステージングエリアにファイルを移動しないからです。git add コマンドは、作業ディレクトリーからステージングエリアにファイルをコピーします。

rainbowcolors.txt ファイルがステージングエリアに追加されたので、コミット作成プロセスの2番目のステップに進む準備ができました。すなわち、コミットメッセージを付けて実際にコミットを作成します。

3.3.2 コミットを作成する

コミット（commit）は、動詞としても名詞としても使われることに注意してください。Git では、動詞の「コミットする」は何かを保存することを表し、名詞の「コミット」はプロジェクトの1つのバージョンを表します。したがって、コミットを作成することは、プロジェクトの1つのバージョンを保存することを意味します。

コミットを作成するには、git commit コマンドを使い、-m オプション（「message」の意味）を指定して、引用符の中にコミットメッセージを入力します。通常、コミットメッセージには、プロジェクトのこのバージョンで行った変更に関する簡単な説明を記述します。

コマンドの紹介

- git commit -m "<message>"
  コミットメッセージを付けて新しいコミットを作成する

サンプルBookプロジェクト3-3で、コミットメッセージの例について考えてみましょう。

サンプルBookプロジェクト3-3

Bookプロジェクトで2章に取り組み、そのファイルだけをステージングエリアに追加し、2章の更新だけでコミットを作成したいとすると、コミットメッセージは「Updated chapter 2」(2章を更新)のようになるでしょう。

コミットメッセージに何を含めるべきかについては、個人やチームによって異なるルールが存在し得ることを覚えておいてください。他のユーザーと一緒にGitプロジェクトに取り組んでいる場合は、共同作業者に相談し、コミットメッセージに何を含めるべきかを確認してください。

本書のRainbowプロジェクトでは、プロジェクトに追加する色の名前を、そのままコミットメッセージとして使います。これは、**ビジュアル化**のダイアグラムで、コミットを簡単に表現できるようにするためです。Rainbowプロジェクトで最初に追加した虹の色は赤(red)なので、**実行手順3-3**では、「red」というコミットメッセージを付けてコミットを作成します。

実行手順3-3

```
1 rainbow $ git commit -m "red"
  [main (root-commit) c26d0bc] red
  1 file changed, 1 insertion(+)
  create mode 100644 rainbowcolors.txt
```

注目してほしいこと

- `git commit`コマンドの出力結果は、redコミットのコミットハッシュの最初の7文字を示しています。ここでは`c26d0bc`と表示されていますが、「2.4.3 コミットとは何か？」で学んだように、コミットハッシュは一意の値なので、読者のコミットハッシュの最初の7文字は、本書のものとは異なります。

ビジュアル化3-3では、コミット履歴の中にredコミットがあり、コミットハッシュの最初の7文字も記されています。

ビジュアル化 3-3

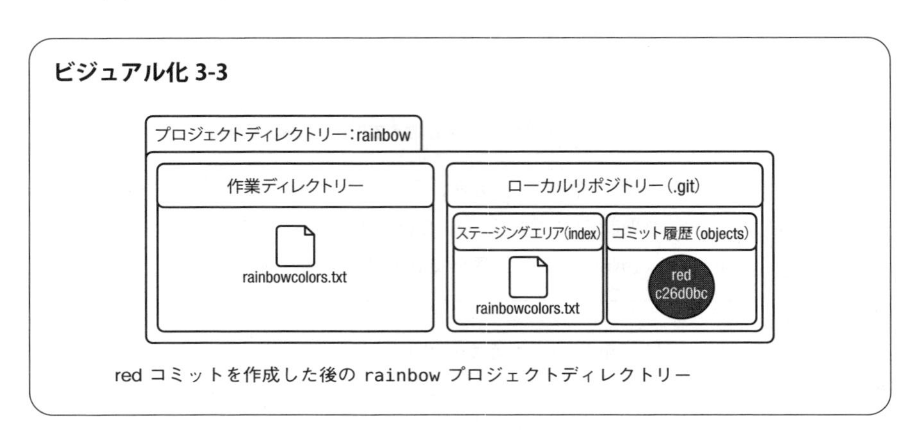

red コミットを作成した後の rainbow プロジェクトディレクトリー

前の章では、未追跡の新しいファイルをステージングエリアに追加し、コミットに含めると、Git がそのファイルを認識するようになるので、追跡済みファイルになることを学びました。したがって、`rainbowcolors.txt` は、今や追跡済みファイルです。

`git commit` コマンドの残りの出力結果は、私たちの目的にとってはそれほど重要ではありません。これらは、このコミットで何が変更されたかに関する詳しい情報であり、筆者の経験では、ほとんどの Git ユーザーが詳しく調べる必要のないものです。

これで、`rainbow` リポジトリーで最初のコミットが作成できたので、次に、コミット履歴の中でこのコミットに関して得られる情報を見てみましょう。

3.4 コミットのリストを表示する

コミット履歴内のコミットのリストを表示するには、`git log` コマンドを使います。`git log` コマンドは、ローカルリポジトリー内のコミットを、新しいものから古いものへと順にリスト表示します。このコマンドは、それぞれのコミットについて、次の4つの情報を表示します。

1. コミットハッシュ
2. 作成者の名前とEメールアドレス

3. コミットが作成された日付と時刻
4. コミットメッセージ

コマンドの紹介

- `git log`
  コミットのリストを、新しいものから古いものへと順に表示する

`git log` コマンドの出力結果がコマンドラインウィンドウのサイズを超えてしまった場合に、残りのコミットを表示するには、[Enter] キー（[Return] キー）または下矢印キーを押します。コマンドを終了するには、`q` を入力します（[Q] キーを押します）。現時点では 1 つのコミットしかないので、`git log` の出力結果はとても短いものですが、Rainbow プロジェクトにコミットを追加していくと `git log` の出力結果は長くなり、やがてこれらのキーを使う必要が出てきます。

実行手順 3-4 に進み、コミットのリストを表示してみましょう。

実行手順 3-4

```
❶ rainbow $ git log
commit c26d0bc371c3634ab49543686b3c8f10e9da63c5 (HEAD -> main)
Author: annaskoulikari <gitlearningjourney@gmail.com>
Date:   Sat Feb 19 09:23:18 2022 +0100

    red
```

注目してほしいこと

- `git log` の出力結果は、現時点では 1 つのコミット、すなわち red コミットしかないことを示しています。
- 本書での red コミットの完全なコミットハッシュは、`c26d0bc371c3634ab49543686b3c8f10e9da63c5` です。読者のコミットハッシュは、これとは異なります。
- red コミットの作成者（`Author`）は、1 章で `user.name` および `user.email` という Git 構成変数を設定したときに指定した名前および E メールアドレスと一致しています。

- Date は、このコミットが作成された日付と時刻を示しています。
- Date の下にあるのがコミットメッセージです。この例では「red」です。

ビジュアル化セクションのダイアグラムでは、コミットを円で表します。それぞれのコミットは、コミットメッセージとして使われている色で表示され、その完全な名前または略称（たとえば、red コミットであれば R）を示すラベルが付けられます。それぞれの円は、git log の出力結果でリスト表示される個々のコミットを表すことを覚えておいてください。これを明確にしたのが**図3-1**です。

図3-1　本書のダイアグラムでは、コミットを円で表す

実行手順3-4の git log の出力結果で、まだ説明していないものが１つあります。コミットハッシュの隣の丸括弧の中に「HEAD -> main」というテキストが見えるでしょう。main はブランチを表します。ブランチとは何か、それを使って作業するにはどうすればよいかについては、次の章で学びます。また、HEAD とは何かについても学びます。

3.5　まとめ

この章では、コミットを作成するための２つのステップ――ステージングエリアにファイルを追加し、コミットメッセージを付けてコミットを作成する――について紹介し、rainbow リポジトリーで最初のコミットを作成しました。コミットの作成プロセスを容易にするために、作業ディレクトリー内およびステージングエリア内のファイルの状態に関する情報を提供する git status コマンドを紹介しました。

また、git log コマンドを使って、ローカルリポジトリー内のコミットをリスト表示する方法についても学びました。git log の出力結果で、コミットハッシュの隣の丸括弧の中に main という表示がありました。次の章では、main がブランチであることを学び、Git でブランチが使われる理由とその使い方を理解します。

4章
ブランチ

前の章では、コミットを作成するプロセスについて学び、rainbowリポジトリーで最初のコミットを作成しました。

この章では、ブランチとは何か、なぜそれを使用するのかについて学びます。rainbowリポジトリーでコミットの作成を継続し、プロジェクト内のブランチにどのような影響があるかを確かめます。最後に、新しいブランチを作成し、そのブランチに切り替える（変更する）方法を学びます。rainbowリポジトリーでさらにコミットを作成する過程で、未変更ファイルと変更済みファイルの概念や、コミット同士がどのようにリンクされているかについても学びます。

4.1　ローカルリポジトリーの状態

「2章　ローカルリポジトリー」では、Gitの4つの重要な領域（作業ディレクトリー、ステージングエリア、コミット履歴、ローカルリポジトリー）を表すGitダイアグラムを作成しました。**ビジュアル化4-1**では、Gitダイアグラムを使って、この章の開始時点でのrainbowリポジトリーの状態を示しています。

ビジュアル化 4-1

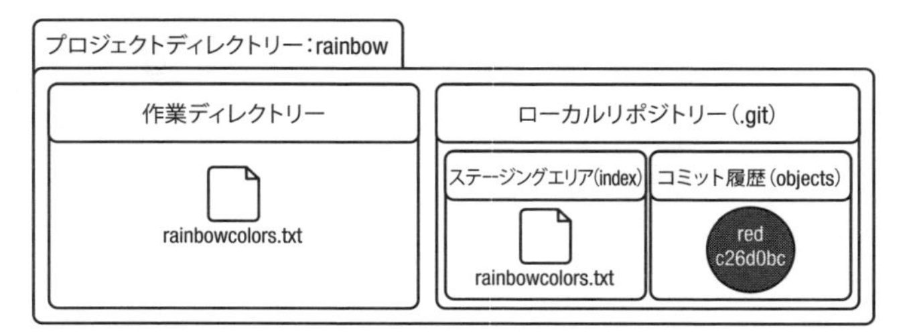

この章の開始時点での `rainbow` リポジトリーの状態を示す Git ダイアグラム。red コミットという 1 つのコミットを含んでいる

これ以降、**ビジュアル化**セクションのダイアグラムでは、コミットの中に色の名前（または略称）だけを示します。コミットハッシュの最初の 7 文字は含めません。

コミット履歴に注目するために、ここで、**リポジトリーダイアグラム**（Repository Diagram）と呼ばれる新しい図を紹介します。リポジトリーダイアグラムは、リポジトリーのコミット履歴と、関連するブランチおよび参照の表現だけを含みます。ローカルリポジトリーは長方形で表され、左上隅にリポジトリーの名前が記されます。**ビジュアル化 4-2** は、`rainbow` リポジトリーの現在の状態を、リポジトリーダイアグラムの形式で示したものです。

ビジュアル化 4-2

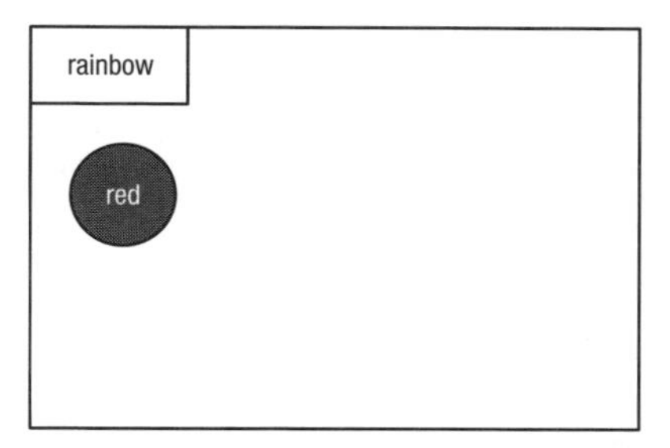

rainbow リポジトリーの現在の状態を示すリポジトリーダイアグラム。red コミットという 1 つのコミットを含んでいる

4.2　なぜブランチを使用するのか？

Git でのブランチの詳細に進む前に、なぜブランチが役に立つのかを説明します。ブランチを使う理由は主に 2 つあります。

- 同じプロジェクトに、さまざまな方法で取り組むため
- 同じプロジェクトに、複数のユーザーが同時に取り組むため

ブランチは、開発ライン（開発作業における 1 つのライン）のようなものと考えることができます。1 つの Git プロジェクトは、複数のブランチ（つまり複数の開発ライン）を持つことができます。それぞれのブランチは、プロジェクトの独立したバージョンです。Git プロジェクトでは、取り組むユーザーのニーズに応じて、さまざまな方法でブランチを利用できます。

ブランチを使った作業でよくあるパターンの 1 つは、主となる正式な開発ライン——**主要ブランチ**、**メインブランチ**、**プライマリーブランチ**などと呼ばれます——を 1 つ持ち、そこから分岐して、**トピックブランチ**（topic branch）または**機能ブランチ**（feature branch）[†1]と呼ばれる補助的なブランチを作成することです。これらの補助的なブランチは、プロジェクトの特定の部分だけに取り組むために使われます。これらは一時的なものであり、最終的には主要ブランチに統合され、削除されます。

†1　訳注：「フィーチャーブランチ」とも呼ばれます。

あるブランチを別のブランチに統合するために使われる2つのプロセスが、マージとリベースです。これらについては、5章、9章、10章、11章、12章で詳しく説明します（これらは大きなテーマなのです！）。

主要な開発ラインを1つ持つというこのパターンは、本書のRainbowプロジェクトでも採用するアプローチです。これをもう少し具体的にするために、**サンプルBookプロジェクト4-1**を読み、Bookプロジェクトでブランチをどのように利用できるかを考えてみましょう。

サンプルBookプロジェクト4-1

Bookプロジェクトの正式なブランチが`main`ブランチであると仮定しましょう。編集者がレビューして承認してくれるまで、行った作業を正式な開発ラインに追加したくはありません。そのため、ある章に取り組むたびに補助的なブランチを作成し、そのブランチで作業を行い、それを編集者に提示してレビューしてもらいます。補助ブランチで行った作業を編集者が承認してくれたら、そのブランチを`main`ブランチに統合します。

もし、ある時点で共著者と一緒に執筆に取り組むことになったとしたら、お互いに自分の補助ブランチで作業を行うことができます。その後、それぞれの補助ブランチでの作業が、もう一方の著者と編集者によって承認されると、それらを`main`ブランチに統合する準備ができたと見なされます。

これでブランチを使う理由がわかったので、次に、それらがGitでどのように機能するかを詳しく見てみましょう。

4.2.1 Gitでのブランチとは正確にはどのようなものか？

Gitでのブランチとは、コミットを指す移動可能なポインターです。`git log`コマンドを使って、ローカルリポジトリー内のコミットをリスト表示すると、どのブランチがどのコミットを指しているかが表示されます。**実行手順4-1**に進み、`rainbow`リポジトリーでこれを確認してみましょう。

実行手順 4-1

```
1  rainbow $ git log
   commit c26d0bc371c3634ab49543686b3c8f10e9da63c5 (HEAD -> main)
   Author: annaskoulikari <gitlearningjourney@gmail.com>
   Date:   Sat Feb 19 09:23:18 2022 +0100

       red
```

注目してほしいこと

- git log コマンドの出力結果で、コミットハッシュの隣の丸括弧の中に「HEAD -> main」と表示されています。

git log の出力結果で、コミットハッシュの隣の丸括弧の中に表示されるブランチ（1 つまたは複数）は、そのコミットを指しているブランチです。

HEAD はブランチではありません。HEAD については、「4.6　HEAD とは何か？」で説明します。

rainbow リポジトリーでは、main ブランチが red コミットを指しています。この様子を**ビジュアル化 4-3** に示します。

ビジュアル化 4-3

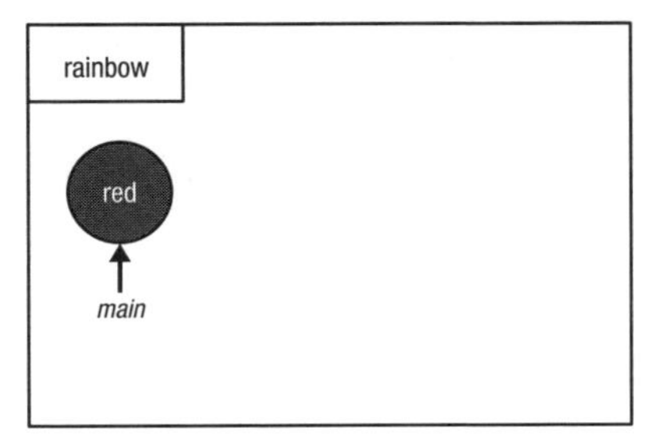

rainbow リポジトリーでは、main ブランチが red コミットを指している

この章の後半では、main ブランチ上でさらにコミットを作成し、新しいコミットを指すように main ブランチが移動することを確かめます。

rainbow リポジトリーの main ブランチはローカルブランチです。本書の前半では、ローカルリポジトリーだけを使って Rainbow プロジェクトの作業を行いますが、そこではローカルブランチだけを使います。本書の後半ではリモートリポジトリーも使って作業を行いますが、そこではリモートブランチとリモート追跡ブランチの概念についても学びます。

コミットを指す移動可能なポインターとしてのブランチの概念をより深く理解するために、**実行手順 4-2** に進んでください。

実行手順 4-2

1. ファイルシステムウィンドウで、rainbow プロジェクトディレクトリーに移動します。
2. rainbow プロジェクトディレクトリー内のすべての隠しファイルと隠しディレクトリーを表示します。隠しファイルと隠しディレクトリーの表示方法については、「1.9.1　ディレクトリーの内容を表示する」を参照してください。
3. rainbow プロジェクトディレクトリーで、.git → refs → heads に移動します。
4. main ファイルを開きます。macOS では、テキストエディット（TextEdit）と呼ばれる基本的なテキストエディターで自動的にファイルが開かれます。Windows では、メモ帳（Notepad）と呼ばれる基本的なテキストエディターを使ってファイルを開くことができます。もちろん、それ以外のテキストエディターでも開くことができます。

注目してほしいこと

- ステップ 4 で、main ファイルの中には、rainbow リポジトリーの red コミットのコミットハッシュが記されています。

実行手順 4-2 のステップ 3 では、main ファイルにたどり着くために、.git ディレクトリー、refs ディレクトリー、heads ディレクトリーの順に移動しました。「refs」という言葉は「references」（参照）を意味します。heads ディレクトリーには、ローカルリポジトリーのそれぞれのローカルブランチに関するファイルが保存されています。現時点では、1つのローカルブランチ（main ブランチ）しかないので、このディレクトリーには1つのファイルしかありません。このファイルは、関連するブランチの先頭（head）、言い換えれば、そのブランチでの最新のコミットを指していると考えることができます。

これで、ブランチとは何か、それがどのように機能するかが少し理解できたので、ここで、主要ブランチの名前について簡単に触れておきましょう。

4.2.2　Git の歴史について少しだけ：master と main

通常、オプションを付けずに git init コマンドだけを使ってローカルリポジトリーを初期化すると、Git は舞台裏で、master という名前のブランチを作成します。しかし、master という名前は、誰にでも受け入れられる言葉とは考えにくい（一部の人にとっては人種差別を連想し、不快な言葉に感じられる）ため、近年では多くの Git コミュニティが、デフォルトのブランチ名として main（またはその他の名前）を使うように移行しています。

2 章で rainbow リポジトリーを初期化したときに、-b オプションの付いた git init コマンドを使い、main という値を渡したのは、このためです。ただし、main という言葉そのものは決して特別なものではなく、git init -b コマンドに別の値を渡すことで、最初のブランチ（初期ブランチ）に任意の名前を付けることができます。rainbow リポジトリーで最初のコミットを作成したときに、main ブランチが、そのコミットを指すように更新されました。Rainbow プロジェクトでは、main ブランチが主要な開発ラインです。

Git の学習を続ける中で、今でも master ブランチに言及している学習リソースを見かけることがあるかもしれませんが、このブランチに関して特別なことは何もありません。これは単に、Git で最初に作成されるブランチのデフォルト名にすぎないのです。

これで、rainbowcolors.txt ファイルに新しい色を追加し、新たなコミットを作成する準備ができました。しかしその前に、Git のプロジェクト内のファイルが取り得る、追加の状態について紹介しておきましょう。

4.3 未変更ファイルと変更済みファイル

「2章 ローカルリポジトリー」では、未追跡ファイルと追跡済みファイルの概念を紹介しました。Git が `rainbowcolors.txt` ファイルを認識しているのは、それがコミットに含まれ、その結果、追跡済みファイルになったからです。

作業ディレクトリー内の追跡済みファイルは、2つの状態のうちのいずれかになります。**未変更ファイル**（unmodified file）は、作業ディレクトリー内で最後のコミット以降に編集されていないファイルです。作業ディレクトリー内のファイルが編集され、保存されると、**変更済みファイル**（modified file）になります。`rainbowcolors.txt` ファイルは、最後のコミット以降に編集されていません。したがって、これは未変更ファイルです。

ファイルが編集されたと Git が認識するためには、そのファイルが保存されなければなりません。いくらテキストエディターでファイルを編集しても、その変更を保存していなければ、Git はそのファイルを未変更ファイルと見なします。

「3章 コミットの作成」では、作業ディレクトリーとステージングエリアの状態を表示する `git status` コマンドについて学びました。`git status` コマンドは、実際には、すべての**変更済みファイル**のリストを表示し、それらがステージングエリアに追加されているかどうかを示します。未変更ファイルは表示しません。

実行手順 4-3 に進み、`git status` コマンドを使って、`rainbowcolors.txt` が未変更ファイルであることを確認します。その後で、ファイルを編集および保存し、もう一度 `git status` コマンドを使って、ファイルの状態がどのように変化するかを確認します。

実行手順 4-3

1.
```
rainbow $ git status
On branch main
nothing to commit, working tree clean
```

2. rainbow プロジェクトディレクトリーで、`rainbowcolors.txt` ファイルをテキストエディターで開き、2行目に「Orange is the second color of the rainbow.」という文を追加して、ファイルを保存します。

```
3  rainbow $ git status
   On branch main
   Changes not staged for commit:
     (use "git add <file>..." to update what will be committed)
     (use "git restore <file>..." to discard changes in working directory)
           modified:   rainbowcolors.txt

   no changes added to commit (use "git add" and/or "git commit -a")
```

注目してほしいこと

- ステップ1では、rainbowcolors.txt は未変更ファイルです。したがって、git status の出力結果には表示されていません。
- ステップ3では、rainbowcolors.txt は変更済みファイルです。今度は、git status の出力結果に表示されています。
- 「Changes not staged for commit」(コミットのためにステージングされていない変更)と書かれているように、rainbowcolors.txt は、コミットのためにステージングされていません。つまり、まだステージングエリアに追加されていません。

ここでは、rainbowcolors.txt を編集し、変更を保存したときに、ファイルが未変更ファイルから変更済みファイルへと移行する様子を観察しました。**図4-1** は、この時点での rainbowcolors.txt ファイルの内容を示しています。

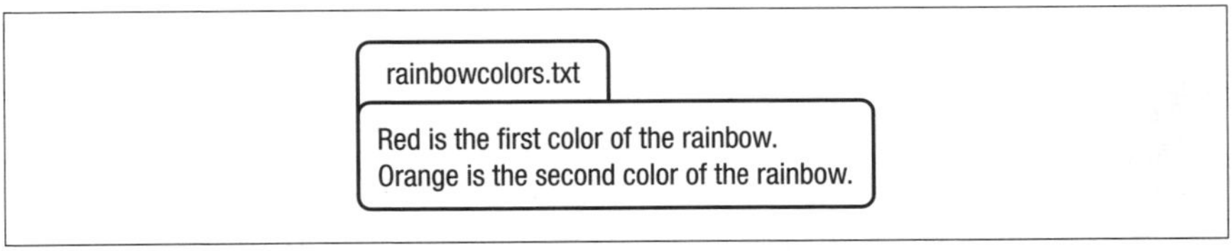

rainbowcolors.txt

Red is the first color of the rainbow.
Orange is the second color of the rainbow.

図4-1 オレンジ色についての文を追加した後の rainbowcolors.txt ファイル

実行手順 4-4 では、次のコミットに含めることができるように rainbowcolors.txt ファイルをステージングエリアに追加し、git status の出力結果がどのように変化するかを観察します。

実行手順 4-4

```
1 rainbow $ git add rainbowcolors.txt

2 rainbow $ git status
  On branch main
  Changes to be committed:
    (use "git restore --staged <file>..." to unstage)
          modified:   rainbowcolors.txt
```

注目してほしいこと

- 「Changes to be committed」(コミットされる変更)と書かれているように、rainbowcolors.txtファイルは、コミットのためにステージングされています。つまり、ステージングエリアに追加されています。

これで、コミット作成プロセスの最初のステップ(ステージングエリアにファイルを追加すること)が完了しました。次に、新たなコミットを作成し、それによってmainブランチにどのような影響があるかを見てみましょう。

4.4 ブランチ上でコミットを作成する

rainbowリポジトリーで2番目のコミットを作成する準備ができました。今回はオレンジ色を追加するので、コミットメッセージは「orange」とします。**実行手順 4-5**に進み、コミットを作成します。

git log コマンドの出力結果がコマンドラインウィンドウのサイズを超えてしまった場合に、残りのコミットを表示するには、[Enter] キー([Return] キー)または下矢印キーを押します。コマンドを終了するには、q を入力します([Q] キーを押します)。

実行手順 4-5

```
1 rainbow $ git commit -m "orange"
  [main 7acb333] orange
  1 file changed, 2 insertions(+), 1 deletion(-)
```

```
2 rainbow $ git log
  commit 7acb333f08e12020efb5c6b563b285040c9dba93 (HEAD -> main)
  Author: annaskoulikari <gitlearningjourney@gmail.com>
  Date:   Sat Feb 19 09:42:07 2022 +0100

      orange

  commit c26d0bc371c3634ab49543686b3c8f10e9da63c5
  Author: annaskoulikari <gitlearningjourney@gmail.com>
  Date:   Sat Feb 19 09:23:18 2022 +0100

      red
```

注目してほしいこと

- 新しいコミット、すなわちorangeコミットを作成しました。本書の`rainbow`リポジトリーでは、orangeコミットのコミットハッシュは`7acb333f08e12020efb5c6b563b285040c9dba93`です。読者のコミットハッシュは、これとは異なります。
- orangeコミットのコミットハッシュの隣に「`HEAD -> main`」というテキストが表示されています。

ステップ1の出力結果の最後の行は、このコミットで変更された内容に関する情報を示しています。ここでは「`1 file changed, 2 insertions(+), 1 deletion(-)`」と表示されていますが、ファイルの最後の行の後を改行するかしないかなどにより、表示が異なる場合があります。「3.3.2　コミットを作成する」でも説明されていますが、これは本書の目的にとってはそれほど重要な情報ではないので、細かい違いを気にする必要はありません。

ビジュアル化4-4は、**実行手順4-5**の後の`rainbow`リポジトリーの状態を示しています。

ビジュアル化 4-4

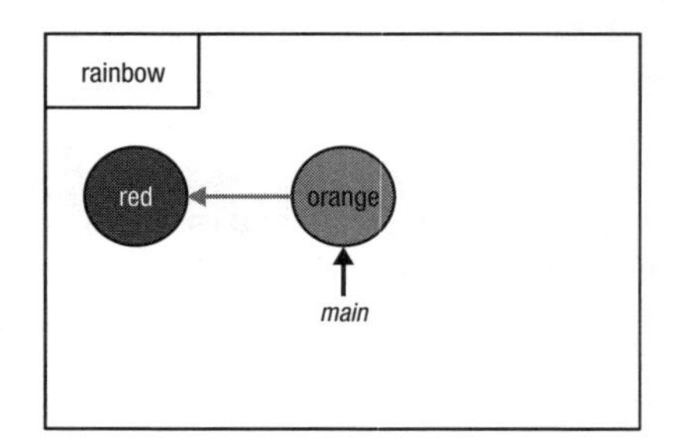

orange コミットを作成した後の `rainbow` リポジトリー

注目してほしいこと

- 2番目のコミットである orange コミットが存在しています。
- orange コミットは red コミットを指しています。
- `main` ブランチは orange コミットを指しています。

ビジュアル化 4-4 では、orange コミットから red コミットを指しているグレーの矢印が見えるでしょう。このグレーの矢印は、**親リンク**（parent link）を表します。リポジトリー内の最初のコミットを除いて、すべてのコミットは**親コミット**（parent commit）を持ちます（複数の親コミットを持つコミットもあります。これについては次の章で説明します）。orange コミットの親コミットは red コミットです。そのため、orange コミットが red コミットを指しているのです。

このような親リンクは、コミット同士がどのようにリンクされているかを表します。親リンクを理解すると、コミット履歴を視覚化し、どのブランチで何の作業が行われたかを追跡できるようになります。

ビジュアル化セクションのダイアグラムでは、グレーの矢印は親リンクを表し、黒の矢印は（コミットを指す）ブランチポインターを表します。

あるコミットの親がどのコミットであるかを調べるには、`-p` オプションの付いた `git cat-file` コマンドを使い、引数としてコミットハッシュを渡します。つまり、

git cat-file -p <commit_hash>を実行します。日々の作業でこのコマンドを使うGitユーザーは多くないかもしれませんが、よい学習ツールと言えるので、使ってみましょう。

実行手順 4-6 に進み、orange コミットの親コミットのコミットハッシュを取得します。そのためには、git cat-file -p コマンドに orange コミットのコミットハッシュを渡す必要があります。特定のコミットのコミットハッシュを取得する最も簡単な方法は、git log コマンドによって生成されるコミットのリストを参照し、コミットハッシュ全体をコピーすることです。もう1つの方法として、**実行手順 4-5** の git commit の出力結果に戻り、そこに表示されている、コミットハッシュの最初の7文字をコピーします。

実行手順 4-6

1. orange コミットのコミットハッシュを取得します(**実行手順 4-5** の git log の出力結果からコピーできます)。このコミットハッシュを、ステップ2の git cat-file -p コマンドの引数として渡します。コミットハッシュ全体をコピーアンドペーストするか、次のように最初の7文字だけを入力します。
2.

```
rainbow $ git cat-file -p 7acb333
tree 407fe6a858cd7f157405e013a088fdc1c61f0a40
parent c26d0bc371c3634ab49543686b3c8f10e9da63c5
author annaskoulikari <gitlearningjourney@gmail.com> 1645260127 +0100
committer annaskoulikari <gitlearningjourney@gmail.com> 1645260127 +0100

orange
```

注目してほしいこと

- git cat-file -p の出力結果で、parent の隣に red コミットのコミットハッシュが表示されていることがわかるでしょう。読者の出力結果では、読者の red コミットのコミットハッシュが表示されているはずです。

この節では、rainbow リポジトリーで2番目のコミットを作成しました。また、**ビジュアル化 4-4** では、ブランチ上でコミットを作成すると、最新のコミットを指すようにブランチポインターが移動することを観察しました。次に、別の開発ラインで作業を行えるように、別のブランチを作成する方法を学びましょう。

4.5 ブランチの作成

現在のところ rainbow リポジトリーには、main と呼ばれる 1 つのローカルブランチだけがあります。ローカルリポジトリーのブランチをリスト表示するには、git branch コマンドを使います。新しいブランチを作成するには、このコマンドの引数として、まだ存在していないブランチの名前を渡します。注意すべき点として、ブランチ名にはスペースを含めることはできません。

コマンドの紹介

- `git branch`
  ローカルブランチをリスト表示する
- `git branch <new_branch_name>`
  ブランチを作成する

「3章　コミットの作成」で説明したコミットメッセージと同様に、他のユーザーと一緒にプロジェクトに取り組んでいる場合は、ブランチの命名方法に関するルールが存在するかどうかを確認してください。本書の Rainbow プロジェクトでは、ブランチに関して特定の命名規則はないので、**実行手順 4-7** で作成するブランチでは、一般的な名前である feature を使います。実際の Git プロジェクトでは、取り組んでいる機能やトピックに関して、もっと説明的な名前を付ける場合が多いことを覚えておいてください。

実行手順 4-7

1
```
rainbow $ git branch
* main
```

2
```
rainbow $ git branch feature
```

3
```
rainbow $ git branch
  feature
* main
```

4
```
rainbow $ git log
commit 7acb333f08e12020efb5c6b563b285040c9dba93 (HEAD -> main, feature)
Author: annaskoulikari <gitlearningjourney@gmail.com>
Date:   Sat Feb 19 09:42:07 2022 +0100

    orange
```

```
commit c26d0bc371c3634ab49543686b3c8f10e9da63c5
Author: annaskoulikari <gitlearningjourney@gmail.com>
Date:   Sat Feb 19 09:23:18 2022 +0100

    red
```

5. ファイルシステムウィンドウを使って.git → refs → heads に移動し、現在、どのようなファイルがあるかを確かめます。
6. feature ファイルを開きます。このファイルにはコミットハッシュが含まれています。

注目してほしいこと

- ステップ 2 では、feature という新しいブランチを作成しました。ステップ 4 の出力結果を見てわかるように、このブランチは orange コミットを指しています。

ビジュアル化 4-5 は、**実行手順 4-7** の後の rainbow リポジトリーの状態を示しています。

ビジュアル化 4-5

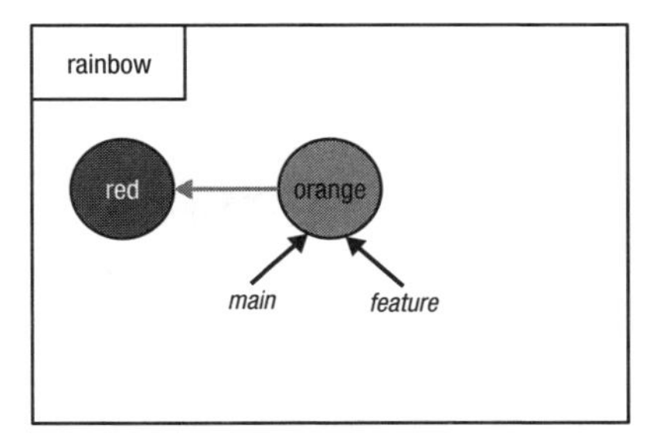

feature ブランチを作成した後の rainbow リポジトリー

ビジュアル化 4-5 を見ると、orange コミットを指している矢印が 2 つになったことがわかります。これらは main ブランチと feature ブランチを表しています。新しく作成されるブランチは、そのブランチの作成時にユーザーがいたコミットを指します。この例では、「main ブランチから feature ブランチを作成した」とも表現できます。そのため、main ブランチと feature ブランチは、どちらも同じコミットを指しています。

実行手順 4-7 の git log の出力結果では、orange コミットのコミットハッシュの隣に「HEAD -> main, feature」と表示されています。main と feature がブランチであることはわかりましたが、HEAD とはいったい何でしょうか？

4.6 HEADとは何か？

ユーザーは、どの時点でもプロジェクトの特定のバージョンを参照しています。したがって、あるコミットを指している特定のブランチ上にいることになります。HEAD とは、ユーザーが現在どのブランチ上にいるかを教えてくれる単なるポインターです。HEAD という名前は常に大文字ですが、これは慣例にすぎません。何かの略語ではありません。

ブランチが指していないコミット上にユーザーがいる場合もあります。Git では、これを **detached HEAD 状態**（切り離された HEAD 状態）と呼びます。これについては、「5.5 コミットをチェックアウトする」で詳しく説明します。

実行手順 4-8 に進み、.git ディレクトリーを参照することで、HEAD とは何かを調べてみましょう。

実行手順 4-8

1. ファイルシステムウィンドウを使って、rainbow → .git に移動します。
2. HEAD ファイルを開きます。その内容は「ref: refs/heads/main」になっているはずです。

注目してほしいこと

- HEAD ファイルには「ref: refs/heads/main」という内容が含まれています。これは、main ブランチを表している main ファイルへの参照です。

ビジュアル化 4-6 はこれを示しています。

ビジュアル化 4-6

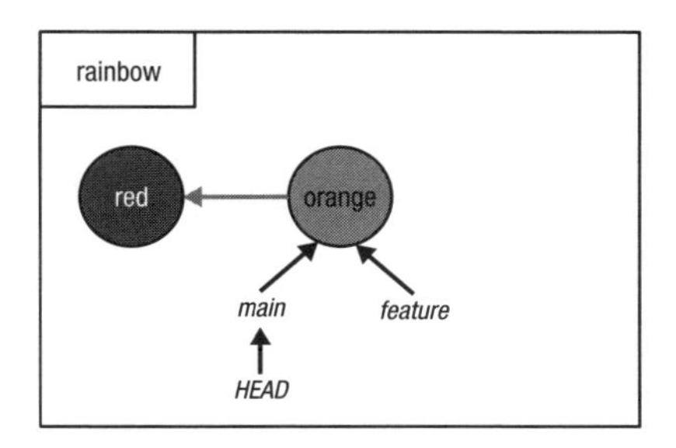

rainbow リポジトリーでは、HEAD が main を指している

ビジュアル化 4-6 には、HEAD が main を指していることを示す矢印があります。これは、現在、読者が main ブランチ上にいることを表しています。

（大文字の）HEAD と、.git → refs → heads でアクセスできる heads ディレクトリーとを混同しないでください。heads ディレクトリーは、ローカルリポジトリーのすべてのローカルブランチに関するファイルを保持します。一方、HEAD は、heads ディレクトリー内のいずれかのファイルを参照することで、ユーザーが現在どのブランチ上にいるかを表します。HEAD は常に大文字なので、これらは簡単に区別できます。

ユーザーが現在どのブランチ上にいるかを知るためのもう 1 つの方法は、git branch コマンドまたは git log コマンドの出力結果を参照することです。git branch の出力結果では、ユーザーが現在いるブランチの隣にアスタリスク（*）が表示されます。**実行手順 4-7** の出力結果を見ると、main ブランチの隣にアスタリスクが表示されています。git log の出力結果では、コミットハッシュの隣の丸括弧の中で、ユーザーが現在いるブランチを HEAD が指しています。

これで、新しいブランチを作成し、それを使う準備ができました。しかし現時点では、まだ main ブランチ上にいます。次に、ブランチを切り替え、HEAD ポインターを新しい feature ブランチに移動させる方法を学びましょう。

4.7 ブランチの切り替え

プロジェクト内の別のブランチで（つまり別の開発ラインで）作業を行うには、そのブランチに切り替える必要があります。Gitの用語ではこれを、別のブランチを「チェックアウトする」（check out）とも言います。

現在、`main`と`feature`の2つのブランチがあります。しかし、見てきたように、ブランチを作成したからといって、そのブランチに自動的に切り替わるわけではありません。別のブランチに切り替えたいことをGitに明示的に伝える必要があります。そのためには、`git switch`コマンドまたは`git checkout`コマンドを使い、切り替えたいブランチの名前を引数として渡します。

Gitのバージョンが2.23より古い場合は、`git switch`コマンドが使えないので、`git checkout`コマンドを使います。`git checkout`コマンドは、すべてのGitユーザーが利用できます。

コマンドの紹介

- `git switch <branch_name>`
  ブランチを切り替える
- `git checkout <branch_name>`
  ブランチを切り替える

`git switch`コマンドの目的はブランチを切り替えることだけですが、`git checkout`コマンドは、より多くのことを行えます。`git checkout`については、「5.5 コミットをチェックアウトする」で詳しく説明します。

これ以降、本書の**実行手順**セクションでは、`git switch`コマンドを使ってブランチを切り替えます。なぜなら、このコマンドは、この目的のために新たに追加された、特化されたコマンドだからです。ただし、いつでも代わりに、`git checkout`コマンドを使うことができます。

`git switch`（または`git checkout`）コマンドは、次の3つのことを行います。

1. 切り替え先となるブランチを指すようにHEADポインターを変更する。
2. 切り替え先となるコミットのスナップショット（ファイルとディレクトリー）を、ステージングエリアに読み込む。

3. ステージングエリアの内容を作業ディレクトリーにコピーする。

ステージングエリアや作業ディレクトリーとは何かを復習したい場合は、「2.4 Git のさまざまな領域」を参照してください。

手短に言うと、2つのブランチが2つの異なるコミットを指している場合、ブランチを切り替えると、参照するコミットが変わります。現在のところ、rainbow リポジトリー内の2つのブランチは同じコミットを指しているので、前に挙げた最初の処理だけが行われ、読者が現在いるコミットは変わりません。次の章では、前に挙げた3つの処理がすべて行われる例を紹介します。

実行手順 4-9 に進み、feature ブランチに切り替えます。

実行手順 4-9

1
```
rainbow $ git branch
  feature
* main
```

2
```
rainbow $ git switch feature
Switched to branch 'feature'
```

3
```
rainbow $ git branch
* feature
  main
```

4
```
rainbow $ git log
commit 7acb333f08e12020efb5c6b563b285040c9dba93 (HEAD -> feature, main)
Author: annaskoulikari <gitlearningjourney@gmail.com>
Date:   Sat Feb 19 09:42:07 2022 +0100

    orange

commit c26d0bc371c3634ab49543686b3c8f10e9da63c5
Author: annaskoulikari <gitlearningjourney@gmail.com>
Date:   Sat Feb 19 09:23:18 2022 +0100

    red
```

5 ファイルシステムウィンドウを使って rainbow → .git に移動し、HEAD ファイルを開きます。ファイルの内容が変更されており、feature ブランチを参照している（refs/heads/feature と書かれている）ことがわかるでしょう。

注目してほしいこと

- ステップ4の`git log`の出力結果は、HEADが`feature`ブランチを指していることを示しています。
- `main`ブランチから`feature`ブランチに切り替えたので、今後は`feature`ブランチで作業することになります。

ビジュアル化4-7はこれらを示しています。

ビジュアル化4-7

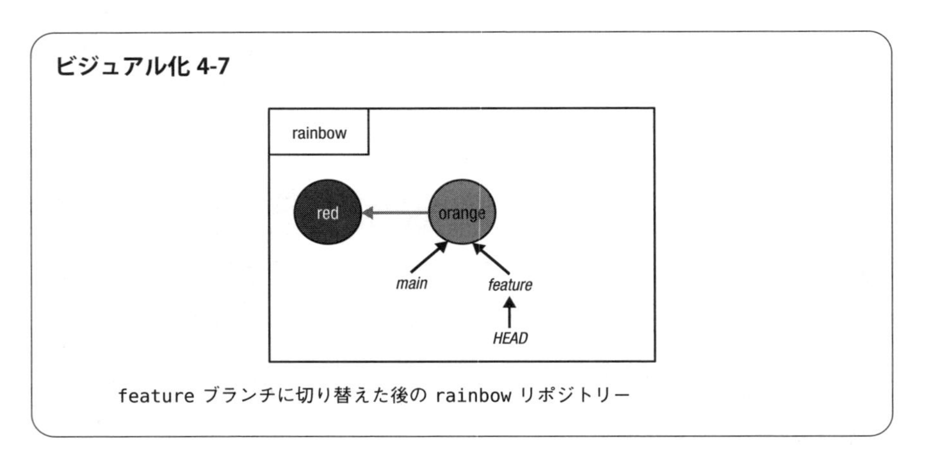

`feature`ブランチに切り替えた後の`rainbow`リポジトリー

ステップ5で見たように、ブランチを切り替えると、`.git`ディレクトリーのHEADファイルの内容が変わります。**図4-2**はこれを示しています。

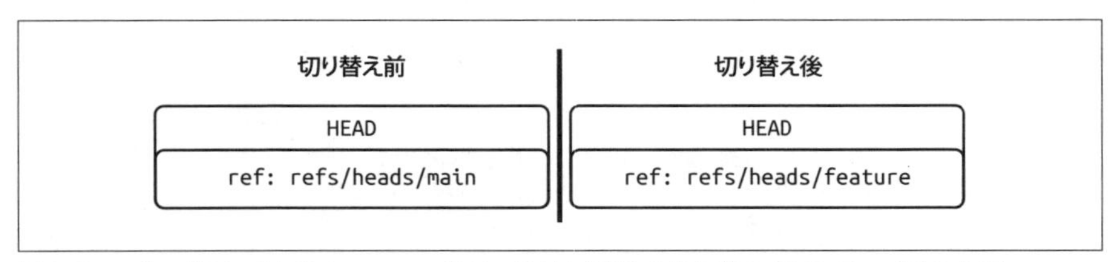

図4-2 `main`ブランチから`feature`ブランチに切り替える前と後のHEADファイルの内容

これで`feature`ブランチに切り替えることができたので、そのブランチで作業すると何が起こるかを見てみましょう。

4.8 別のブランチで作業を行う

現在、読者は feature ブランチ上にいます。**実行手順 4-10** では、rainbow リポジトリーに黄色を追加します。

実行手順 4-10

1. rainbow プロジェクトディレクトリーで、rainbowcolors.txt ファイルをテキストエディターで開き、3 行目に「Yellow is the third color of the rainbow.」という文を追加して、ファイルを保存します。

2.
```
rainbow $ git add rainbowcolors.txt
```

3.
```
rainbow $ git commit -m "yellow"
[feature fc8139c] yellow
 1 file changed, 2 insertions(+), 1 deletion(-)
```

4.
```
rainbow $ git log
commit fc8139cbf8442cdbb5e469285abaac6de919ace6 (HEAD -> feature)
Author: annaskoulikari <gitlearningjourney@gmail.com>
Date:   Sat Feb 19 10:09:59 2022 +0100

    yellow

commit 7acb333f08e12020efb5c6b563b285040c9dba93 (main)
Author: annaskoulikari <gitlearningjourney@gmail.com>
Date:   Sat Feb 19 09:42:07 2022 +0100

    orange

commit c26d0bc371c3634ab49543686b3c8f10e9da63c5
Author: annaskoulikari <gitlearningjourney@gmail.com>
Date:   Sat Feb 19 09:23:18 2022 +0100

    red
```

注目してほしいこと

- feature ブランチは、最新のコミットである yellow コミットを指しています。
- main ブランチは、orange コミットを指したままです。

ビジュアル化 4-8 はこれらを示しています。

ビジュアル化 4-8

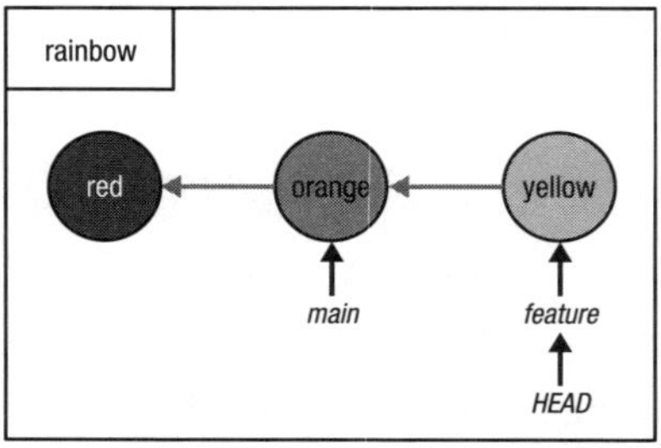

yellow コミットを作成した後の rainbow リポジトリー

前に説明したように、コミットを作成すると、ユーザーが現在いるブランチが、新しいコミットを指すように更新されます。feature ブランチが新しい yellow コミットを指すように更新されたので、もはや main ブランチと feature ブランチは同じコミットを指していません。HEAD は、引き続き feature ブランチを指しています。

4.9 まとめ

この章では、ブランチの概念を独立した開発ラインとして紹介し、実際にはそれらが、コミットを指す移動可能なポインターであることを説明しました。また、ブランチを使用する理由、ブランチをリスト表示する方法、ブランチを作成する方法、ブランチを切り替える方法を学びました。rainbow リポジトリーでの最初のブランチを main と名付けた理由と、Git に関する他の学習リソースで master というブランチを見かける理由を説明しました。また、HEAD が、ユーザーが現在いるブランチを指すポインターであることを学びました。

コミットをさらに作成する過程で、追跡済みファイルが編集されると、未変更ファイルから変更済みファイルへと状態が変化する様子を観察しました。また、ユーザーが現在いるブランチが、ローカルリポジトリー内で作成した最新のコミットを指すように移動する様子を観察し、コミット同士が親リンクを通じてリンクされていることを学びました。

ブランチを使って、別々の開発ラインで同時に作業する方法がわかったので、次の章からは、マージを使って、これらの開発ラインを統合する方法を学びましょう。

5章
マージ

前の章ではブランチについて学習し、ブランチを使うと、同じプロジェクトにさまざまな方法で取り組んだり、同じプロジェクトで他のユーザーと共同作業したりできることを学びました。

この章では、あるブランチから別のブランチに変更を統合する方法について学びます。Gitには、そのための方法が2つあります。マージとリベースです。リベースについては「11章　リベース」で説明することにして、この章ではマージに注目します。早送りマージと3方向マージという2種類のマージを紹介し、早送りマージを実行します。

その過程で、コミットしていない変更が失われないようにGitが保護してくれることや、ブランチを切り替えると作業ディレクトリーの内容が変更されることを学びます。また、コミットを直接チェックアウトする方法についても学びます。

5.1　ローカルリポジトリーの状態

この章の開始時点で、`rainbow`リポジトリーには3つのコミットと2つのブランチがあり、読者は現在、`feature`ブランチ上にいます。**ビジュアル化5-1**は、`rainbow`リポジトリーの現在の状態を示しています。

ビジュアル化 5-1

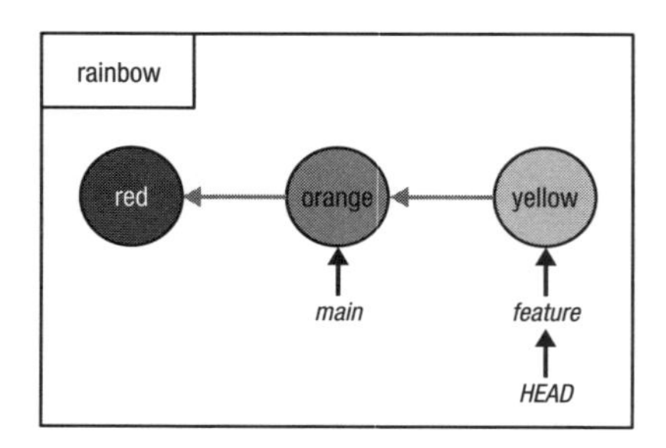

この章の開始時点での `rainbow` リポジトリー。3 つのコミット（red、orange、yellow）と 2 つのブランチ（`main` と `feature`）がある

5.2 マージの紹介

前の章では、`feature` というブランチを作成し、そのブランチで作業を始めました。ブランチは Git のパワフルな機能であり、プロジェクトの異なる部分について独立して作業を行えるのは素晴らしいことです。しかし、作業が終わったら、それをどのようにして `main` ブランチに統合したらよいのでしょうか？

マージ（merge）は、あるブランチで行った変更を別のブランチに統合するための 1 つの方法です。どのマージの処理にも、マージ元となる 1 つのブランチ――**ソースブランチ**（source branch）――と、マージ先となる 1 つのブランチ――**ターゲットブランチ**（target branch）――があります。ソースブランチは、ターゲットブランチに統合される変更を含んでいるブランチです。ターゲットブランチは、その変更を受け入れるブランチであり、そのため、この操作で更新される唯一のブランチです。**サンプル Book プロジェクト 5-1** で、マージの使い方について見てみましょう。

サンプル Book プロジェクト 5-1

Book プロジェクトで各章に取り組むたびに `main` ブランチから補助的なブランチを作成することを、編集者と一緒に決めたと仮定しましょう。また、補助ブランチでの作業を編集者がレビューした後でのみ、そのブランチを `main` ブランチにマージすることで編集者と合意しました。
　たとえば、4章に取り組むとしましょう。main ブランチから chapter_four というブランチを作成し、そのブランチで作業を行い、作業がひととおり終わったら、その作業を編集者に提示します。編集者がそれを承認したら、筆者はローカルリポジトリーで chapter_four ブランチを main ブランチにマージします。

サンプル Book プロジェクト 5-1 を見てわかるのは、ブランチを使用する場合、行った作業を元のブランチにマージする方法も学ぶ必要があるということです。ここで、マージの種類について見てみましょう。

5.3 マージの種類

マージには、次の2つの種類があります。

- 早送りマージ[†1]（fast-forward merge）
- 3方向マージ[†2]（three-way merge）

ソースブランチをターゲットブランチにマージするときに、どちらの種類のマージが実行されるかは、2つのブランチの開発履歴が分岐しているかどうかによって決まります。ブランチの開発履歴は、コミットの親リンクをたどることで追跡できます。

「4章 ブランチ」では、リポジトリーダイアグラムで、あるコミットから別のコミットを指しているグレーの矢印が親リンクを表していることを学びました。つまり、グレーの矢印は、子のコミットから親コミットを逆方向に指し示します。**ビジュアル化 5-2** を見ると、rainbow リポジトリーでは、orange コミットの親コミットが red コミットであることがわかります。同じロジックで、yellow コミットの親は orange コミットです。

†1 訳注：「fast-forward マージ」や「ファストフォワードマージ」とも呼ばれます。
†2 訳注：「3 ウェイマージ」や「3 者間マージ」とも呼ばれます。

ビジュアル化 5-2

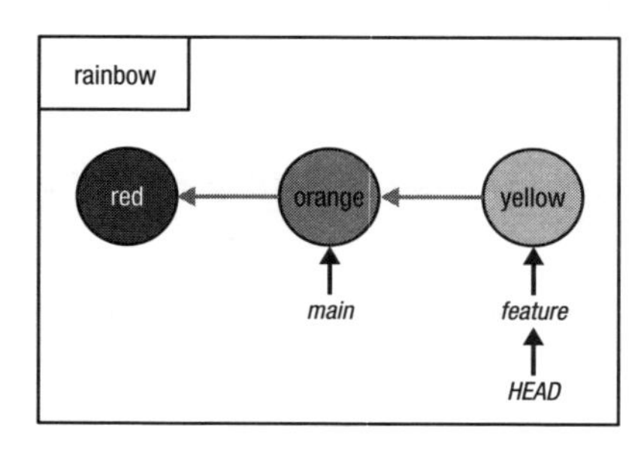

rainbow リポジトリーでの親リンク

ブランチの開発履歴は、そのブランチが指しているコミットから始まり、コミットのチェーンを通じて逆方向に伸びていきます。**ビジュアル化 5-2** を見ると、`main` ブランチの開発履歴は orange コミットと red コミットで構成されており、`feature` ブランチの開発履歴は、yellow コミット、orange コミット、red コミットで構成されていることがわかります。

早送りマージと 3 方向マージの違いを説明するために、**サンプル Book プロジェクト 5-2** で、まず早送りマージの例を見てみましょう。

サンプル Book プロジェクト 5-2

図5-1 に示すように、Book プロジェクトのリポジトリーで、`main` ブランチ上に 2 つのコミット（コミット A とコミット B）が存在すると仮定しましょう。

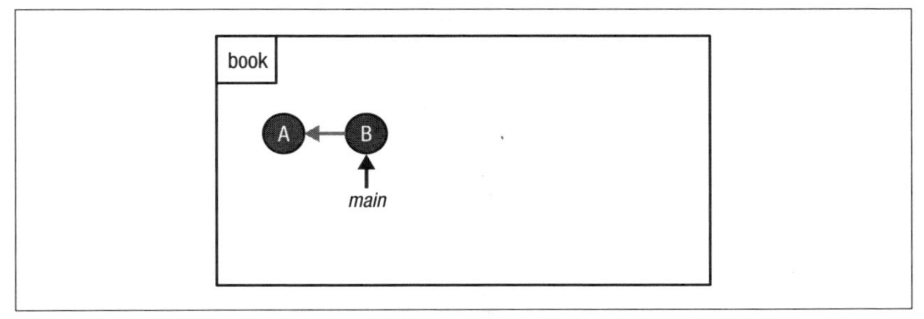

図5-1 book リポジトリーのコミット履歴。main という 1 つのブランチがある

次に、**図5-2** のように、6 章に取り組むために chapter_six ブランチを作成し、そのブランチにコミット C、D、E を追加したと仮定します。

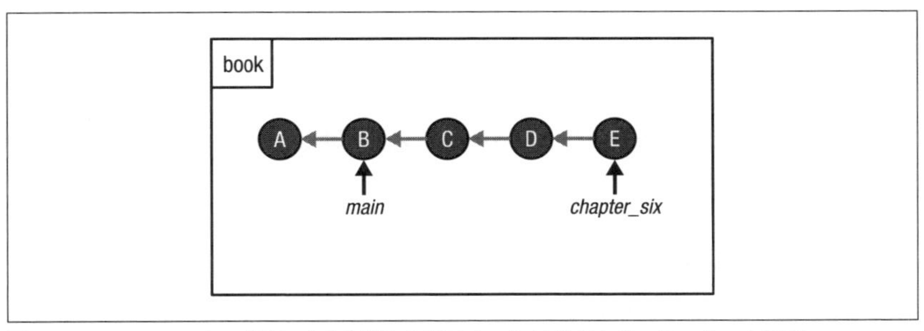

図5-2 chapter_six ブランチで作業した後の book リポジトリーのコミット履歴

main ブランチの親リンクを逆方向にたどると、そのブランチがコミット A と B で構成されていることがわかります。言い換えれば、main ブランチの開発履歴はコミット A と B で構成されています。それに対して chapter_six ブランチの開発履歴は、コミット A、B、C、D、E で構成されています。

あるブランチのコミット履歴をたどって別のブランチに到達できる場合、それらのブランチの開発履歴は「分岐していない」と表現されます。コミット E を指している chapter_six ブランチから親リンクを逆方向にたどると、コミット B を指している main ブランチに到達します。したがって、main ブランチと chapter_six ブランチは分岐していません。

仮に、この時点で chapter_six ブランチを main ブランチにマージしたとすると、**早送りマージ**が実行されます。**図5-3**に示すように、早送りマージが実行されると、mainブランチのポインターは、chapter_sixブランチが指しているコミット（コミットE）を指すように前進します。

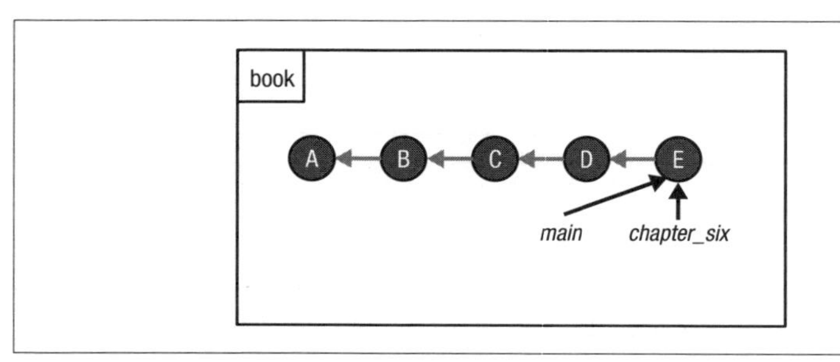

図5-3 bookリポジトリー内でchapter_sixブランチをmainブランチにマージした後のコミット履歴

このマージの例では、chapter_sixがソースブランチであり、mainがターゲットブランチです。**図5-3**は、mainブランチのポインターが、コミットBからコミットEに単純に前進したことを示しています。このタイプのマージが「早送りマージ」と呼ばれるのは、このためです。

サンプルBookプロジェクト5-2を見ると、早送りマージとは、マージに関係するブランチの開発履歴が分岐していない場合――言い換えれば、ソースブランチのコミット履歴を構成する親リンクをたどることで、ターゲットブランチに到達できる場合――に実行されるマージであることがわかります。Gitは早送りマージを実行するときに、ターゲットブランチのポインターをソースブランチのコミットに移動します。

次に、3方向マージの例を、**サンプルBookプロジェクト5-3**で見てみましょう。

サンプルBookプロジェクト5-3

図5-4に示すように、bookリポジトリーのmainブランチ上の最後の2つのコミットが、コミットFとコミットGであると仮定しましょう。

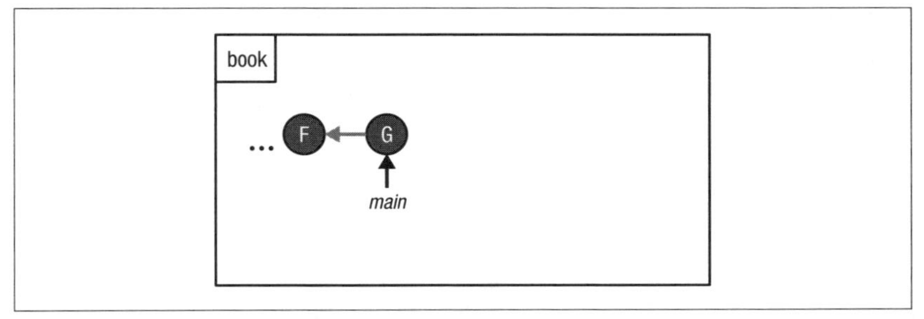

図5-4 main ブランチ上の最後の 2 つのコミットを示した、book リポジトリーのコミット履歴

ここで、8 章に取り組むために chapter_eight ブランチを作成し、コミット H、I、J を作成したと仮定しましょう。しかし同時に、main ブランチにも作業を追加し、現在、main ブランチはコミット L を指しています。**図5-5** はこの様子を示しています。

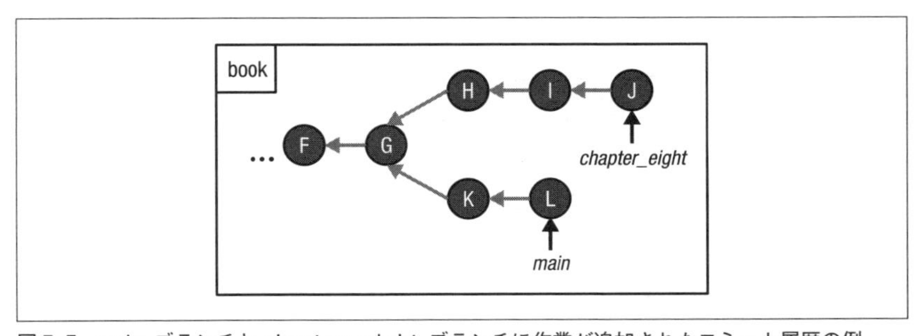

図5-5 main ブランチと chapter_eight ブランチに作業が追加されたコミット履歴の例

図5-5 を見ると、chapter_eight ブランチの開発履歴はコミット F、G、H、I、J で構成されていることがわかります。一方、main ブランチの開発履歴は、コミット F、G、K、L で構成されています。chapter_eight ブランチの親リンク（グレーの矢印）を逆方向にたどっても、main ブランチが指しているコミット（コミット L）には到達しません。Git ではこの状況を、ブランチの開発履歴が「分岐している」と表現します。

chapter_eight ブランチを main ブランチにマージする場合、早送りマージにはなりません。なぜなら、ブランチポインターを前進させるだけで 2 つの開発履歴を統合する方法はないからです。代わりに、**図5-6**に示すように、（コミットMで表される）マージコミットが作成され、2つの開発履歴が統合されます。マージコミットは、複数の親コミットを持つコミットです。これが**3方向マージ**の例です。

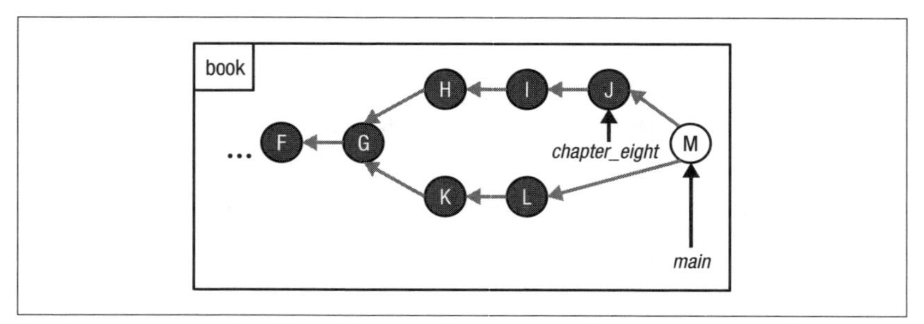

図5-6 chapter_eight ブランチを main ブランチにマージした後のコミット履歴

図5-6で、コミットMは、コミットJとコミットLを指しています。このタイプのマージが「3方向マージ」と呼ばれるのは、Gitがマージを実行するために、マージに関係するブランチが指している2つのコミット——この例ではコミットJとL——だけでなく、この2つのコミットの共通の祖先であるコミット（コミットG）も参照するからです。

サンプルBookプロジェクト5-3を見ると、3方向マージとは、マージに関係するブランチの開発履歴が分岐している場合に実行されるマージであることがわかります。ソースブランチのコミット履歴をたどってもターゲットブランチに到達できない場合、開発履歴は分岐しています。このような場合にソースブランチをターゲットブランチにマージすると、Gitは3方向マージを実行し、2つの開発履歴を統合するために**マージコミット**（merge commit）を作成します。そして、ターゲットブランチのポインターをマージコミットに移動します。

3方向マージは、より複雑な種類のマージであり、**マージコンフリクト**（merge conflict）、すなわちマージの競合が発生する可能性があります。2つのブランチによって同じファイルの同じ部分に異なる変更が加えられた場合や、一方のブランチで編集されたファイルがもう一方のブランチで削除された場合に、その2つのブランチをマージしようとすると、マージコンフリクトが発生します。

3方向マージについては「9章　3方向マージ」で、マージコンフリクトについては「10章　マージコンフリクト」で、さらに詳しく学びます。それぞれの章では、ハンズオン形式の例を実際に体験します。この章では、Rainbowプロジェクトでの早送りマージの例を体験します。

5.4　早送りマージの実行

マージの練習のために、`rainbow`リポジトリーで、`feature`ブランチを`main`ブランチにマージしてみましょう。この場合、`feature`ブランチがソースブランチで、`main`ブランチがターゲットブランチです。**ビジュアル化5-3**を見ると、`feature`ブランチのコミット履歴をたどることで`main`ブランチに到達できることがわかります。したがって、早送りマージが実行されます。

ビジュアル化 5-3

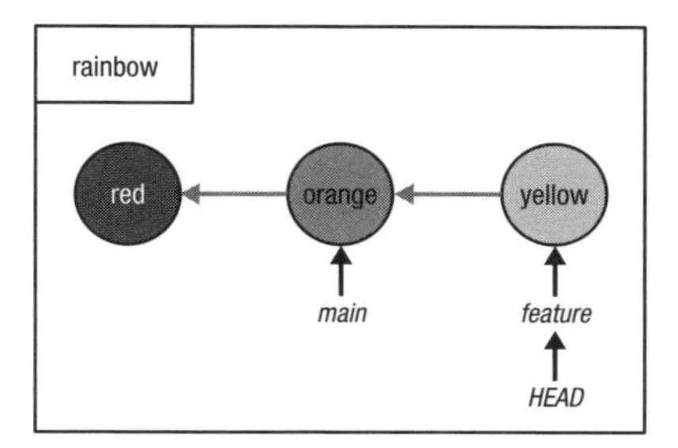

rainbowリポジトリーでは、mainブランチとfeatureブランチの開発履歴は分岐していない

マージを実行するには、次の2つのステップが必要です。

1. マージ先となるブランチ（ターゲットブランチ）に切り替える。
2. `git merge`コマンドを使い、マージ元となるブランチ（ソースブランチ）の名前を引数として渡す。

コマンドの紹介

- `git merge <branch_name>`
  指定したブランチから現在のブランチに変更を統合する

この節で、読者は初めてのマージを実行します。その過程で、Gitに関する重要な事柄を2つ学びます。1つは、まだコミットしていないファイル内での作業が失われないように、Gitが保護してくれることです。もう1つは、ブランチを切り替えると、作業ディレクトリーの内容が変更されることです。

5.4.1 マージ先となるブランチに切り替える

マージを実行するための最初のステップは、ターゲットブランチに切り替えることです。ここでは`feature`ブランチを`main`ブランチにマージしようとしているので、`main`ブランチに切り替える必要があります。`git switch`（または`git checkout`）コマンドを使ってブランチを切り替える場合、次の3つが行われることを思い出してください。

1. 切り替え先となるブランチを指すようにHEADポインターが変更される。
2. 切り替え先となるコミットに含まれるすべてのファイルとディレクトリーが、ステージングエリアに読み込まれる。
3. ステージングエリアの内容が作業ディレクトリーにコピーされる。

これらが示しているように、2つのブランチが異なるコミットを指している場合に、それらのブランチを切り替えると、HEADポインターだけでなく、作業ディレクトリーの内容も変更されます。これについては後で実際に試してみますが、その前に、先ほど説明した、もう1つの重要な機能について見ておきましょう。

5.4.1.1 Gitは、コミットしていない変更が失われないように保護してくれる

たった今、ブランチを切り替えると作業ディレクトリーの内容も変更されると説明しました。しかし、もし作業ディレクトリーの中に、まだコミットしていない変更済みファイル（つまり編集したファイル）があったとしたら、どうなるのでしょうか？ブランチを切り替えると、そのファイルで行った作業がすべて失われてしまうのでしょうか？ 幸いなことに、そうではありません！ Gitは、コミットしていない変更

が失われないように保護してくれるのです。

Git は、ブランチを切り替えると作業ディレクトリー内のコミットしていない変更が失われてしまうことを検出した場合、ブランチの切り替えを中止し、エラーメッセージを表示します。ただし、これが行われるのは、コミットしていない変更を含んでいるファイルが、切り替え先となるブランチでも変更されており、競合が発生する場合だけです。

これがなぜ重要なのかを理解するために、**サンプル Book プロジェクト 5-4** を見てみましょう。

サンプル Book プロジェクト 5-4

book リポジトリーで、2 つの異なるアプローチで 5 章に取り組みたいと仮定しましょう。つまり、main ブランチから 2 つのブランチ（chapter_five_approach_a と chapter_five_approach_b）を作成し、chapter_five.txt ファイルを編集します。

まず、chapter_five_approach_a ブランチに切り替え、アプローチ A に取り組みます。chapter_five.txt ファイルを編集し、コミットをいくつか作成します。

次に、chapter_five_approach_b ブランチに切り替え、アプローチ B に取り組みます。このブランチでも chapter_five.txt ファイルを編集しますが、コミットを作成するのを（言い換えれば、作業を適切に保存するのを）忘れてしまいました。

ある時点で、前の chapter_five_approach_a ブランチに切り替えて、そのブランチで行った作業を確認したくなりました。もし、Git が単純にブランチの切り替えを許可したとすると、chapter_five_approach_b ブランチで編集していた、作業ディレクトリー内の chapter_five.txt ファイルが、chapter_five_approach_a ブランチでの同ファイルによって置き換えられてしまい、アプローチ B で取り組んでいたすべての変更が失われてしまいます。なぜなら、それらをコミットしていなかったからです。

幸いなことに、Git ではこのようなことは起こりません。Git は、コミットしていない変更が存在することを警告し、コミットすることを思い出させてくれるので、それらを失うことはありません。

ファイルを編集し、コミットしていない変更が失われないようにGitが保護してくれることを確かめるために、**実行手順5-1**に進み、Rainbowプロジェクトの例を試してみましょう。

実行手順5-1

1
```
rainbow $ git status
On branch feature
nothing to commit, working tree clean
```

2 rainbowプロジェクトディレクトリーで、rainbowcolors.txtファイルをテキストエディターで開き、4行目に「Green is the fourth color of the rainbow.」という文を追加して、ファイルを保存します。

3
```
rainbow $ git status
On branch feature
Changes not staged for commit:
  (use "git add <file>..." to update what will be committed)
  (use "git restore <file>..." to discard changes in working directory)
        modified:   rainbowcolors.txt

no changes added to commit (use "git add" and/or "git commit -a")
```

4
```
rainbow $ git switch main
error: Your local changes to the following files would be overwritten
by checkout:
        rainbowcolors.txt
Please commit your changes or stash them before you switch branches.
Aborting
```

注目してほしいこと

- ステップ1のgit statusの出力結果は、作業ディレクトリー内に変更済みファイルがないことを示しています。
- ステップ3のgit statusの出力結果は、作業ディレクトリー内のrainbowcolors.txtが変更済みファイルであることを示しています。
- ステップ4では、Gitがブランチの切り替えを許可しない様子が見て取れます。Gitは次のように警告し、

  Your local changes to the following files would be overwritten by checkout:
  次のファイルに対するローカルの変更は、チェックアウトによって上書きされます。

次のようにアドバイスしています。

```
Please commit your changes or stash them before you switch branches.
```
ブランチを切り替える前に、変更をコミットするか、またはスタッシュしてください。

もしブランチを切り替えることをGitが許可していたら、作業ディレクトリー内の`rainbowcolors.txt`ファイル（red、orange、yellow、greenに言及しているバージョン）が、`main`ブランチが指しているorangeコミット内の`rainbowcolors.txt`ファイル（redとorangeだけに言及しているバージョン）によって置き換えられていたでしょう。つまり、色のリストにgreenを追加するために行った、すべての作業が失われていたでしょう。

Gitは、変更をコミットするように警告することで、`rainbowcolors.txt`ファイルでの作業が失われないように保護してくれます。

テキストエディターでファイルに変更を加えても、それを保存していなければ、Gitがブランチの切り替えを中止することはありません。なぜなら、それらのファイルは未変更ファイルと見なされるからです。テキストエディターでファイルの編集が終わったら、必ず保存してください！

Rainbowプロジェクトでの初めてのマージを続行しましょう。この例では、緑色に関する文を追加する準備がまだできていないと仮定します。作業ディレクトリー内に変更済みファイルが存在していないようにするために、**実行手順5-2**に進み、緑色に関する文を削除します。

実行手順5-2

1. `rainbow`プロジェクトディレクトリーで、`rainbowcolors.txt`ファイルをテキストエディターで開き、「Green is the fourth color of the rainbow.」という行を削除し、ファイルを保存します。追加した改行やスペースがあれば、それらも忘れずに削除してください。

2.
```
rainbow $ git status
On branch feature
nothing to commit, working tree clean
```

注目してほしいこと

- git status コマンドは、作業ディレクトリー内に変更済みファイルが存在していないことを示しています。

次に、マージの最初のステップを実行します。つまり、マージ先となるブランチに切り替えます。これを実行するときに、ブランチを切り替えると作業ディレクトリー内のファイルが変更されることを体験します。

5.4.1.2　ブランチを切り替えると作業ディレクトリー内のファイルが変更される

ビジュアル化 5-4 を見てください。これは、2 章で紹介した Git ダイアグラムを使って、rainbow プロジェクトディレクトリーのさまざまな領域が現在どのようになっているかを示したものです。

ビジュアル化セクションのダイアグラムで、コミットの完全な名前を表示するための十分なスペースがない場合は、代わりにコミットの名前の省略形（略称）を使います。たとえば、red の代わりに R、orange の代わりに O といった具合に表示します。それぞれのコミットで使用する略称の完全なリストについては、「まえがき」の**表 1** を参照してください。

ビジュアル化 5-4

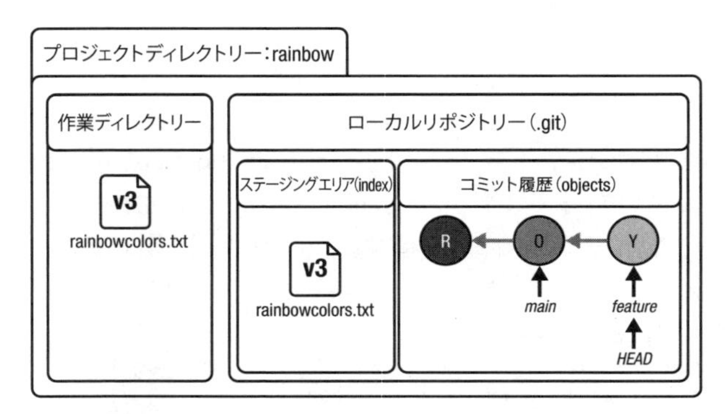

feature ブランチから main ブランチに切り替える前の rainbow プロジェクトディレクトリー

注目してほしいこと

- 作業ディレクトリーとステージングエリアの中の `rainbowcolors.txt` ファイルは、red、orange、yellow に言及しているバージョンです。図では、ファイルのバージョン 3（v3）として示してあります。

次に、**実行手順 5-3** に進み、`feature` ブランチから（異なるコミットを指している）`main` ブランチに切り替え、作業ディレクトリーの内容がどのように変化するかを観察します。

実行手順 5-3

1. テキストエディターウィンドウで `rainbowcolors.txt` ファイルを開き、その隣にコマンドラインウィンドウを配置し、以降のコマンドを実行したときに両方のウィンドウが見えるようにしておきます。
`rainbowcolors.txt` ファイルの内容を参照します。

2.
```
rainbow $ git switch main
Switched to branch 'main'
```

3. `rainbowcolors.txt` ファイルの内容を参照します[†3]。

4.
```
rainbow $ git log
commit 7acb333f08e12020efb5c6b563b285040c9dba93 (HEAD -> main)
Author: annaskoulikari <gitlearningjourney@gmail.com>
Date:   Sat Feb 19 09:42:07 2022 +0100

    orange

commit c26d0bc371c3634ab49543686b3c8f10e9da63c5
Author: annaskoulikari <gitlearningjourney@gmail.com>
Date:   Sat Feb 19 09:23:18 2022 +0100

    red
```

注目してほしいこと

- `main` ブランチに切り替える前にテキストエディターで開いていた `rainbowcolors.txt` ファイルは、red、orange、yellow に言及しているバージョン

†3 訳注：Visual Studio Code などと違い、一般的なテキストエディターではファイルの内容が自動的に更新されないので、ファイルを開き直してください。

でした。main ブランチに切り替えた後の rainbowcolors.txt ファイルは、red と orange だけに言及しているバージョンです。

- ステップ 4 の git log の出力結果では、red コミットと orange コミットだけが表示されています。yellow コミットは表示されていません。

ビジュアル化 5-5 は、これらのことを示しています。

ビジュアル化 5-5

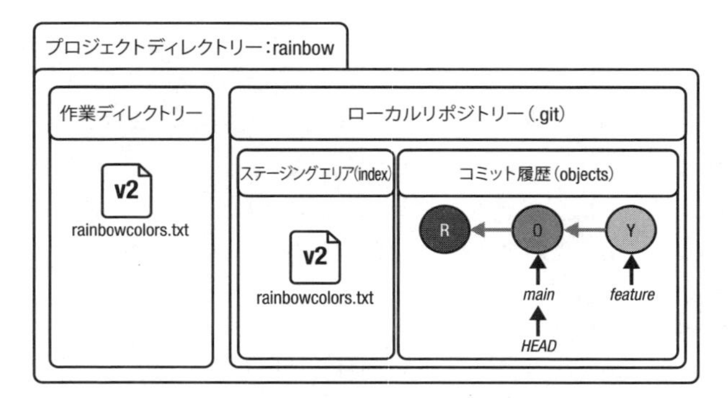

feature ブランチから main ブランチに切り替えた後の rainbow プロジェクトディレクトリー

注目してほしいこと

- 読者は現在、orange コミットを指している main ブランチ上にいます。orange コミットには、red と orange に言及しているバージョンの rainbowcolors.txt ファイルが含まれています。このファイルは、バージョン 2（v2）として示してあります。
- rainbowcolors.txt ファイルの v3 は、作業ディレクトリーとステージングエリアの両方で、同ファイルの v2 に置き換えられています。

これで、ブランチを切り替えると作業ディレクトリーの内容が変更されることが確認できました。次に、マージの 2 番目のステップに進む前に、**実行手順 5-3** のステップ 4 で、git log の出力結果が red コミットと orange コミットだけを示している理由を簡単に説明しておきましょう。

5.4.1.3 すべてのコミットのリストを表示する

「3.4 コミットのリストを表示する」では、git log コマンドが、新しいものから古いものへと順にコミットのリストを表示することを説明しました。しかし実際には、このコマンドは、（このコマンドの）実行時にユーザーがいたコミットから親リンクをたどることで到達可能なコミットのリストだけを表示します。ローカルリポジトリー内のすべてのブランチについてコミットのリストを表示するには、git log コマンドに --all オプションを付けて実行します。

コマンドの紹介

- git log --all
  ローカルリポジトリー内のすべてのブランチについて、新しいものから古いものへと順にコミットのリストを表示する

実行手順 5-4 に進み、ローカルリポジトリー内のすべてのブランチについて、コミットのリストを表示してみましょう。

実行手順 5-4

1

```
rainbow $ git log --all
commit fc8139cbf8442cdbb5e469285abaac6de919ace6 (feature)
Author: annaskoulikari <gitlearningjourney@gmail.com>
Date:   Sat Feb 19 10:09:59 2022 +0100

    yellow

commit 7acb333f08e12020efb5c6b563b285040c9dba93 (HEAD -> main)
Author: annaskoulikari <gitlearningjourney@gmail.com>
Date:   Sat Feb 19 09:42:07 2022 +0100

    orange

commit c26d0bc371c3634ab49543686b3c8f10e9da63c5
Author: annaskoulikari <gitlearningjourney@gmail.com>
Date:   Sat Feb 19 09:23:18 2022 +0100

    red
```

注目してほしいこと

- `git log --all` の出力結果は、red、orange、yellow のコミットを示しています。

読者は現在、`main` ブランチ上にいるので、マージの 2 番目のステップに進むことができます。

5.4.2 git merge コマンドを使ってマージを実行する

実行手順 5-5 に進み、ソースブランチの名前（この例では `feature`）を `git merge` コマンドに渡すことで、マージを実行します。

実行手順 5-5

1. テキストエディターウィンドウで `rainbowcolors.txt` ファイルを開き、その隣にコマンドラインウィンドウを配置し、以降のコマンドを実行したときに両方のウィンドウが見えるようにしておきます。
`rainbowcolors.txt` ファイルの内容を参照します。

2.
```
rainbow $ git merge feature
Updating 7acb333..fc8139c
Fast-forward
 rainbowcolors.txt | 3 ++-
 1 file changed, 2 insertions(+), 1 deletion(-)
```

3. `rainbowcolors.txt` ファイルの内容を参照します†4。

4.
```
rainbow $ git log
commit fc8139cbf8442cdbb5e469285abaac6de919ace6 (HEAD -> main, feature)
Author: annaskoulikari <gitlearningjourney@gmail.com>
Date:   Sat Feb 19 10:09:59 2022 +0100

    yellow

commit 7acb333f08e12020efb5c6b563b285040c9dba93
Author: annaskoulikari <gitlearningjourney@gmail.com>
Date:   Sat Feb 19 09:42:07 2022 +0100

    orange
```

†4 訳注：Visual Studio Code などと違い、一般的なテキストエディターではファイルの内容が自動的に更新されないので、ファイルを開き直してください。

```
commit c26d0bc371c3634ab49543686b3c8f10e9da63c5
Author: annaskoulikari <gitlearningjourney@gmail.com>
Date:   Sat Feb 19 09:23:18 2022 +0100

    red
```

注目してほしいこと

- git merge の出力結果では、「Updating 7acb333..fc8139c」および「Fast-forward」と表示されています。前者は、main ブランチが指すコミットを Git が更新したことを表し、後者は、これが早送りマージ（fast-forward merge）だったことを表しています。読者の出力結果では、コミットハッシュが本書のものとは異なることに注意してください。
- git log の出力結果は、main ブランチが yellow コミットを指していることを示しています。テキストエディターを見ると、作業ディレクトリー内の rainbowcolors.txt ファイルが、yellow コミットに含まれているバージョン（yellow に言及しているバージョン）であることがわかるでしょう。
- feature ブランチを main ブランチにマージしましたが、feature ブランチはまだ存在しています。自動的に削除されるわけではありません。

ビジュアル化 5-6 は、これらのことを示しています。

ビジュアル化 5-6

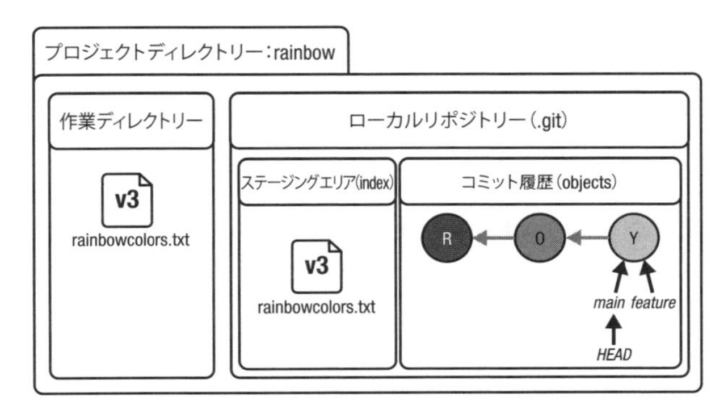

feature ブランチを main ブランチにマージした後の rainbow プロジェクトディレクトリー

featureブランチをmainブランチにマージしましたが、ブランチをマージしてもソースブランチは削除されません。そのブランチをもう使わないと判断したときに、明示的にブランチを削除する必要があります。ここではfeatureブランチを残しておき、「8章 クローンとフェッチ」でブランチの削除方法について学びます。次に説明したいトピックは、コミットをチェックアウトする方法です。

5.5 コミットをチェックアウトする

「4章 ブランチ」で、git checkoutコマンドは、ブランチを切り替えるだけでなく、他のアクションを実行するためにも使用できると説明しました。git checkoutコマンドを使ってできることの1つが、コミットをチェックアウトすることです。

読者は現在、yellowコミットを指しているmainブランチ上にいます。しかし、もしプロジェクトの古いバージョンを参照したくなったら、どうすればよいのでしょうか？ たとえば、orangeコミットの時点のプロジェクトの状態を知りたくなったとしたら、どうすればよいでしょうか？

現在、orangeコミットを指しているブランチは存在しないので、別のブランチに切り替えることでそれを参照することはできません。そこで、代わりにgit checkoutコマンドを使い、orangeコミットのコミットハッシュを渡すことで、そのコミットを**チェックアウト**（check out）します。

コマンドの紹介

- git checkout <commit_hash>
  コミットをチェックアウトする

これを実行すると、git checkoutコマンドは、4章やこの章の前半で説明したものと似た3つの処理を行います。

1. 切り替え先となるコミットを指すようにHEADポインターを変更する。
2. 切り替え先となるコミットに含まれるすべてのファイルとディレクトリーを、ステージングエリアに読み込む。
3. ステージングエリアの内容を作業ディレクトリーにコピーする。

これらのステップと前に説明したステップの主な違いは、ステップ1で、HEADポインターがブランチを指す代わりに、コミットを直接指すことです。これは、Gitで**detached HEAD状態**（切り離されたHEAD状態）と呼ばれるものの中にユーザーがいることを意味します。この方法を使うと、リポジトリー内の任意のコミット――言い換えれば、プロジェクトの任意のバージョン――を参照することができます。

これらのステップが示しているように、コミットをチェックアウトすると、ブランチを切り替える場合と同様に、作業ディレクトリーの内容が変更されます。

detached HEAD状態の中にいるときに（つまりブランチ上にいない場合に）、リポジトリーに変更を加えることは推奨できません。通常は、ブランチ上でコミットを作成すべきです。なぜなら、コミットハッシュよりもブランチのほうが覚えやすく、参照しやすいからです。また、Gitは、ブランチを使うように設計されているからです。したがって、コミットをチェックアウトする場合は、detached HEAD状態の中にいないようにするために、そのコミットを指す新しいブランチを作成し、それに切り替えるのが一般的です。

実行手順5-6に進み、orangeコミットをチェックアウトして、detached HEAD状態の中にいる様子を観察します。

実行手順5-6

1 orangeコミットのコミットハッシュを取得します（`git log`の出力結果からコピーできます）。次のステップ2では、必ず読者自身のコミットハッシュを使うようにしてください。

2
```
rainbow $ git checkout 7acb333f08e12020efb5c6b563b285040c9dba93
Note: switching to '7acb333f08e12020efb5c6b563b285040c9dba93'.

You are in 'detached HEAD' state. You can look around, make
experimental changes and commit them, and you can discard any
commits you make in this state without impacting any branches
by switching back to a branch.

If you want to create a new branch to retain commits you create,
you may do so (now or later) by using -c with the switch command.
Example:

  git switch -c <new-branch-name>

Or undo this operation with:
```

```
  git switch -

Turn off this advice by setting config variable advice.detachedHead
to false

HEAD is now at 7acb333 orange

3 rainbow $ git log --all
commit fc8139cbf8442cdbb5e469285abaac6de919ace6 (main, feature)
Author: annaskoulikari <gitlearningjourney@gmail.com>
Date:   Sat Feb 19 10:09:59 2022 +0100

    yellow

commit 7acb333f08e12020efb5c6b563b285040c9dba93 (HEAD)
Author: annaskoulikari <gitlearningjourney@gmail.com>
Date:   Sat Feb 19 09:42:07 2022 +0100

    orange

commit c26d0bc371c3634ab49543686b3c8f10e9da63c5
Author: annaskoulikari <gitlearningjourney@gmail.com>
Date:   Sat Feb 19 09:23:18 2022 +0100

    red
```

4 rainbowcolors.txt ファイルの内容を参照します。

注目してほしいこと

- ステップ2の `git checkout` の出力結果は、読者が `detached HEAD` 状態の中にいることを示しています（`You are in 'detached HEAD' state`）。この出力結果は、`git switch` コマンドの別の使い方も示しています。これについては、次の節で説明します。
- ステップ3の `git log` の出力結果は、現在、`HEAD` が orange コミットを指していることを示しています。
- 作業ディレクトリー内の `rainbowcolors.txt` ファイルは、orange コミットに含まれているバージョン（v2 として示したもの）であり、red と orange だけに言及しています。

ビジュアル化 5-7 は、これらのことを示しています。

ビジュアル化 5-7

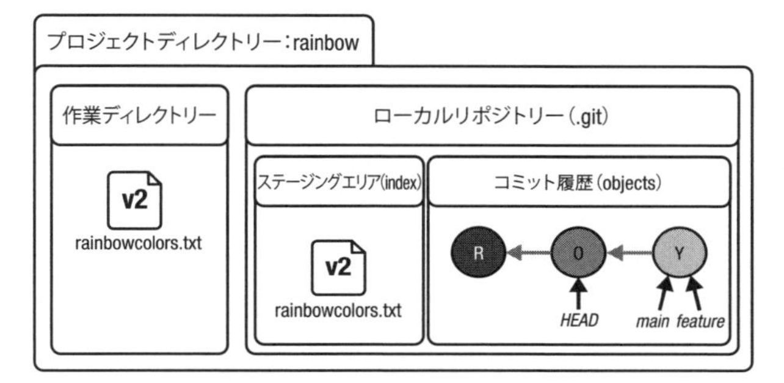

orange コミットをチェックアウトし、detached HEAD 状態に入った後の rainbow プロジェクトディレクトリー

ブランチを切り替えるたびに、またはコミットを直接チェックアウトするたびに、作業ディレクトリーの内容が変わることを不安に感じる人もいるかもしれません。しかし、何も失われていないことを思い出してください。すべてのコミットはコミット履歴の中に安全に保存されており、いつでも別のブランチに切り替えたり、別のコミットをチェックアウトしたりすることで、以前に見ていたものを見ることができます。

ここでは、ブランチをチェックアウトする代わりに、コミットを直接チェックアウトするとどうなるかを観察しました。次に**実行手順 5-7** に進み、元の main ブランチに切り替え、detached HEAD 状態から抜け出します。

実行手順 5-7

1
```
rainbow $ git switch main
Previous HEAD position was 7acb333 orange
Switched to branch 'main'
```

2
```
rainbow $ git log
commit fc8139cbf8442cdbb5e469285abaac6de919ace6 (HEAD -> main, feature)
Author: annaskoulikari <gitlearningjourney@gmail.com>
Date:   Sat Feb 19 10:09:59 2022 +0100

    yellow
```

```
commit 7acb333f08e12020efb5c6b563b285040c9dba93
Author: annaskoulikari <gitlearningjourney@gmail.com>
Date:   Sat Feb 19 09:42:07 2022 +0100

    orange

commit c26d0bc371c3634ab49543686b3c8f10e9da63c5
Author: annaskoulikari <gitlearningjourney@gmail.com>
Date:   Sat Feb 19 09:23:18 2022 +0100

    red
```

3 rainbowcolors.txt ファイルの内容を参照します。

注目してほしいこと

- 作業ディレクトリー内の rainbowcolors.txt ファイルは、yellow コミットに含まれるバージョン（v3 として示したもの）であり、red、orange、yellow に言及しています。
- 現在は main ブランチに戻っています。

ビジュアル化 5-8 は、これらのことを示しています。

ビジュアル化 5-8

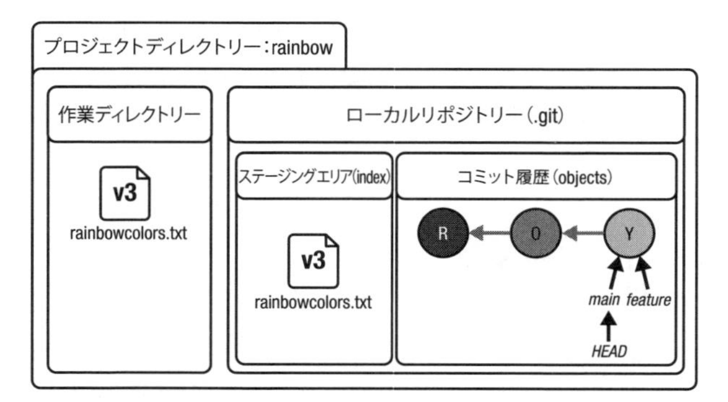

元の main ブランチに切り替え、detached HEAD 状態から抜け出した後の rainbow プロジェクトディレクトリー

5.6　ブランチの作成と切り替えを同時に行う

「4章　ブランチ」では、git branch コマンドを使って新しいブランチを作成し、git switch（または git checkout）コマンドを使ってそのブランチに切り替えることを学びました。

実行手順 5-6 のステップ2で、git checkout の出力結果は次のように示していました。

```
If you want to create a new branch to retain commits you create,
you may do so (now or later) by using -c with the switch command.
Example: git switch -c <new-branch-name>
作成するコミットを保持するために新しいブランチを作成したい場合は、(今すぐまたは後で)
switch コマンドと一緒に-c オプションを使うことで、そのようにできます。
例：git switch -c <新しいブランチ名>
```

このように書かれているのは、実は、git switch または git checkout コマンドを使って、ブランチの作成と切り替えを同時に行うことができるからです。git switch コマンドを使う場合は、-c オプション（「create」の意味）を使います。git checkout コマンドを使う場合は、-b オプションを使います。

コマンドの紹介

- git switch -c <new_branch_name>
  新しいブランチを作成し、それに切り替える
- git checkout -b <new_branch_name>
  新しいブランチを作成し、それに切り替える

「12.6　プルリクエストを作成するための準備」で新しいブランチを作成するときに、このコマンドを使います。

5.7　まとめ

この章では、マージとは何か、なぜマージを行うのかを学びました。早送りマージおよび3方向マージという2種類のマージを紹介し、マージに関係するブランチの開発履歴によって、実行されるマージの種類が決まることを説明しました。

最後に、rainbow リポジトリーで早送りマージを実行し、その過程で、コミットしていない変更が失われないようにGitが保護してくれること、ブランチを切り替えると作業ディレクトリーの内容も変更されること、またコミットをチェックアウトする方法を学びました。

本書の前半部分は、この章で終わりです。ここまでは、ローカルリポジトリーだけを使って作業してきました。次の章では、リモートリポジトリーを使って作業を始めるために、ホスティングサービスのアカウントと認証情報を準備します。

6章
ホスティングサービスと認証

前の章ではマージについて学習し、マージによって、あるブランチから別のブランチに変更を統合できることを学びました。

ここまで本書では、ローカルリポジトリーでの作業についてのみ解説し、ローカルリポジトリーである rainbow リポジトリーでのみ作業を行ってきました。この章から始まる本書の後半では、ホスティングサービスとリモートリポジトリーを使って作業を行います。

この章では、使用するホスティングサービスを選択し、HTTPS（Hypertext Transfer Protocol Secure）またはSSH（Secure Shell）というプロトコルを使ってホスティングサービス上のリモートリポジトリーに接続するための認証情報を準備します。これらの課題を遂行するために必要な情報は、この章のほかに、「付録D 補足資料」にも記載してあります。

Git とホスティングサービスを利用している企業に勤めている人であれば、企業の E メールアドレスを使って、すでにホスティングサービスのアカウントを持っているかもしれません。しかし、本書の練習課題を試すためには、企業のアカウントではなく、個人のアカウントを使うことを勧めます。なぜなら、企業のアカウントでは追加の設定がされていて、本書の課題を試すのが難しい場合があるからです。

すでに個人でホスティングサービスを利用していて、それを本書の練習課題で使いたい場合は、安全なプロトコルを介してリモートリポジトリーに接続するための認証情報がセットアップ済みであれば、この章を飛ばして、「7章 リモートリポジトリーの作成とプッシュ」に進んでください。

使用するホスティングサービスをまだ決めていない場合や、プロトコルの認証情報を設定していない場合、あるいは使用可能なプロトコルについて詳しく知りたい場合は、このまま読み進めてください。

6.1　ホスティングサービスとリモートリポジトリー

「2章　ローカルリポジトリー」では、2種類のリポジトリー、すなわちローカルリポジトリーとリモートリポジトリーについて説明しました。ローカルリポジトリーは自分のコンピューター上に保存されるリポジトリーであり、リモートリポジトリーは、クラウドのホスティングサービス上で保存、管理されるリポジトリーです。

また、ホスティングサービスとは、Gitを使ったプロジェクト向けのサービスプロバイダーであると説明しました。本書では、主要な3つのホスティングサービス——GitHub、GitLab、Bitbucket——に関する情報を提供します。

ローカルリポジトリーとホスティングサービス上のリモートリポジトリーとの間でデータを転送するには、HTTPSまたはSSHというプロトコルを使って、接続と認証を行う必要があります。次の7章以降では、`git push`、`git fetch`、`git pull`などのコマンドを使って、ローカルリポジトリーとリモートリポジトリーの間でデータのアップロードやダウンロードを行います。これらのコマンドを使ってリモートリポジトリーに接続するには、使用するプロトコルに関する認証情報を事前に準備しておく必要があります。

この章ではまず、使用するホスティングサービスを選択し、次に、HTTPSまたはSSHを介してリモートリポジトリーに接続するための認証情報をセットアップします。

6.2　ホスティングサービスのアカウントをセットアップする

前に説明したように、すでにホスティングサービスを利用していて、それを本書の練習課題で使いたいと思っている人は、そのままホスティングサービスのWebサイトで自分のアカウントにログインしてもらって構いません。

ホスティングサービスを利用したことがない人は、どれを利用するかを決めて、アカウントを作成する必要があります。よく使われているホスティングサービスは、GitHub、GitLab、Bitbucketの3つです。どれを使ったらよいかわからないという人には、GitHub をお勧めします。なぜなら、最も多く使われているホスティングサービスであり、本書の Rainbow プロジェクトの出力例のために使用したサービスだからです。

実行手順 6-1 に進み、ホスティングサービスを選択し、ログインしてください。

実行手順 6-1

1 リモートリポジトリーを作成するためのホスティングサービスを選択し、その Web サイトにアクセスします。アカウントが作成済みであればログインし、そうでなければアカウントを作成します[†1]。本書の例では、GitHub を使います。

これでホスティングサービスを選択し、アカウントにログインできたので、次に、リモートリポジトリーに接続するためのプロトコルを選択し、そのプロトコルの認証情報を準備します。

6.3　認証情報をセットアップする

リモートリポジトリーを作成した場合、それに変更を加えるには、次の 2 つの方法があります。

1. ホスティングサービスの Web サイトを通じてログインし、直接、変更を加える。
2. ローカルリポジトリーで変更を加え、その変更をホスティングサービスのリモートリポジトリーにアップロードする。

どちらの場合も、**認証**（authentication）を行う――すなわち身元を証明する――必要があります。誰がホスティングサービスのアカウントにログインしようとしているか、また誰がリモートリポジトリーに変更をアップロードしようとしているかを制御するために、認証は重要です。

前者の場合は、ユーザー名（または E メールアドレス）とパスワードを使って認証

†1　訳注：アカウントの作成画面は頻繁に変更されるので、本書では詳しく説明しません。各種のオンラインリソースを参照してください。GitHub でのアカウントの作成については、GitHub Docs のページ（https://docs.github.com/ja/get-started/start-your-journey/creating-an-account-on-github）などを参考にしてください。

を行い、ホスティングサービスのアカウントにログインします。

しかし、後者の場合はどうでしょうか？ ローカルリポジトリーからリモートリポジトリーへのアップロードを許可すべきかどうかを、ホスティングサービスはどうやって知ることができるのでしょうか？

その答えは、使用するプロトコルを介して認証を行うということです。この章では、HTTPSプロトコルとSSHプロトコルについて説明します。読者は、どちらか1つだけをセットアップすればよく、どちらでも好みのものを選択できます。

次の7章では、Rainbowプロジェクト用のリモートリポジトリーを作成するプロセスを体験します。そこでは、2つのURL（HTTPS URLとSSH URL）が生成されます。使用するプロトコルに合ったURLを使う必要があります。

まず、HTTPSプロトコルについて説明します。SSHプロトコルについてだけ知りたい人は、次の節を飛ばして、「6.3.2　SSHの使用」に進んでください。なお、プロトコルを使用するためには、必ずしもそれについて深く理解している必要はありません。

どちらのプロトコルを選んだらよいかわからない人には、本書の練習課題を試す目的では、HTTPSプロトコルをセットアップすることを勧めます。なぜなら、セットアップのプロセスがよりシンプルであり、本書の例でもHTTPSプロトコルを使用しているからです。どちらのプロトコルを選んだとしても、いつでも、もう一方のプロトコルをセットアップできるので、現時点での選択がきわめて重要というわけではありません。

6.3.1　HTTPSの使用

HTTPSプロトコルは、ユーザー名と何らかの種類のパスワード（すなわち認証情報）を使って、リモートリポジトリーへの安全な接続を可能にします。以前は、どのホスティングサービスでも、アカウントにログインするためのパスワード（**アカウントパスワード**と呼ぶことにします）をHTTPS認証でも使うことが許可されていました。しかし、GitHubとBitbucketでは、現在は許可されておらず、別の認証情報を作成するように要求されます。

GitHubでは、認証情報は**個人用アクセストークン**（personal access token）と呼ばれます。Bitbucketでは、**アプリパスワード**（app password）と呼ばれます。GitLabでは、今でもアカウントパスワードを使って認証することができます。**表6-1**

は、代表的な3つのホスティングサービスと、HTTPS を介して認証するために必要な認証情報を示しています。

表6-1 代表的なホスティングサービスと、HTTPS アクセスのために必要な認証情報

ホスティングサービス	ユーザー名	パスワード
GitHub	E メールアドレスまたはユーザー名	個人用アクセストークン
GitLab	E メールアドレスまたはユーザー名	アカウントパスワード
Bitbucket	E メールアドレスまたはユーザー名	アプリパスワード

実行手順 6-2 に進み、認証情報を準備してください。

実行手順 6-2

1. GitHub または Bitbucket を利用していて、HTTPS プロトコルを選択した場合は、「付録D 補足資料」の「D.3 HTTPS アクセスのセットアップ」を参照して、認証情報をセットアップしてください。その場合、次の節は読み飛ばして構いません。
SSH プロトコルを選択した場合は、次の「6.3.2 SSH の使用」に進んでください。

6.3.2 SSH の使用

SSH プロトコルは、SSH の公開鍵と秘密鍵のペアを使って、リモートリポジトリーへの安全な接続を可能にします。SSH アクセスをセットアップするための3つの主要なステップは、次のとおりです。

1. ssh-keygen コマンドを使って、自分のコンピューター上で SSH 鍵のペアを作成する。
2. ssh-add コマンドを使って、SSH の秘密鍵を SSH エージェントに追加する。
3. SSH の公開鍵をホスティングサービスのアカウントに追加する。

実行手順 6-3 に進み、この3つのステップを実行して、SSH アクセスをセットアップしてください。

実行手順 6-3

1. SSHプロトコルを選択した場合は、「付録D　補足資料」の「D.4　SSHアクセスのセットアップ」を参照して、認証情報をセットアップしてください。

SSHの秘密鍵を共有することは、セキュリティ上のリスクになります。これはパスワードと同様のものと考え、誰とも共有しないようにしてください。

これで、HTTPSまたはSSHを介してリモートリポジトリーに接続するための認証情報が準備できたので、次の章に進み、Rainbowプロジェクトのためのリモートリポジトリーを作成することができます。

6.4　まとめ

この章では、本書の後半の練習課題のために使用するホスティングサービスを選択し、HTTPSまたはSSHを介してリモートリポジトリーに接続するための認証情報を準備しました。次の章では、リモートリポジトリーの作成について学習し、Gitプロジェクトで他のユーザーと一緒に作業する方法を基礎から学びます。

7章
リモートリポジトリーの作成とプッシュ

前の章では、使用するホスティングサービスを選択し、アカウントを作成し、HTTPS または SSH を介してリモートリポジトリーに安全に接続するための認証情報をセットアップしました。

この章では、Git プロジェクトをローカルリポジトリーから始める方法とリモートリポジトリーから始める方法の違いを説明し、リモートリポジトリーが役に立つ理由を学びます。Rainbow プロジェクトのためのリモートリポジトリーを作成し、そのリポジトリーにデータをアップロードします。「付録 D　補足資料」には、この章に取り組むときに役立つ追加の情報が含まれています。

7.1　ローカルリポジトリーの状態

この章の開始時点で、`rainbow` リポジトリーには 3 つのコミットと 2 つのブランチがあり、読者は現在、`main` ブランチ上にいます。**ビジュアル化 7-1** は、`rainbow` リポジトリーの現在の状態を示しています。

ビジュアル化 7-1

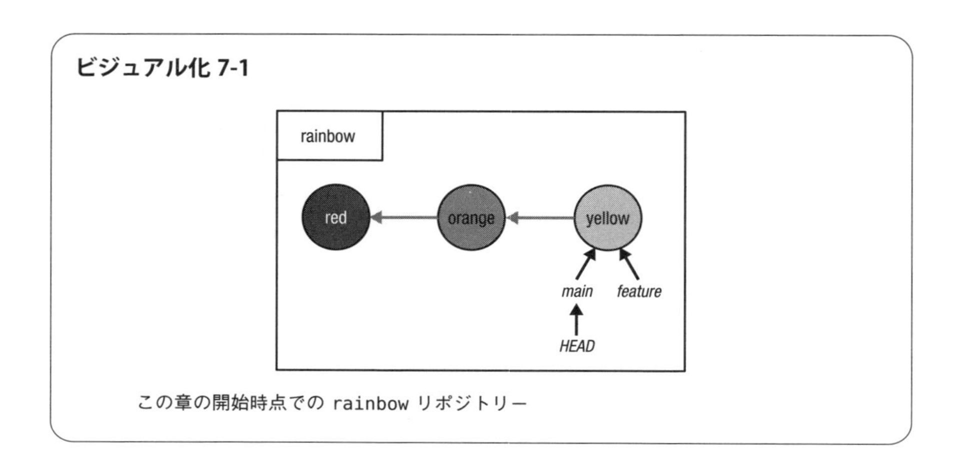

この章の開始時点での rainbow リポジトリー

7.2　Git プロジェクトを開始するための2つの方法

「2章　ローカルリポジトリー」では、リポジトリーには2つの種類があることを学びました。自分のコンピューター上に保存されるローカルリポジトリーと、ホスティングサービス上で保存、管理されるリモートリポジトリーです。Git プロジェクトの作業は、ローカルリポジトリーとリモートリポジトリーのどちらからでも始めることができます。これまで Rainbow プロジェクトでは、最初のアプローチを取ってきました。つまり、ローカルリポジトリーからプロジェクトを開始しました。次の8章では、リモートリポジトリーからプロジェクトを開始する例を体験します。この節では、それぞれのアプローチの概要を示します。

7.2.1　ローカルリポジトリーから開始する

Git プロジェクトの作業をローカルリポジトリーから始めるには、まず `git init` コマンドを使ってコンピューター上にローカルリポジトリーを作成し、少なくとも1つのコミットを作成します。次に、ホスティングサービス上でリモートリポジトリーを作成します。最後に、ローカルリポジトリーからリモートリポジトリーにデータをアップロードします。

ローカルリポジトリーからリモートリポジトリーにデータをアップロードするプロセスのことを、Git の用語では**プッシュ**（push）と呼びます。そのために使用するコマンドが `git push` です。

コマンドの紹介

- `git push`
  リモートリポジトリーにデータをアップロードする

この章では、このアプローチで Rainbow プロジェクトに取り組みます。**図 7-1** にこれを示します。

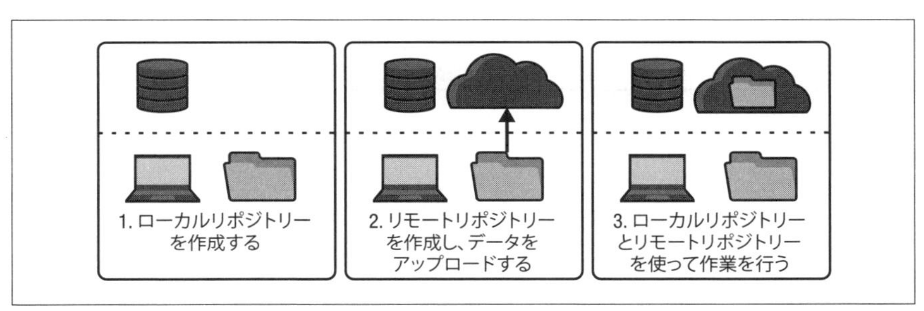

図 7-1 Git プロジェクトの作業をローカルリポジトリーから開始する

ローカルリポジトリーから Git プロジェクトを開始する例としては、自分のコンピューター上で取り組んできた、リポジトリーではないプロジェクト――言い換えれば、Git を使ってバージョン管理していないプロジェクト――があり、Git を使ってそれをバージョン管理することに決めた場合などが挙げられます。この場合、`git init` コマンドを使って自分のコンピューター上でローカルリポジトリーを初期化し、最初のコミットを作成し、その後でリモートリポジトリーを作成してデータをアップロードします。

Git プロジェクトで作業を始めるためのもう 1 つの方法は、リモートリポジトリーから始めることです。

7.2.2 リモートリポジトリーから開始する

Git プロジェクトの作業をリモートリポジトリーから始めるには、ホスティングサービス上で、取り組みたいリモートリポジトリーを検索するか、またはリモートリポジトリーを作成します。次に、リモートリポジトリーを自分のコンピューター上に**クローン**（clone）します。つまり、コピーします。この結果、ローカルリポジトリーが作成されます。これは「8 章 クローンとフェッチ」で説明するアプローチであり、**図7-2**にこの様子を示します。

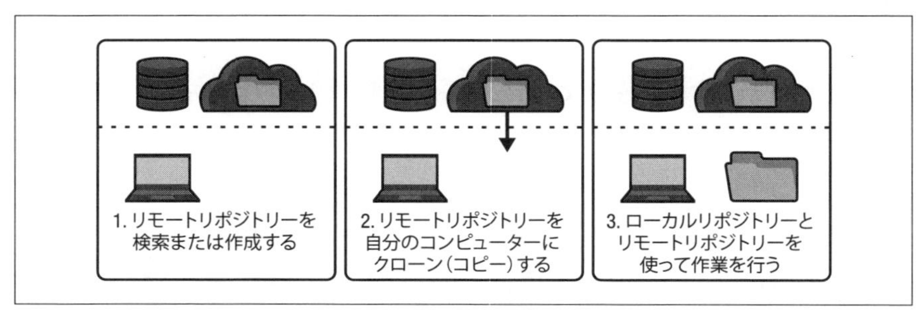

図7-2 Git プロジェクトの作業をリモートリポジトリーから開始する

リモートリポジトリーから Git プロジェクトを開始する例としては、友人がリモートリポジトリーを使ってすでにプロジェクトに取り組んでいて、それに参加するように求められた場合などが挙げられます。この場合、リモートリポジトリーがどこにあるかを友人に尋ね、それを自分のコンピューター上にクローン（コピー）して、作業を開始します。

これまで Rainbow プロジェクトでは、ローカルリポジトリーだけを使って作業してきました。この章ではリモートリポジトリーを作成し、そこにデータをアップロードします。しかしその前に、ローカルリポジトリーとリモートリポジトリーの間の相互関係について簡単に触れておきましょう。

7.3 ローカルリポジトリーとリモートリポジトリーの相互関係

ローカルリポジトリーとリモートリポジトリーは別々に動作します。それらを使った作業に関して言うと、重要なのは、それらの間では自動的なやりとりは発生しないということです。つまり、ローカルリポジトリーからリモートリポジトリーに自動的に更新が行われることはありませんし、逆に、リモートリポジトリーからローカルリポジトリーに自動的に更新が行われることもありません。

2つのリポジトリーの間には、リアルタイムの接続はありません。どちらかのリポジトリーに変更があった場合は、明示的にコマンドを実行して、もう一方のリポジトリーを更新する必要があります。このために使用するコマンドについては、この章以降で学びます。

リモートリポジトリーの作成へと進む前に、そもそも、なぜそれを作成したいのかを考えてみましょう。

7.4　なぜリモートリポジトリーを使用するのか？

Git プロジェクトに取り組むときにリモートリポジトリーが役に立つ理由は、主に3つあります。

1. 自分のコンピューター以外の場所にプロジェクトを簡単にバックアップできる。
2. 複数のコンピューターから Git プロジェクトにアクセスできる。
3. Git プロジェクトで他のユーザーと共同作業ができる。

Git プロジェクトでリモートリポジトリーを作成する理由を確かめるために、**サンプル Book プロジェクト 7-1** を見てみましょう。

サンプル Book プロジェクト 7-1

Book プロジェクトでは、筆者のコンピューター上にローカルリポジトリーだけが存在し、リモートリポジトリーは存在していないと仮定しましょう。コンピューターが誰かに盗まれたり、ハードディスクが壊れたりすると、今まで行っていた作業がすべて失われてしまいます。リモートリポジトリーは、優れたバックアップの仕組みと言えます。

リモートリポジトリーを使うと、別のコンピューターからもプロジェクトにアクセスできるようになります。たとえば、2 台のコンピューターを持っていて、そのうちの 1 台は家に、もう 1 台は日中に仕事をしているオフィスにあり、Book プロジェクトは家のコンピューターに保存されていると仮定しましょう。Book プロジェクトのためのリモートリポジトリーがあれば、仕事用のコンピューターからも Book プロジェクトにアクセスできます。ホスティングサービスの Web サイト上で直接変更を加えることもできますし、リモートリポジトリーを仕事用のコンピューターにクローンしてローカルリポジトリーを作成することもできます。執筆の進捗状況を同僚に見せられるのも、メリットの 1 つです。

また、リモートリポジトリーを使うと、Book プロジェクトで他のユーザーと簡単に共同作業ができるようになります。プロジェクトの進捗状況を見たいユーザーやプロジェクトに参加したいユーザーに、リモートリポジトリーへのアクセスを許可することができます。ユーザーに応じて、リモートリポジトリーをクローンしてローカルリポジトリーを作成する許可を与えたり、ホスティングサービスの Web サイト上で単にリモートリポジトリーを参照する許可だけを与えたりすることができます。Book プロジェクトで共著者や編集者と共同作業するために、筆者にはリモートリポジトリーが必要です。

サンプル Book プロジェクト 7-1 は、リモートリポジトリーを使った作業が非常に役に立つ理由を示しています。このことが理解できたので、次にリモートリポジトリーを作成する方法を学びましょう。Rainbow プロジェクトの作業について友人に話したところ、友人がその作業を見たがっていると仮定します。これを実現するには、リモートリポジトリーを作成する必要があります。さっそく、やってみましょう。

7.5　データを含んだリモートリポジトリーを作成する

ビジュアル化 7-2 に示すように、Rainbow プロジェクトは現在、`rainbow` リポジトリーという 1 つのローカルリポジトリーだけで構成されています。

本書ではこれ以降、リポジトリーダイアグラムを拡張し、リモートリポジトリーで何が行われているかを表すためのスペースを上部に設けます。

ビジュアル化 7-2

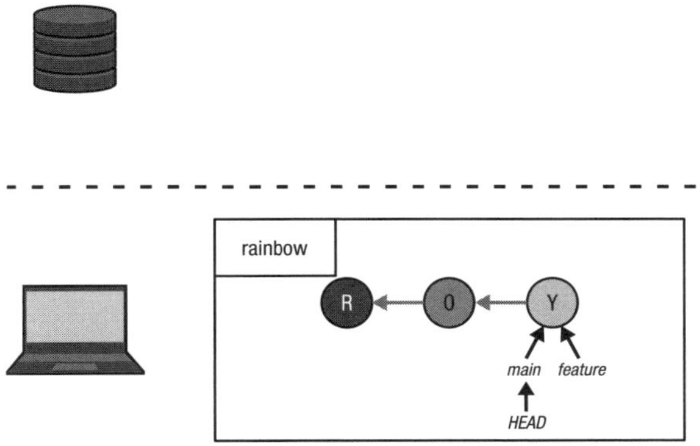

Rainbow プロジェクトは現在、rainbow という 1 つのローカルリポジトリーだけで構成されている

読者がこれまで取り組んできた作業を友人が見られるようにするには、リモートリポジトリーを作成し、そこにデータをアップロードする必要があります。このプロセスには、次の 3 つのステップが含まれます。

1. ホスティングサービス上でリモートリポジトリーを作成する。
2. リモートリポジトリーへの接続をローカルリポジトリーに追加する。
3. ローカルリポジトリーからリモートリポジトリーへデータをアップロードする（プッシュする）。

以降の節では、それぞれのステップについて解説し、その過程で新しい種類のブランチを紹介します。

7.5.1　リモートリポジトリーの作成

ホスティングサービス上でリモートリポジトリーを作成するときに、ユーザーは**リモートリポジトリープロジェクト名**（remote repository project name）を命名し、ホスティングサービスは**リモートリポジトリー URL**（remote repository URL）を提供します。リモートリポジトリー URL には、リモートリポジトリープロジェクト名が自動的に含まれます。「6 章　ホスティングサービスと認証」で学んだように、ホスティングサービスは、リモートリポジトリーの HTTPS URL と SSH URL を生成します。ユーザーは、選択したプロトコルに合った URL を使う必要があります。

リモートリポジトリーの作成プロセスは、ホスティングサービスの Web サイト上ですべて行います。詳しい情報については、ホスティングサービスのドキュメントや「付録D　補足資料」の「D.5　リモートリポジトリーの作成」を参照してください。

ここでは、一般的なガイダンスを示します。すでに説明したように、リモートリポジトリーを作成するときには、プロジェクト名を付ける必要があります。Rainbow プロジェクトについては、`rainbow-remote` としましょう。

リモートリポジトリーとローカルリポジトリーの名前は同じにするのが一般的ですが、Rainbow プロジェクトでは、ローカルリポジトリーとリモートリポジトリーを区別しやすくするために、異なる名前にします。

また、作成するリモートリポジトリーを公開するのか非公開にするのかを選択する必要があります。これは、ホスティングサービス上で、リポジトリーごとに設定できます。**公開リポジトリー**（public repository）は**パブリックリポジトリー**とも呼ばれ、インターネット上で誰でも参照できるリポジトリーです。**非公開リポジトリー**（private repository）は**プライベートリポジトリー**とも呼ばれ、アクセスが許可されたユーザーだけが参照できるリポジトリーです。どちらの場合も、リポジトリーを更新できるのは、許可されているユーザーだけです。本書で取り組むリポジトリーは学習目的のためだけなので、非公開にすることを勧めます。このように、誰が参照できるかを制御できるので、たとえば、読者の作業を見たがっている友人にアクセスを許可することができます。

ホスティングサービスによっては、リポジトリーを作成するときに、`README` や `.gitignore` などのファイルを含めるかどうか尋ねられます。本書の目的ではそれらのファイルを含める必要はないので、もしそのようなオプションが選択されている場合は、解除しておいてください。後でローカルリポジトリーからリモートリポジトリーにデータをアップロードするので、リモートリポジトリーは空にしておきたいのです。

ライセンスを選択するオプションが提供されている場合は、無視して構いません（つまり、ライセンスは選択しません）。単に学習目的で使用するからです。

最後に、一部のホスティングサービスでは、デフォルトのブランチ名を入力するよう求められます。本書の練習課題のためには、空白のままにしておくか、または

mainと入力します。

実行手順7-1に進み、リモートリポジトリーを作成してください。

実行手順7-1

1 選択したホスティングサービスで、自分のアカウントにログインします。

2 手順に従って、リモートリポジトリーを作成します。詳しい情報については、「付録D　補足資料」の「D.5　リモートリポジトリーの作成」を参照してください。

本書の練習課題のためにリポジトリーを作成する場合は、次のように設定してください。

- リポジトリー名は、rainbow-remoteとします。
- リポジトリーを公開（public）にするか非公開（private）にするかを選択できます。非公開にしておくことを勧めます。
- リポジトリーの中にファイルは何も含めません。たとえば、READMEファイルや.gitignoreファイルも含めません。
- デフォルトのブランチ名を入力するように求められる場合は、空白のままにしておくか、mainに設定します。

3 リモートリポジトリーの作成手順が完了したら、リモートリポジトリーURLを確認します。2種類のURLがあります。1つはHTTPS用であり、もう1つはSSH用です。今後の練習課題では、「6章　ホスティングサービスと認証」でセットアップしたプロトコルに合ったURLを使う必要があります。ちなみに、本書の例では、2つのリモートリポジトリーURLは次のとおりです。

- **HTTPS**
  https://github.com/gitlearningjourney/rainbow-remote.git
- **SSH**
  git@github.com:gitlearningjourney/rainbow-remote.git

注目してほしいこと

- rainbow-remoteというリモートリポジトリーを作成しました。ただし、リモートリポジトリーの中には、まだデータはありません。

ビジュアル化 7-3 は、**実行手順 7-1** を完了した後の Rainbow プロジェクトの状態を示しています。

これ以降、リポジトリーダイアグラムでは、角が直角の長方形を使ってローカルリポジトリーを表し、角が丸い長方形を使ってリモートリポジトリーを表します。

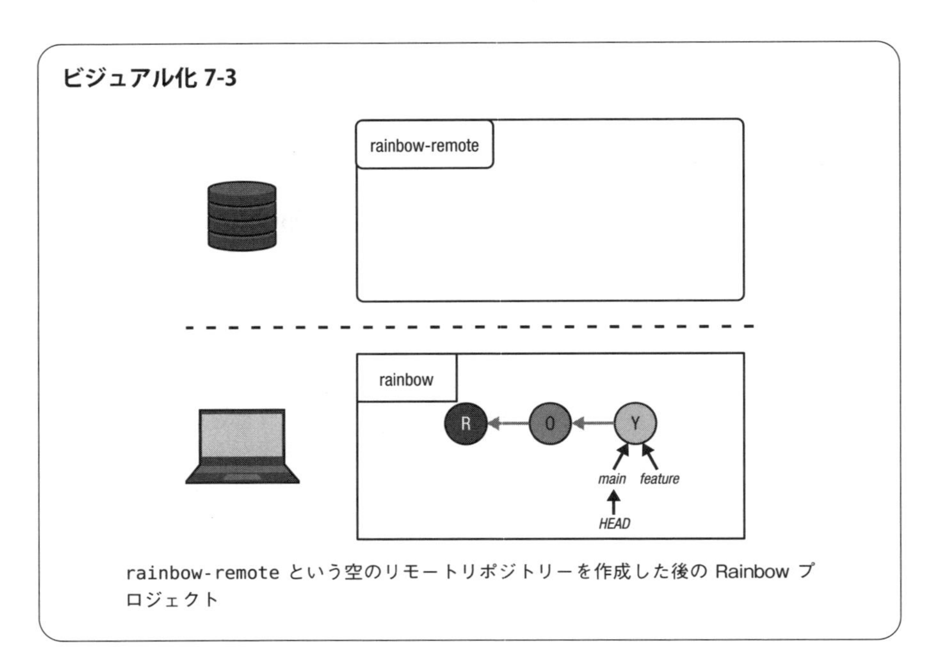

`rainbow-remote` という空のリモートリポジトリーを作成した後の Rainbow プロジェクト

これでリモートリポジトリーを作成できましたが、このダイアグラムが示しているように、現時点では空です。ホスティングサービス上でリモートリポジトリーを作成しても、データがアップロードされるわけではありません。データをアップロードするには、まず、リモートリポジトリーへの接続をローカルリポジトリーに追加する必要があります。その方法を見てみましょう。

7.5.2 リモートリポジトリーへの接続を追加する

ローカルリポジトリーの内部にリモートリポジトリーへの接続が保存されていると、ローカルリポジトリーはリモートリポジトリーと通信できます。この接続は、

リモートリポジトリーショートネーム（remote repository shortname）または単に**ショートネーム**（shortname）と呼ばれる名前を持ちます。ローカルリポジトリーは複数のリモートリポジトリーへの接続を持つこともできますが、あまり一般的ではありません。

ローカルリポジトリーをローカルで初期化した場合、リモートリポジトリーへの接続をセットアップするには、リモートリポジトリー URL をショートネームに明示的に関連づける必要があります。それを行うには、`git remote add` コマンドを使い、ショートネームの後にリモートリポジトリー URL を指定します。

コマンドの紹介

- `git remote add <shortname> <URL>`
  `<URL>`で示されるリモートリポジトリーへの接続を、`<shortname>`という名前で追加する

本書の例では HTTPS URL を使いますが、選択したプロトコルに応じて、HTTPS URL と SSH URL のどちらかを使います。必ず、ホスティングサービスから提供された URL を使うようにしてください。これは本書で示している URL とは異なるので、注意してください。

リモートリポジトリーへの接続がローカルリポジトリー内に保存されたら、コマンドラインで、URL ではなくショートネームを使ってリモートリポジトリーに接続できます。

リモートリポジトリーをクローンしてローカルリポジトリーを作成する場合は、Git によって、リモートリポジトリーへの接続が自動的に追加されます。この場合、`origin` というデフォルトのショートネームが使われます。「8.2 リモートリポジトリーをクローンする」では、この例を実際に体験します。リポジトリーをクローンする場合のデフォルトのショートネームが `origin` なので、ローカルリポジトリーをローカルで初期化した場合も、リモートリポジトリーのショートネームとして `origin` を使うのが一般的です。

これは、「4.2.2 Git の歴史について少しだけ：`master` と `main`」で説明したように、オプションを何も付けずに `git init` コマンドを使ってリポジトリーを初期化すると、`master` というデフォルト名を持つブランチが Git によって自動的に作成されることと似ています。`master` と同様に、`origin` という言葉には特別な意味は何もありません。これらは単に、Gitで現在使われているデフォルトの名前にすぎません。

rainbowリポジトリーはローカルで初期化したので、リモートリポジトリーへの接続をローカルリポジトリーに明示的に追加する必要があります。しかしその前に、役に立つコマンドをいくつか紹介しておきましょう。

Gitの公式ドキュメントでは、ローカルリポジトリーに保存されるリモートリポジトリーへの接続は、単に**リモート**（remote）と呼ばれます。

ローカルリポジトリーに保存されている、リモートリポジトリーへの接続のリストを表示するには、`git remote`コマンドを使います。結果は、ショートネームで表示されます。`git remote`コマンドに`-v`オプション（「verbose（詳細な）」の意味）を指定すると、リモートリポジトリーへの接続のリストが、ショートネームとURLで表示されます。

コマンドの紹介

- `git remote`
  ローカルリポジトリー内のリモートリポジトリー接続を、ショートネームでリスト表示する
- `git remote -v`
  ローカルリポジトリー内のリモートリポジトリー接続を、ショートネームとURLでリスト表示する

実行手順7-2に進み、rainbowリポジトリー内で、リモートリポジトリーURLをoriginというショートネームに関連づけます。なお、ステップ4では、途中で改行せずに、コマンド全体を1行に入力してください。

実行手順7-2

1 ファイルシステムウィンドウを使ってrainbow → .gitに移動し、configファイルを開きます。現在、そのファイルには、リモートリポジトリーへの接続は何も記述されていないことがわかるでしょう。つまり、リモートリポジトリー URL やショートネームは何も書かれていません。

2 ホスティングサービスにアクセスし、選択したプロトコル（HTTPS または SSH）に合ったリモートリポジトリー URL をコピーします。ステップ 4 では、この URL を使います。

3
```
rainbow $ git remote
```

4
```
rainbow $ git remote add origin https://github.com/gitlearningjourney/
rainbow-remote.git
```

5
```
rainbow $ git remote
origin
```

6
```
rainbow $ git remote -v
origin  https://github.com/gitlearningjourney/rainbow-remote.git (fetch)
origin  https://github.com/gitlearningjourney/rainbow-remote.git (push)
```

7 config ファイルを閉じ、新しいウィンドウでもう一度開きます。ファイル内に、リモートリポジトリーへの接続が 1 つ追加されていることがわかるでしょう。次のようなものになっているはずです。

```
[remote "origin"]
  url = https://github.com/gitlearningjourney/rainbow-remote.git
  fetch = +refs/heads/*:refs/remotes/origin/*
```

注目してほしいこと

- ステップ 3 の `git remote` の出力結果では、ショートネームは何も表示されていません。
- ステップ 5 の `git remote` の出力結果では、`origin` というショートネームが表示されています。

ビジュアル化 7-4 は、この接続の追加を示しています。

ビジュアル化 7-4

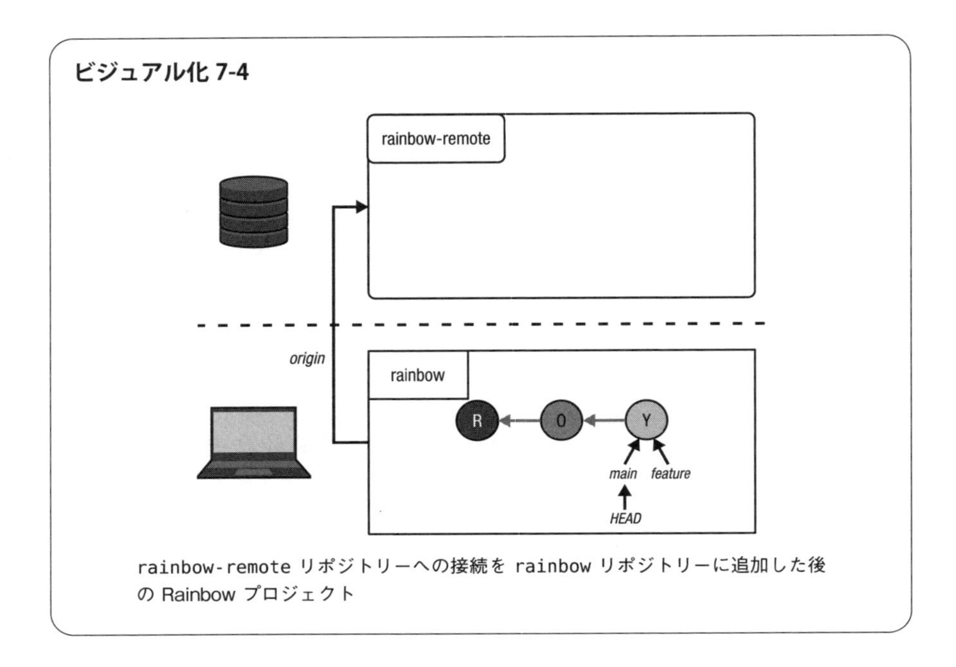

rainbow-remote リポジトリーへの接続を rainbow リポジトリーに追加した後の Rainbow プロジェクト

注目してほしいこと

- rainbow リポジトリーには、リモートリポジトリー URL に関連づけられた、origin というショートネームがあります。
- rainbow-remote リポジトリーの中には、相変わらずデータはありません。

ビジュアル化 7-4 を見ると、rainbow リポジトリーに保存されているショートネーム（rainbow-remote リポジトリーに関連づけられたショートネーム）を表す矢印が、一方向だけに向かっていることがわかります。この理由は、ローカルリポジトリーとリモートリポジトリーの間の接続はローカルリポジトリーからリモートリポジトリーへと向かうだけで、その逆はないからです。ローカルリポジトリーでは、接続が保存されているすべてのリモートリポジトリーのリストを見つけることができますが、リモートリポジトリーでは、自身への接続を保存しているローカルリポジトリーのリストを見つけることはできません。

また、リモートリポジトリーへの接続をローカルリポジトリーに追加したからといって、ローカルリポジトリーのデータがリモートリポジトリーにアップロードされるわけではありません。リモートリポジトリーにデータをアップロードするには、リモートリポジトリーにブランチをプッシュする必要があります。このプロセスによって、そのブランチに含まれるすべてのコミットがアップロードされます。

この最後のステップを実行するときに何が行われるかを理解しやすくするために、新しい種類のブランチを紹介しておきましょう。

7.5.3 リモートブランチとリモート追跡ブランチの紹介

「4章 ブランチ」では、ブランチについて学びました。そこで見たように、ブランチはコミットを指す移動可能なポインターです。本書ではこれまで、ローカルブランチだけを使って作業してきました。ローカルブランチをリモートリポジトリーにプッシュすると、リモートリポジトリー内に**リモートブランチ**（remote branch）が作成されます。

ローカルブランチでさらにコミットを作成しても、リモートブランチは自動的には更新されません。ローカルブランチからリモートブランチに、コミットを明示的にプッシュする必要があります。ローカルリポジトリーが認識しているどのリモートブランチに対しても、**リモート追跡ブランチ**（remote-tracking branch）と呼ばれるブランチがあります。これはローカルリポジトリー内に存在するブランチであり、最後にリモートリポジトリーとの間で何らかのネットワーク通信が行われたときにリモートブランチが指していたコミットを指します。これはブックマークのようなものと考えることができます。

ローカルブランチがどのリモートブランチを追跡すべきかを定義することで、ローカルブランチとリモートブランチの間の追跡関係を設定することができます。これは、**上流ブランチ**（upstream branch）と呼ばれます。上流ブランチをGitが自動的に設定するケースもありますし、ユーザーが明示的に設定しなければならないケースもあります。

ローカルブランチからリモートブランチに作業をプッシュする場合、Gitは、ユーザーがどのリモートブランチにプッシュしたいのかを理解していなければなりません。作業しているローカルブランチに対して上流ブランチが定義されている場合は、引数を付けずに`git push`を実行することができ、Gitは自動的に上流ブランチに作業をプッシュします。しかし、ローカルブランチに対して上流ブランチが定義されていない場合は、`git push`コマンドを実行するときに、どのリモートブランチにプッシュしたいのかを指定する必要があります（そうでないと、エラーメッセージが表示されます）。

この章では、git push コマンドを使うときに、どのリモートブランチにプッシュしたいかを指定する方法を紹介します。上流ブランチを定義する方法については、「9章 3方向マージ」で説明します。

これで、リモートリポジトリーを作成するための3番目のステップ、すなわちローカルブランチからリモートリポジトリーへのプッシュを実行する準備ができました。

7.5.4 リモートリポジトリーへのプッシュ

ローカルブランチをリモートリポジトリーにプッシュするには、git push コマンドを使い、リモートリポジトリーのショートネームと、プッシュしたいブランチ名を指定します。このコマンドを実行すると、指定したブランチ名と同じ名前のリモートブランチにプッシュされます[†1]。rainbow リポジトリーの場合、ショートネームは origin であり、プッシュしたいブランチは main です。

コマンドの紹介

- git push <shortname> <branch_name>
  <branch_name>のブランチの内容を、<shortname>のリモートリポジトリーにアップロードする

git push コマンドを実行すると、次の2つのことが行われます。

1. リモートリポジトリー内で、リモートブランチが作成される。
2. ローカルリポジトリー内で、リモート追跡ブランチが作成される。

リモートリポジトリーにデータをプッシュするには、インターネットに接続済みであり、HTTPS または SSH を使って、選択したホスティングサービスにアクセス可能でなければなりません。

「4章 ブランチ」では、git branch コマンドを使って、ローカルブランチをすべてリスト表示しました。ここでは、git branch コマンドに --all オプションを付けて実行し、ローカルリポジトリーに存在するすべてのローカルブランチとリモート追跡ブランチをリスト表示します。

†1 訳注：ローカルブランチ名とリモートブランチ名の両方を指定することで、ローカルブランチと異なる名前のリモートブランチにプッシュする方法もありますが、本書では割愛します。

コマンドの紹介

- `git branch --all`
  ローカルブランチとリモート追跡ブランチをリスト表示する

実行手順 7-3 に進み、リモートリポジトリーにブランチをプッシュします。

実行手順 7-3

1. ファイルシステムウィンドウを使って rainbow → .git → refs に移動し、refs ディレクトリーの内容を参照します。heads および tags という 2 つのディレクトリーがあるはずです。

2.
```
rainbow $ git push origin main
Enumerating objects: 9, done.
Counting objects: 100% (9/9), done.
Delta compression using up to 4 threads
Compressing objects: 100% (5/5), done.
Writing objects: 100% (9/9), 747 bytes | 373.00 KiB/s, done.
Total 9 (delta 1), reused 0 (delta 0), pack-reused 0
remote: Resolving deltas: 100% (1/1), done.
To https://github.com/gitlearningjourney/rainbow-remote.git
 * [new branch]      main -> main
```

3. ファイルシステムウィンドウで、refs ディレクトリーの内容を再び参照します。今度は、heads、tags、remotes という 3 つのディレクトリーがあるはずです。

4. ホスティングサービス上の rainbow-remote リポジトリーにアクセスします（すでにアクセスしていた場合は、ページを再読み込みします）。コミットのリストを表示するページに移動します。たとえば GitHub では、「3 Commits」と書かれた部分をクリックします。3 つのコミットが表示されているはずです。

5.
```
rainbow $ git branch --all
  feature
* main
  remotes/origin/main
```

6.
```
rainbow $ git log
commit fc8139cbf8442cdbb5e469285abaac6de919ace6 (HEAD -> main,
origin/main, feature)
Author: annaskoulikari <gitlearningjourney@gmail.com>
Date:   Sat Feb 19 10:09:59 2022 +0100
```

```
    yellow

commit 7acb333f08e12020efb5c6b563b285040c9dba93
Author: annaskoulikari <gitlearningjourney@gmail.com>
Date:   Sat Feb 19 09:42:07 2022 +0100

    orange

commit c26d0bc371c3634ab49543686b3c8f10e9da63c5
Author: annaskoulikari <gitlearningjourney@gmail.com>
Date:   Sat Feb 19 09:23:18 2022 +0100

   red
```

注目してほしいこと

- ステップ2の git push の出力結果は、リモートリポジトリーにブランチをプッシュしたことを示しています。出力結果の数字が読者のものと多少違っていたとしても、気にする必要はありません。
- ステップ3では、refs ディレクトリーの内部に、remotes という新しいディレクトリーがあることがわかります。remotes ディレクトリーの中には origin というディレクトリーがあり、その中には main というファイルがあります。これは、origin/main という新しいリモート追跡ブランチを表します。
- ステップ4では、rainbow-remote リポジトリーの中に、リモートの main ブランチ（すなわち、main というリモートブランチ）があることがわかります。コミットのリストのページでは、ローカルの main ブランチで作成した3つのコミットが見られます。
- リモートリポジトリーには feature ブランチはありません。

ビジュアル化 7-5 は、これらのことを示しています。

ビジュアル化 7-5

ローカルの main ブランチをリモートリポジトリーにプッシュした後の Rainbow プロジェクト

`git commit`、`git push`、`git merge` などのコマンドについては、読者の出力結果の数字が本書のものと多少違っていても問題ありません。`git clone`、`git fetch`、`git pull` など、後の章で使用するコマンドについても同じことが言えます。

特定のブランチをリモートリポジトリーにプッシュすると、そのブランチのデータだけがリモートリポジトリーにアップロードされることに注意してください。この例では、`main` ブランチをリモートリポジトリーにプッシュしたので、`feature` ブランチのデータはプッシュされませんでした。

現時点で、`rainbow` リポジトリー内の `main` ブランチと `feature` ブランチは、同じコミットを指しています。言い換えれば、（コミットと親リンクを逆方向にたどることで追跡が可能な）それらのブランチの開発履歴は、同じコミットで構成されています。したがって、**ビジュアル化 7-5** では、`feature` ブランチがリモートリポジトリーに存在していないことが、それほど明白ではありません。しかし、現実のプロジェクトでは、複数のブランチが異なる開発履歴を持っている（すなわち異なるコミットで構成されている）ことがよくあります。そのため、特定のブランチをリモートリポジトリーにプッシュしていないと、一部のコミットがリモートリポジトリー内に存在しないことになります。

リモートリポジトリーに feature ブランチもプッシュしたければ、明示的にそれを実行する必要があります。**実行手順 7-4** に進み、これを試してみましょう。

実行手順 7-4

1
```
rainbow $ git switch feature
Switched to branch 'feature'
```

2
```
rainbow $ git push origin feature
Total 0 (delta 0), reused 0 (delta 0), pack-reused 0
remote:
remote: Create a pull request for 'feature' on GitHub by visiting:
remote:      https://github.com/gitlearningjourney/rainbow-remote/
pull/new/feature
remote:
To https://github.com/gitlearningjourney/rainbow-remote.git
 * [new branch]      feature -> feature
```

3
```
rainbow $ git branch --all
* feature
  main
  remotes/origin/feature
  remotes/origin/main
```

4 ホスティングサービス上の rainbow-remote リポジトリーにアクセスし、ページを再読み込みします。ブランチのリストを参照します。たとえば GitHub では、「2 Branches」と書かれた部分をクリックします。

5
```
rainbow $ git log
commit fc8139cbf8442cdbb5e469285abaac6de919ace6 (HEAD -> feature,
origin/main, origin/feature, main)
Author: annaskoulikari <gitlearningjourney@gmail.com>
Date:   Sat Feb 19 10:09:59 2022 +0100

    yellow

commit 7acb333f08e12020efb5c6b563b285040c9dba93
Author: annaskoulikari <gitlearningjourney@gmail.com>
Date:   Sat Feb 19 09:42:07 2022 +0100

    orange
```

本書ではこれ以降、**実行手順**セクションの `git log` の出力結果では、リポジトリー内で作成された最後のいくつかのコミットだけを表示します。

注目してほしいこと

- ステップ3では、`rainbow` リポジトリーの中に、2つのリモート追跡ブランチ（`origin/main` と `origin/feature`）があることがわかります。
- ステップ4では、`rainbow-remote` リポジトリーの中に、2つのリモートブランチ（`main` と `feature`）があることがわかります。

ビジュアル化 7-6 はこれを示しています。

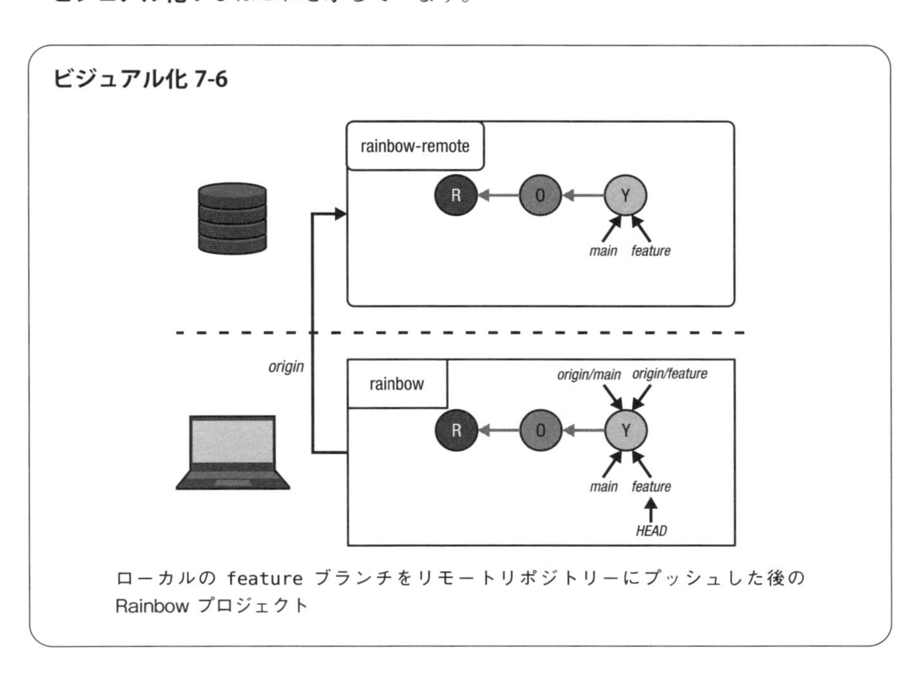

ローカルの feature ブランチをリモートリポジトリーにプッシュした後の Rainbow プロジェクト

これで、データを含んだリモートリポジトリーが作成できました。「6章　ホスティングサービスと認証」では、リモートリポジトリーに変更を加えるには、次の2つの方法があると説明しました。

1. ホスティングサービスの Web サイトを通じてログインし、直接、変更を加える。
2. ローカルリポジトリーで変更を加え、その変更をホスティングサービスのリモートリポジトリーにアップロードする。

この章では、2 番目の方法について説明しましたが、最初の方法についても簡単に説明しておきましょう。

7.6 ホスティングサービス上のリモートリポジトリーで直接作業を行う

本書ではこれまで、ローカルリポジトリーを使って、コミットを作成する方法（3 章）、ブランチを扱う方法（4 章）、基本的なマージを行う方法（5 章）を学んできました。

しかし、ホスティングサービスの Web サイトの UI（ユーザーインターフェース）を使って、これらと同等のアクションや、さらに多くのアクションを実行することもできます。たとえば、ホスティングサービスのリモートリポジトリー上で直接、コミットを作成したり、リモートブランチを作成したり、12 章で説明するプルリクエストと呼ばれる機能を使ってブランチをマージしたりできます。

本書はコマンドラインでの Git の使い方に重点を置いているので、ホスティングサービスでこれらのアクションを実行する方法については説明しません。それらの機能については、ホスティングサービスのドキュメントで詳しく解説されています。読者が今後、Git の使い方を知らないユーザーと一緒に作業を行う場合には、これらの機能が彼らにとって役に立つかもしれません。

これで、ローカルリポジトリーとリモートリポジトリーを使って作業を行うための基礎が理解できました。Rainbow プロジェクトのためのリモートリポジトリーを作成し、いくつかのブランチをプッシュしたので、次のステップは、プロジェクト上で共同作業を始めることです。

7.7 まとめ

この章では、リモートリポジトリーとは何か、なぜそれを使うのかを説明し、ローカルリポジトリーからプロジェクトを開始した場合に、データを含んだリモートリポジトリーを作成するための 3 つのステップについて紹介しました。ホスティングサービス上でリモートリポジトリーをセットアップし、リモートリポジトリーへの接続をローカルリポジトリーに追加し、ローカルリポジトリーからリモートリポジトリーにデータをプッシュしました。その過程で、リモートブランチ、リモート追跡ブランチ、上流ブランチの概念について学びました。

次の章では、リモートリポジトリーをクローンすることで、友人がプロジェクトの作業を手伝ってくれるようになります。

8章 クローンとフェッチ

前の章では、リモートリポジトリーについて学び、Rainbow プロジェクトのためのリモートリポジトリーを作成しました。

この章では、Rainbow プロジェクトで友人と一緒に作業するとどのようになるかというシミュレーションを開始します。そのために、リモートリポジトリーをクローンする方法や、ローカルでリポジトリーを初期化することとの違いについて学びます。そのほかに、上流ブランチの設定、ブランチの削除、リモートリポジトリーからのデータのフェッチについても学びます。

Git が統合された一部のテキストエディターでは、Git に関してさまざまな設定を定義することができますが、この章では、Git のデフォルトの動作とは異なる特別な設定は何もしていないことを前提としています。

たとえば Visual Studio Code には、リモートリポジトリーから定期的に変更をフェッチする自動フェッチ（`git.autofetch`）という機能があります（フェッチについては、この章で学びます）。この機能はデフォルトで無効になっていますが、この章の練習課題を行うためには、無効のままにしておく必要があります。これを有効にしている人は、続行する前に無効にしておいてください。

テキストエディターで Git に関して特別な設定をしたことがなければ、何も気にする必要はありません。

8.1 ローカルリポジトリーとリモートリポジトリーの状態

この章の開始時点では、`rainbow` というローカルリポジトリーと、`rainbow-remote` というリモートリポジトリーがあります。この 2 つのリポジトリーは同期しています。つまり、同じコミットとブランチを含んでいます。**ビジュアル化 8-1** は、2つのリポジトリーの現在の状態を示しています。

ビジュアル化 8-1

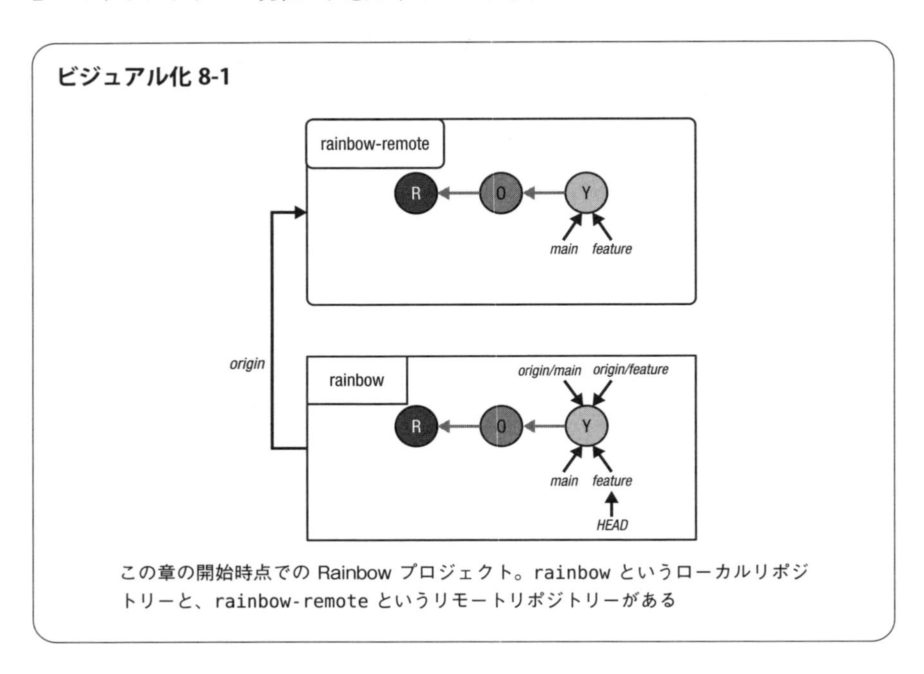

この章の開始時点での Rainbow プロジェクト。rainbow というローカルリポジトリーと、rainbow-remote というリモートリポジトリーがある

8.2 リモートリポジトリーをクローンする

前の章では、Rainbow プロジェクトで行ってきた作業を友人に見せられるように、ホスティングサービス上でリモートリポジトリーを作成しました。ここで、友人がプロジェクトの作業を手伝うことに決めたと仮定しましょう。プロジェクトに参加するために、友人はリモートリポジトリーをクローン（すなわちコピー）する必要があります。次の節では、このシナリオをどのようにシミュレーションするかを説明します。

本書の冒頭で、Git は共同作業のために役立つツールであることを説明しました。リモートリポジトリーをクローンすることは、Git プロジェクトで他のユーザーと共同作業するために不可欠です。それにより、各ユーザーが自身のコンピューター上で、リポジトリーの独自のコピーを使って作業できるようになるからです。リモートリポジトリーをクローンできるユーザーの数に制限はありません（ただし、アクセス許可を持っているユーザーに限ります）。

実際の例について、**サンプル Book プロジェクト 8-1** を見てみましょう。

サンプル Book プロジェクト 8-1

当初は Book プロジェクトに一人で取り組む予定でしたが、その後、考えが変わり、共著者と一緒に作業することに決めたと仮定しましょう。

共著者は、執筆作業を始めるために、リモートリポジトリーをクローンして、自身のコンピューター上に Book プロジェクトの独自のコピーを作成する必要があります。そのために共著者は、リモートリポジトリーが保存されているホスティングサービスのアカウントを持っている必要があります。また、リポジトリーが公開か非公開かにかかわらず、共著者がコメントしたり更新したりできるように、リポジトリーを編集するためのアクセス権を共著者に与える必要があります。

どこかの時点で編集者にレビューしてもらいたければ、同じ手順を踏む必要があります。つまり、編集者はホスティングサービスのアカウントを準備し、筆者は彼らにリポジトリーへのアクセス権を与えて、リポジトリーがどこにあるかを伝え、編集者は自身のコンピューター上にリモートリポジトリーをクローンします。

サンプル Book プロジェクト 8-1 は、Git プロジェクトで他のユーザーと共同作業するために、リモートリポジトリーをクローンすることが重要である理由を示しています。次に、Rainbow プロジェクトで他のユーザーと共同作業する体験を、どのようにシミュレーションするかを説明します。

8.2.1 共同作業のシミュレーション

通常、2 人のユーザーが同じプロジェクトに取り組む場合、各人が自分のコンピューター上にローカルリポジトリーを持ち、1 つのリモートリポジトリーに対して更新を行います。読者が 2 台のコンピューターを持っていない場合や、共同作業の練習課題を行うために協力してくれる人がいない場合は、リモートリポジトリーをコンピューターにクローンして、2 番目のローカルリポジトリーを作成します。`rainbow` リポジトリーと区別するために、`friend-rainbow` という名前にしましょう。

この2番目のローカルリポジトリーが友人のコンピューター上に存在していると想定します。今後、友人が何らかの作業を行うと言うときには、この`friend-rainbow`リポジトリーで読者自身が作業を行うことを意味します。

「友人」がリモートリポジトリーをクローンしたら、読者は2つのローカルリポジトリーで作業を行うことになります。2つのテキストエディターウィンドウを開き、1つのプロジェクトディレクトリーにつき1つのウィンドウで作業を行うことを勧めます。また、1つのコマンドラインウィンドウでそれぞれのプロジェクトディレクトリーを行ったり来たりする代わりに、2つのコマンドラインウィンドウ（または統合ターミナル）を開き、1つのリポジトリーにつき1つのウィンドウで作業することを勧めます。

Gitの用語では、リモートリポジトリーをコンピューター上にコピーしてローカルリポジトリーを作成するプロセスのことを、**クローン**（clone）と呼びます。そのために使用するコマンドが`git clone`です。リモートリポジトリーをクローンするには、`git clone`コマンドを使い、リモートリポジトリーURLとプロジェクトディレクトリー名（省略可能）を指定します。

コマンドの紹介

- `git clone <URL> <directory_name>`
  リモートリポジトリーをクローンする

プロジェクトディレクトリー名を指定しなかった場合は、リモートリポジトリープロジェクト名がローカルリポジトリーに割り当てられます。たとえば、後で出てくる練習課題で、`rainbow-remote`リポジトリーをクローンするときにプロジェクトディレクトリー名を指定しなかった場合は、ローカルリポジトリーの名前も`rainbow-remote`になります。しかし、それでは学習するうえで混乱しやすいので、`git clone`コマンドに引数として`friend-rainbow`というプロジェクトディレクトリー名を渡し、その名前でローカルリポジトリーを作成します。

`git clone`コマンドは、次のことを行います。

1. カレントディレクトリーの中にプロジェクトディレクトリーを作成する。
2. ローカルリポジトリーを作成（初期化）する。
3. リモートリポジトリーからすべてのデータをダウンロードする。
4. クローンしたリモートリポジトリーへの接続を、新しいローカルリポジトリーに追加する。この接続は、デフォルトで origin というショートネームを持つ。

リポジトリーが作成される様子をはっきりと見るために、デスクトップ（desktop）ディレクトリーの中にリポジトリーをクローンします。これにより、新しいプロジェクトディレクトリーがデスクトップ上に現れます。

実行手順 8-1 に進み、リモートリポジトリーをクローンします。ステップ 3 では、コマンド全体を 1 行に入力してください。

実行手順 8-1

1. 新しいコマンドラインウィンドウを開き、デスクトップ（desktop）ディレクトリーに移動します。
2. ホスティングサービスにアクセスし、選択したプロトコル（HTTPS または SSH）に合ったリモートリポジトリー URL をコピーします。ステップ 3 では、この URL を使います。
3.
```
desktop $ git clone https://github.com/gitlearningjourney/rainbow-
remote.git friend-rainbow
Cloning into 'friend-rainbow'...
remote: Enumerating objects: 9, done.
remote: Counting objects: 100% (9/9), done.
remote: Compressing objects: 100% (4/4), done.
remote: Total 9 (delta 1), reused 9 (delta 1), pack-reused 0
Receiving objects: 100% (9/9), done.
Resolving deltas: 100% (1/1), done.
```
4. ファイルシステムまたはデスクトップで、新しく作成された friend-rainbow プロジェクトディレクトリーを確認します。

注目してほしいこと

- リモートリポジトリーを自分のコンピューター上にクローンし、friend-rainbow という 2 番目のローカルリポジトリーを作成しました。
- コマンドラインで、読者はまだ friend-rainbow ディレクトリーにはいません。Git リポジトリーをクローンしても、自動的にそこに移動するわけではありません。

実行手順 8-2 に進み、新しい friend-rainbow プロジェクトディレクトリーに移動し、その内容と設定を調べてみましょう。

実行手順 8-2

1. desktop $ **cd friend-rainbow**
2. 新しいテキストエディターウィンドウで、friend-rainbow プロジェクトディレクトリーを開きます[†1]。
3.
```
friend-rainbow $ git remote -v
origin  https://github.com/gitlearningjourney/rainbow-remote.git (fetch)
origin  https://github.com/gitlearningjourney/rainbow-remote.git (push)
```
4.
```
friend-rainbow $ git branch --all
* main
  remotes/origin/HEAD -> origin/main
  remotes/origin/feature
  remotes/origin/main
```
5.
```
friend-rainbow $ git log
commit fc8139cbf8442cdbb5e469285abaac6de919ace6 (HEAD -> main,
origin/main, origin/feature, origin/HEAD)
Author: annaskoulikari <gitlearningjourney@gmail.com>
Date:   Sat Feb 19 10:09:59 2022 +0100

    yellow

commit 7acb333f08e12020efb5c6b563b285040c9dba93
Author: annaskoulikari <gitlearningjourney@gmail.com>
Date:   Sat Feb 19 09:42:07 2022 +0100

    orange
```

注目してほしいこと

- ステップ1では、cd コマンドを使って、コマンドラインで friend-rainbow リポジトリーに移動しました。この操作が必要なのは、リポジトリーをクローンしても、自動的にはそこに移動しないからです。
- ステップ3の git remote の出力結果では、origin というリモートリポジトリーショートネームがすでに存在しています。
- ステップ4の git branch の出力結果は、origin/main というリモート追跡

†1 訳注：これは、Visual Studio Code のように、テキストエディターに［フォルダーを開く…］といったメニューがある場合の話です。一般的なテキストエディターには、そのようなメニューはないので、ファイルを開いたり保存したりするときに、必要に応じてディレクトリーを変更します。

ブランチを指す origin/HEAD というポインターと、origin/feature というリモート追跡ブランチが存在することを示しています。また、ローカルブランチの feature が存在して**いない**ことがわかります。

ビジュアル化 8-2 は、これらのことを示しています。

本書ではこれ以降、リポジトリーダイアグラムを拡張し、リモートリポジトリー（rainbow-remote）と 2 つのローカルリポジトリー（rainbow と friend-rainbow）の状態を合わせて表示します。

ビジュアル化 8-2

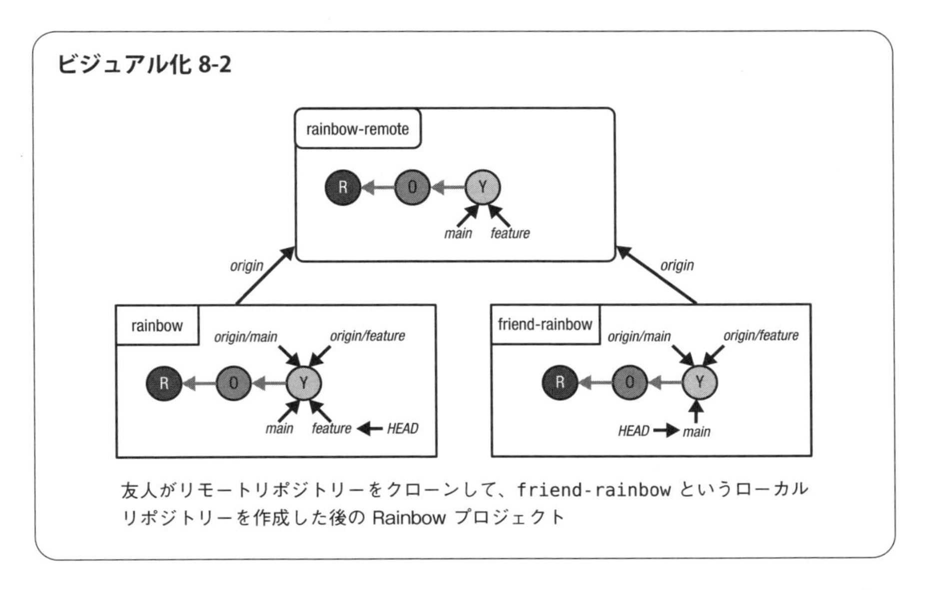

友人がリモートリポジトリーをクローンして、friend-rainbow というローカルリポジトリーを作成した後の Rainbow プロジェクト

この後の 3 つの節では、クローンのプロセス中に何が行われるかを詳しく調べ、次の疑問に答えます。

- origin/HEAD ポインターとは何か？
- 新しいローカルリポジトリーの friend-rainbow には、なぜローカルブランチの feature が存在しないのか？
- 新しいローカルリポジトリーで、origin というショートネームが自動的に作成されているのはなぜか？

8.2.2 origin/HEADとは何か？

前の**実行手順 8-2** で、friend-rainbow リポジトリーの中に origin/HEAD というポインターがあることに気がつきました。これは何でしょうか？

それを説明する前に、デフォルトブランチについて理解している必要があります。**デフォルトブランチ**（default branch）とは、次のいずれかのものを言います。

- ローカルリポジトリーを先に作成した場合は、git init -b <ブランチ名> で指定したブランチ。ブランチ名を省略した場合は、master
- リモートリポジトリーを先に作成した場合は、それぞれのホスティングサービスの仕様に従って最初に作成されるブランチ（GitHub と GitLab では main、Bitbucket では master）

origin/HEAD は、リモートリポジトリーのデフォルトブランチを表します。リモートリポジトリーをクローンするときに、Git は、クローンの終了時にユーザーがどのブランチ上にいなければならないかを理解している必要があります。それがどのブランチであるかは、origin/HEAD ポインターによって決まります。Rainbow プロジェクトでは、「2.3 ローカルリポジトリーの初期化」でローカルリポジトリーを作成したときに、デフォルトブランチを main と指定しました。その後、「7.5.4 リモートリポジトリーへのプッシュ」で、そのブランチをリモートリポジトリーにプッシュしました。そのため、リモートリポジトリーのデフォルトブランチは main となり、origin/HEAD は main ブランチを指します。リモートリポジトリーをクローンした友人が、friend-rainbow リポジトリーで main ブランチ上にいるのは、このためです。

見やすさのために、**ビジュアル化**セクションのダイアグラムには、origin/HEAD ポインターは含めません。

一方、rainbow リポジトリーでは、現在 feature ブランチ上にいることに注意してください。しかし、friend-rainbow リポジトリーでは、ローカルの feature ブランチは存在さえしていません。その理由を次の節で学びましょう。

8.2.3　リポジトリーのクローンと各種のブランチ

実行手順 8-2 のステップ 5 で生成された git log の出力結果を見ると、friend-rainbow リポジトリーでは、ローカルブランチの feature がないことがわかります。しかし、リモート追跡ブランチの origin/feature はあります。この理由は次のとおりです。git clone コマンドを使ってリポジトリーをクローンする場合、その時点でクローン元のリモートリポジトリーに存在しているすべてのブランチに対してリモート追跡ブランチが作成されますが、ローカルブランチに関しては、origin/HEAD が指しているブランチだけが作成されます。

友人が feature ブランチで作業するためには、feature ブランチに切り替える必要があります。feature ブランチに切り替えると、Git は、リモート追跡ブランチがどこを指していたかに基づいて、ローカルの feature ブランチを作成します。

実行手順 8-3 に進み、友人が feature ブランチに切り替える様子をシミュレーションしてみましょう。

実行手順 8-3

```
1  friend-rainbow $ git branch --all
   * main
     remotes/origin/HEAD -> origin/main
     remotes/origin/feature
     remotes/origin/main

2  friend-rainbow $ git switch feature
   branch 'feature' set up to track 'origin/feature'.
   Switched to a new branch 'feature'

3  friend-rainbow $ git branch --all
   * feature
     main
     remotes/origin/HEAD -> origin/main
     remotes/origin/feature
     remotes/origin/main
```

注目してほしいこと

- ステップ 3 の git branch --all の出力結果を見ると、新しいローカルブランチの feature が存在し、友人がそのブランチ上にいることがわかります。

ビジュアル化 8-3 はこれを示しています。

ビジュアル化 8-3

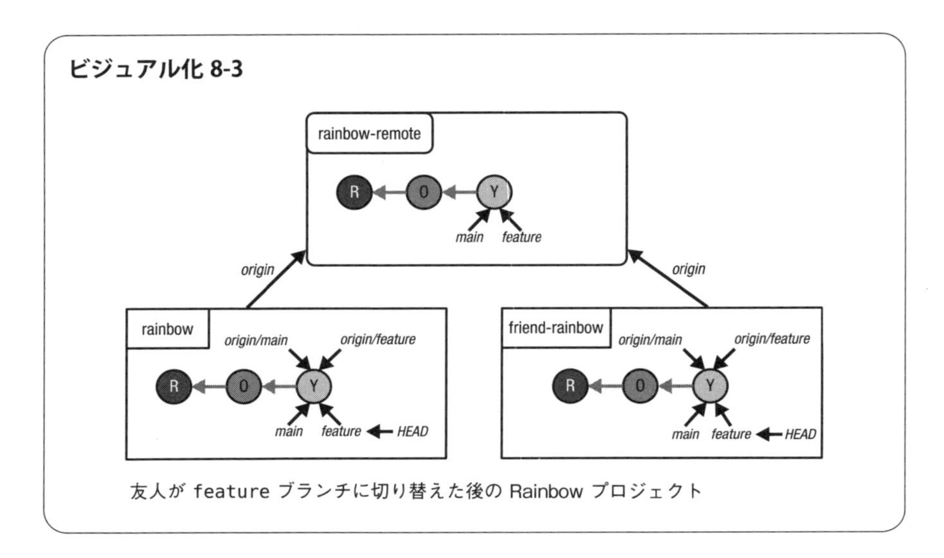

友人が feature ブランチに切り替えた後の Rainbow プロジェクト

ここでは、リモートリポジトリーからダウンロードしたリモート追跡ブランチに基づいて、新しいローカルブランチの作成と切り替えを行う方法を学びました。次に、リモートリポジトリーへの接続がすでに`friend-rainbow`リポジトリーに存在しており、その接続に`origin`というショートネームが割り当てられている理由を調べてみましょう。

8.2.4 originというショートネーム

前の章では、ローカルリポジトリーがリモートリポジトリーと通信するためには、リモートリポジトリーへの接続がローカルリポジトリーの内部に保存されていなければならないことを学びました。そこでは、リモートリポジトリーを使って作業を行うために、`git remote add <shortname> <URL>`コマンドを使って、リモートリポジトリー URL をショートネームに明示的に関連づける必要がありました。なぜなら、`git init`コマンドを使ってローカルで`rainbow`リポジトリーを作成したので、リモートリポジトリーとの相互関係がまだ何もなかったからです。

しかし、**実行手順 8-2** のステップ 3 で`git remote`の出力結果を見ると、`origin`というショートネームがすでに表示されています。これは、`friend-rainbow`リポジトリーで、`origin`というショートネームにリモートリポジトリー URL がすでに関連づけられていることを意味します。この理由は、友人のローカルリポジトリーがローカルから始まったものではなく、リモートリポジトリーから直接クローンしたものだからです。リポジトリーをクローンしたときに、リモートリポジトリー URL がローカルリポジトリー内のショートネームに関連づけられたのです。`origin` は、クローンするときに Git がリモートリポジトリーに関連づけるデフォルトのショートネームです。

クローンのプロセスについてだいぶ理解できてきたので、ブランチについてもう少し説明しましょう。「4 章　ブランチ」では、ブランチの作成方法と切り替え方法を学びました。次に、ブランチを削除する方法を学びましょう。

8.3　ブランチの削除

ブランチを削除する主な理由は、Git プロジェクトを整理された状態に保つことです。ブランチを削除する前に、そのブランチをすでに別のブランチにマージ済みであること、またはそのブランチだけに存在する作業がもはや必要でないことを、必ず確かめてください。

他のどのブランチにも含まれていないコミットを含んでいるブランチを削除しても、そのブランチに含まれているコミットは削除されません。それらは、引き続きコミット履歴の中に存在します。しかし、それらにアクセスすることは簡単ではありません。単純にブランチを使ってそれらを参照することはできませんし、既存のどのブランチの開発履歴にも含まれていないからです。

ブランチの削除がどのように動作するかを説明するために、友人が `feature` ブランチを必要としなくなり、削除することを望んでいると仮定しましょう。ブランチを完全に削除するには、リモートブランチ、リモート追跡ブランチ、ローカルブランチをすべて削除する必要があります。リモートブランチとリモート追跡ブランチを削除するには、`git push <shortname> -d <branch_name>` というコマンドを使います（`-d` は「delete」を意味します）。ユーザーはこのコマンドを使って、実質的に、「削除」をリモートリポジトリーにアップロードします。このコマンドには、リモートブランチの名前を渡します。

コマンドの紹介

- `git push <shortname> -d <branch_name>`
  リモートブランチと、関連するリモート追跡ブランチを削除する

ホスティングサービスのWebサイト上でリモートブランチを直接削除することもできますが、その場合、リモート追跡ブランチは削除されないので注意してください。「12.11 リモートブランチを削除する」では、このプロセスを体験します。

ローカルブランチを削除するには、`-d`オプションの付いた`git branch`コマンドを使い、削除したいブランチの名前を渡します。

コマンドの紹介

- `git branch -d <branch_name>`
  ローカルブランチを削除する

実行手順 8-4に進み、友人の代わりにブランチを削除します。ブランチを削除するときに、そのブランチ上にいることはできないので、(友人を演じている)読者は、`friend-rainbow`リポジトリーで`feature`ブランチから`main`ブランチに切り替えて、ローカルの`feature`ブランチを削除します。

実行手順 8-4

1.
```
friend-rainbow $ git branch --all
* feature
  main
  remotes/origin/HEAD -> origin/main
  remotes/origin/feature
  remotes/origin/main
```

2.
```
friend-rainbow $ git push origin -d feature
To https://github.com/gitlearningjourney/rainbow-remote.git
 - [deleted]         feature
```

3. ホスティングサービス上のrainbow-remoteリポジトリーにアクセスし(すでにアクセスしていた場合はページを再読み込みし)、ブランチのリストを参照します。featureブランチは、もう存在していないはずです。

4.
```
friend-rainbow $ git branch --all
* feature
  main
  remotes/origin/HEAD -> origin/main
  remotes/origin/main
```

5.
```
friend-rainbow $ git switch main
Switched to branch 'main'
```

```
   Your branch is up to date with 'origin/main'.

6  friend-rainbow $ git branch -d feature
   Deleted branch feature (was fc8139c).

7  friend-rainbow $ git branch --all
   * main
     remotes/origin/HEAD -> origin/main
     remotes/origin/main
```

注目してほしいこと

- ステップ2では、リモートブランチの feature とリモート追跡ブランチの origin/feature を削除しました。
- ステップ3では、rainbow-remote リポジトリーの中にリモートブランチの feature が存在していないことがわかります。
- ステップ6では、ローカルブランチの feature を削除しました。
- ステップ7の git branch --all の出力結果は、friend-rainbow リポジトリーの中にローカルブランチの feature が存在しないことを示しています。

ビジュアル化 8-4 は、これらの変更を行った後のローカルリポジトリーとリモートリポジトリーの状態を示しています。

ビジュアル化 8-4

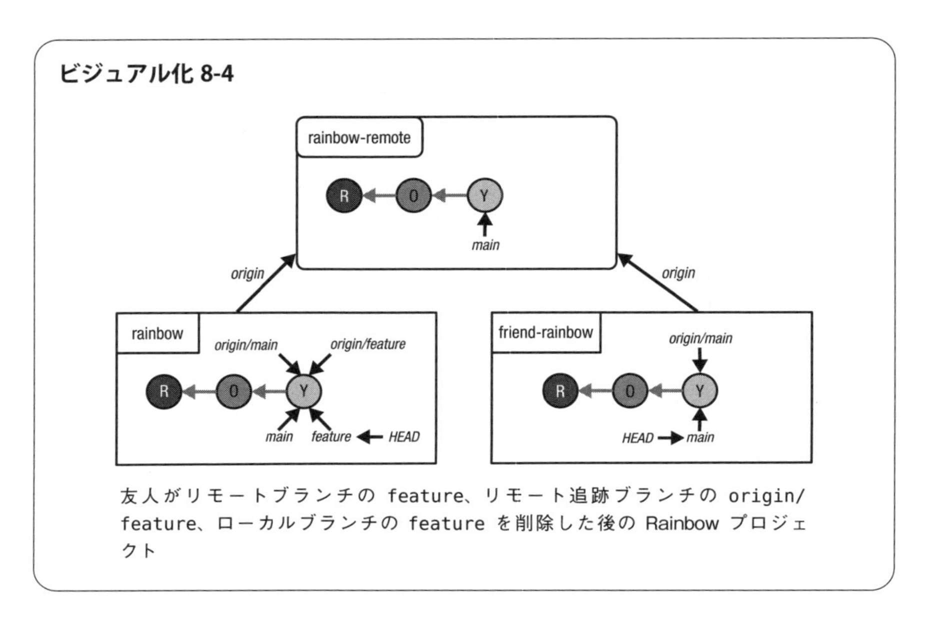

友人がリモートブランチの feature、リモート追跡ブランチの origin/feature、ローカルブランチの feature を削除した後の Rainbow プロジェクト

見てわかるように、rainbow リポジトリーの中には、依然としてローカルブランチの feature とリモート追跡ブランチの origin/feature が存在しています。友人が friend-rainbow リポジトリーの feature ブランチと origin/feature ブランチを削除しても、読者の rainbow リポジトリーには影響がありません。後で rainbow リポジトリーのこれらのブランチを削除しますが、その前に、友人が Rainbow プロジェクトに参加した場合に、共同作業がどのように機能するかについて学んでおきましょう。

8.4 Gitの共同作業とブランチ

Rainbow プロジェクトで友人と共同作業を始めようとしているので、Git のルールについてどうすべきか議論したい人もいるかもしれません。たとえば、「3章 コミットの作成」では、コミットメッセージに関するルールを定めているチームもあることに触れましたし、「4章 ブランチ」では、ブランチ名に関するルールを定めているチームもあることを学びました。

ブランチの管理に関するルールを定めているチームもあります。たとえば、次のような事柄に関するルールが考えられます。

- どのブランチ同士をマージできるか
- どのような場合にブランチを作成すべきか
- ブランチ上で作業をレビューするプロセスは、どのようなものであるべきか

Git プロジェクトで読者が遭遇する可能性のあるルールとしては、個人は自身のトピックブランチでのみ作業を行い、他のユーザーのトピックブランチで作業を行うことは避ける、といった例が挙げられます。このルールは、マージコンフリクトを避けるために役立ちます（マージコンフリクトについては 10 章で説明します）。

本書では、説明を簡潔に保ち、ブランチの管理よりも各章で学ぶ新しい概念に集中してもらうために、このようなルールを Rainbow プロジェクトに課すことはしません。しかし、読者が将来取り組む Git プロジェクトでは、ブランチに関するさまざまなルールを設定したり、そのようなルールに遭遇したりする可能性があることを覚えておいてください。重要なのは、ブランチのルールについて共同作業者とコミュニケーションを取ることと、ブランチについて十分に理解しておくことです。ブランチとは何か、またローカルリポジトリーとリモートリポジトリーで共同作業することでブランチにどのような影響があるかについて理解しておく必要があります。

ここで、Rainbow プロジェクトでの共同作業がどのように機能するかを確かめるために、いくつかの例を試してみましょう。

8.4.1 ローカルリポジトリーでコミットを作成する

この節では、友人が緑色に関する記述を `rainbowcolors.txt` ファイルに追加し、友人のローカルリポジトリーの `main` ブランチでコミットを作成します。読者は、友人として振る舞っていることを忘れないでください。つまり、友人のプロジェクトディレクトリーである `friend-rainbow` で作業を行います。前に説明したように、別個のテキストエディターウィンドウの中で、このプロジェクトディレクトリーの作業を行ってください。

実行手順 8-5 に進み、友人がコミットを作成する様子をシミュレーションします。

実行手順 8-5

1. `friend-rainbow` プロジェクトディレクトリーの `rainbowcolors.txt` ファイルをテキストエディターで開きます。

   4 行目に「Green is the fourth color of the rainbow.」と追加して、ファイルを保存します。

2
```
friend-rainbow $ git add rainbowcolors.txt
```

3
```
friend-rainbow $ git commit -m "green"
[main 6987cd2] green
 1 file changed, 2 insertions(+), 1 deletion(-)
```

4
```
friend-rainbow $ git log
commit 6987cd2996e245ec24ee9c5ea99874f0a01a31cd (HEAD -> main)
Author: annaskoulikari <gitlearningjourney@gmail.com>
Date:   Sat Feb 19 11:49:03 2022 +0100

    green

commit fc8139cbf8442cdbb5e469285abaac6de919ace6 (origin/main,
origin/HEAD)
Author: annaskoulikari <gitlearningjourney@gmail.com>
Date:   Sat Feb 19 10:09:59 2022 +0100

    yellow
```

5 ホスティングサービス上の `rainbow-remote` リポジトリーにアクセスし、ページを再読み込みします。green コミットはまだ表示されていません。

注目してほしいこと

- ステップ4の `git log` の出力結果は、`friend-rainbow` リポジトリーにおいて、次のことを示しています。
  - ローカルブランチの `main` は、green コミットを指すように更新されています。
  - リモート追跡ブランチの `origin/main` は、引き続き yellow コミットを指しています。

実行手順 8-5 のステップ4で、`git log` の出力結果を見ると、yellow コミットと green コミットの作成者がどちらも同じ人物（すなわち読者）になっています。なぜなら、Rainbow プロジェクトに参加している友人を読者が演じているからです。しかし、実際に他のユーザーが green コミットを作成した場合は、その人がコミットの作成者になり、その人の名前と E メールアドレスが出力結果に表示されます。本書の残りの章では、このことを覚えておいてください。

ビジュアル化8-5 は、`friend-rainbow` リポジトリーでの変化を示しています。

ビジュアル化8-5

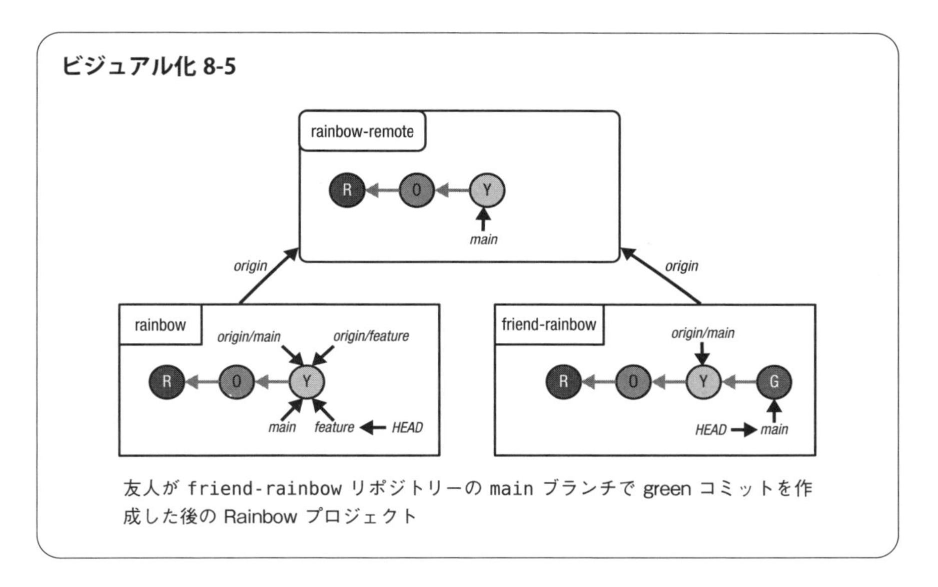

友人が `friend-rainbow` リポジトリーの `main` ブランチで green コミットを作成した後の Rainbow プロジェクト

見てわかるように、`rainbow-remote` リポジトリーには、まだ green コミットは存在していません。リモートリポジトリーは自動的には更新されないからです。ローカルリポジトリーで行った作業は、明示的にプッシュする必要があります。

また、リモート追跡ブランチの `origin/main` が引き続き yellow コミットを指していることにも注意してください。7章でも述べたように、リモート追跡ブランチはリモートブランチの状態を表すからです。友人はまだ変更をリモートリポジトリーにプッシュしていないので、リモートブランチの `main` は更新されておらず、そのため、リモート追跡ブランチの `origin/main` も更新されていないのです。

この時点で、読者が `rainbow` リポジトリーの中に green コミットを持つ方法はありません。他のローカルリポジトリーで行われた変更に基づいてローカルリポジトリーを更新することは、2段階のプロセスになるからです。まず、変更を持つローカルリポジトリーは、その変更を明示的にリモートリポジトリーにプッシュしなければなりません。その後で、変更を持たないローカルリポジトリーは、リモートリポジトリーから変更を明示的にフェッチ（ダウンロード）し、統合します。

次に、行った作業を、友人がどのようにリモートリポジトリーにプッシュするかを見てみましょう。

8.4.2　リモートリポジトリーにプッシュする

前の章では、ローカルブランチからリモートブランチに作業をプッシュするときに、ユーザーがどのリモートブランチにプッシュしたいのかをGitが知るための方法が必要だと説明しました。ローカルブランチに対して上流ブランチが定義されている場合は、引数を付けずに`git push`を実行することができ、Gitは自動的に上流ブランチに作業をプッシュします。しかし、ローカルブランチに対して上流ブランチが定義されていない場合は、`git push`コマンドを実行するときに、どのリモートブランチにプッシュするかを指定する必要があります。

前に`rainbow`リポジトリーで`git push`コマンドを使ったときには、ショートネームとブランチ名を指定しました。それは、ローカルブランチに対して上流ブランチが定義されていなかったからです。上流ブランチとは、個々のローカルブランチが追跡するリモートブランチであることを思い出してください。リポジトリーをクローンした場合は、クローンされたリポジトリーに存在しているブランチに対して、上流ブランチが自動的に設定されています。

上流ブランチが定義されているかどうかを確かめるには、`-vv`オプション（「very verbose」の意味）の付いた`git branch`コマンドを使います。また、このコマンドは、上流ブランチが定義されている場合に、ローカルブランチが上流ブランチよりも進んでいるか遅れているかを表示します。

コマンドの紹介

- `git branch -vv`
  ローカルブランチと、もしあればそれらの上流ブランチをリスト表示する

上流ブランチを定義するメリットは主に2つあります。

1. リモートリポジトリーのコミットをフェッチ（ダウンロード）した場合、`git branch -vv`コマンドまたは`git status`コマンドを使うことで、ローカルリポジトリーがリモートリポジトリーよりも進んでいるか遅れているかをチェックできます（フェッチのプロセスについては、次の節で説明します）。
2. ショートネームやブランチ名を指定する必要がなくなるので、リモートリポジトリーに関して使用するコマンドが簡単になります。たとえば、`git push`コマンドを、引数を何も付けずにそれだけで実行できます。

この後で出てくる練習課題で、これらのメリットを観察します。

友人はリポジトリーをクローンしたので、ローカルの main ブランチの上流ブランチがリモートの main ブランチになるように、すでに設定されています。**実行手順 8-6** に進み、友人がリポジトリーの状態をチェックする様子をシミュレーションしてみましょう。

実行手順 8-6

1
```
friend-rainbow $ git branch -vv
* main 6987cd2 [origin/main: ahead 1] green
```

2
```
friend-rainbow $ git status
On branch main
Your branch is ahead of 'origin/main' by 1 commit.
  (use "git push" to publish your local commits)

nothing to commit, working tree clean
```

注目してほしいこと

- ステップ 1 の git branch -vv の出力結果は、ローカルの main ブランチに対して設定されている上流ブランチが、origin というショートネームで示されるリモートリポジトリー内の main というリモートブランチであることを示しています（origin/main）。また、ローカルの main ブランチが、リモートの main ブランチよりも 1 コミット分だけ進んでいることを示しています（ahead 1）。
- ステップ 2 の git status の出力結果も、ローカルの main ブランチが上流ブランチの origin/main よりも 1 コミット分だけ進んでいることを示しています（Your branch is ahead of 'origin/main' by 1 commit）。

次に、**実行手順 8-7** に進み、引数を付けずに単に git push コマンドを使って、リモートリポジトリーを更新できることを確かめてみましょう。

実行手順 8-7

1
```
friend-rainbow $ git push
Enumerating objects: 5, done.
Counting objects: 100% (5/5), done.
```

```
Delta compression using up to 4 threads
Compressing objects: 100% (2/2), done.
Writing objects: 100% (3/3), 295 bytes | 295.00 KiB/s, done.
Total 3 (delta 1), reused 0 (delta 0), pack-reused 0
remote: Resolving deltas: 100% (1/1), completed with 1 local object.
To https://github.com/gitlearningjourney/rainbow-remote.git
   fc8139c..6987cd2  main -> main
```

2
```
friend-rainbow $ git status
On branch main
Your branch is up to date with 'origin/main'.

nothing to commit, working tree clean
```

3
```
friend-rainbow $ git log
commit 6987cd2996e245ec24ee9c5ea99874f0a01a31cd (HEAD -> main,
origin/main, origin/HEAD)
Author: annaskoulikari <gitlearningjourney@gmail.com>
Date:   Sat Feb 19 11:49:03 2022 +0100

    green

commit fc8139cbf8442cdbb5e469285abaac6de919ace6
Author: annaskoulikari <gitlearningjourney@gmail.com>
Date:   Sat Feb 19 10:09:59 2022 +0100

    yellow
```

4 ホスティングサービス上の`rainbow-remote`リポジトリーにアクセスし、ページを再読み込みします。今度はgreenコミットが表示されているはずです。

注目してほしいこと

- ステップ3の`git log`の出力結果を見ると、`friend-rainbow`リポジトリー内で、リモート追跡ブランチの`origin/main`が、greenコミットを指すように更新されたことがわかります。
- ステップ4では、`rainbow-remote`リポジトリー内で、リモートブランチの`main`が、greenコミットを指すように更新されたことがわかります。

ビジュアル化8-6は、これらのことを示しています。

ビジュアル化 8-6

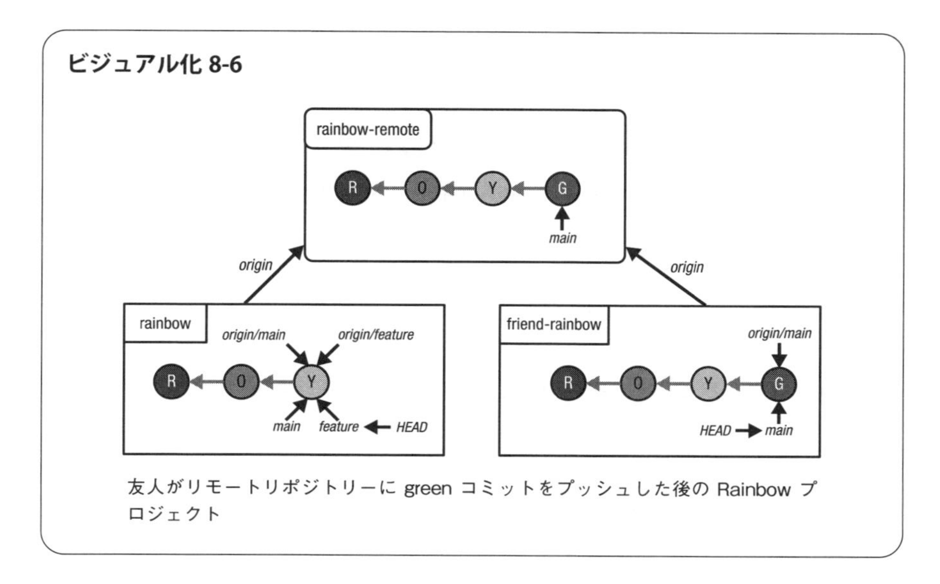

友人がリモートリポジトリーに green コミットをプッシュした後の Rainbow プロジェクト

注目してほしいのは、`rainbow` リポジトリーがまだ green コミットを持っていないことと、同リポジトリーのローカルブランチ `main` とリモート追跡ブランチ `origin/main` が依然として yellow コミットを指していることです。

次に、`rainbow` リポジトリーのローカルブランチ `main` が、`rainbow-remote` リポジトリーや `friend-rainbow` リポジトリーの `main` ブランチと同期している状態にしましょう。そのためには、フェッチについて学ぶ必要があります。

8.5 リモートリポジトリーから変更を取り込む

`rainbow` リポジトリーのローカルブランチ `main` とリモート追跡ブランチ `origin/main` が依然として yellow コミットを指しているのは、リモートリポジトリー内の新しいデータに基づいてローカルリポジトリーが自動的に更新されることはないからです。ローカルリポジトリー内の変更に基づいてリモートリポジトリーを更新するには明示的なアクションが必要なのと同様に、リモートリポジトリー内の変更に基づいてローカルブランチとリモート追跡ブランチを更新するには、明示的なアクションが必要です。

リモートブランチからローカルブランチに変更を取り込むには、2 段階のプロセスが必要です。まず、リモートリポジトリーから変更をフェッチし、次に、それらの変更をローカルリポジトリー内のローカルブランチに統合します。最初のステップから見てみましょう。

8.5.1 リモートリポジトリーから変更をフェッチする

Gitの用語では、リモートリポジトリーからローカルリポジトリーにデータをダウンロードするプロセスのことを、**フェッチ**（fetch）と呼びます。そのために使用するコマンドが`git fetch`です。`git fetch`コマンドは、指定されたリモートリポジトリー内のリモートブランチの状態を反映するように、ローカルリポジトリー内のすべてのリモート追跡ブランチを更新するために必要なすべてのコミットをダウンロードします。`git fetch`コマンドの引数としてショートネームを指定しなかった場合は、デフォルトで、`origin`というショートネームのリモートリポジトリーが使われます。ただし、現在のブランチに対して上流ブランチが定義されている場合は、それが使われます。

コマンドの紹介

- `git fetch <shortname>`
  `<shortname>`で示されるリモートリポジトリーからデータをダウンロードする
- `git fetch`
  `origin`というショートネームのリモートリポジトリーからデータをダウンロードする

`git fetch`コマンドは、リモート追跡ブランチだけに影響を及ぼします。ローカルブランチには影響を与えません。言い換えれば、データを取得（ダウンロード）するだけです。どのローカルブランチにもデータを統合することはありません。したがって、リモートリポジトリーからデータをフェッチしても、作業ディレクトリー内のファイルは何も変わりません。

変更の統合については、次の節で説明します。ひとまず**実行手順8-8**に進み、リモートリポジトリーからデータをフェッチします。

実行手順8-8

1. コマンドラインウィンドウで、`rainbow`プロジェクトディレクトリーに移動します。

```
2 rainbow $ git log --all
  commit fc8139cbf8442cdbb5e469285abaac6de919ace6 (HEAD -> feature,
  origin/main, origin/feature, main)
  Author: annaskoulikari <gitlearningjourney@gmail.com>
  Date:   Sat Feb 19 10:09:59 2022 +0100

      yellow

  commit 7acb333f08e12020efb5c6b563b285040c9dba93
  Author: annaskoulikari <gitlearningjourney@gmail.com>
  Date:   Sat Feb 19 09:42:07 2022 +0100

      orange

3 rainbow $ git fetch
  remote: Enumerating objects: 5, done.
  remote: Counting objects: 100% (5/5), done.
  remote: Compressing objects: 100% (1/1), done.
  remote: Total 3 (delta 1), reused 3 (delta 1), pack-reused 0
  Unpacking objects: 100% (3/3), 275 bytes | 91.00 KiB/s, done.
  From https://github.com/gitlearningjourney/rainbow-remote
     fc8139c..6987cd2  main       -> origin/main

4 rainbow $ git log --all
  commit 6987cd2996e245ec24ee9c5ea99874f0a01a31cd (origin/main)
  Author: annaskoulikari <gitlearningjourney@gmail.com>
  Date:   Sat Feb 19 11:49:03 2022 +0100

      green

  commit fc8139cbf8442cdbb5e469285abaac6de919ace6 (HEAD -> feature,
  origin/feature, main)
  Author: annaskoulikari <gitlearningjourney@gmail.com>
  Date:   Sat Feb 19 10:09:59 2022 +0100

      yellow
```

注目してほしいこと

- ステップ 2 の `git log` の出力結果は、次のことを示しています。
  - ローカルブランチの `main` とリモート追跡ブランチの `origin/main` は、どちらも yellow コミットを指しています。
- ステップ 4 の `git log` の出力結果は、次のことを示しています。
  - リモート追跡ブランチの `origin/main` は、green コミットを指しています。

○ ローカルブランチの `main` は、依然として yellow コミットを指しています。

ビジュアル化 8-7 は、これらのことを示しています。

ビジュアル化 8-7

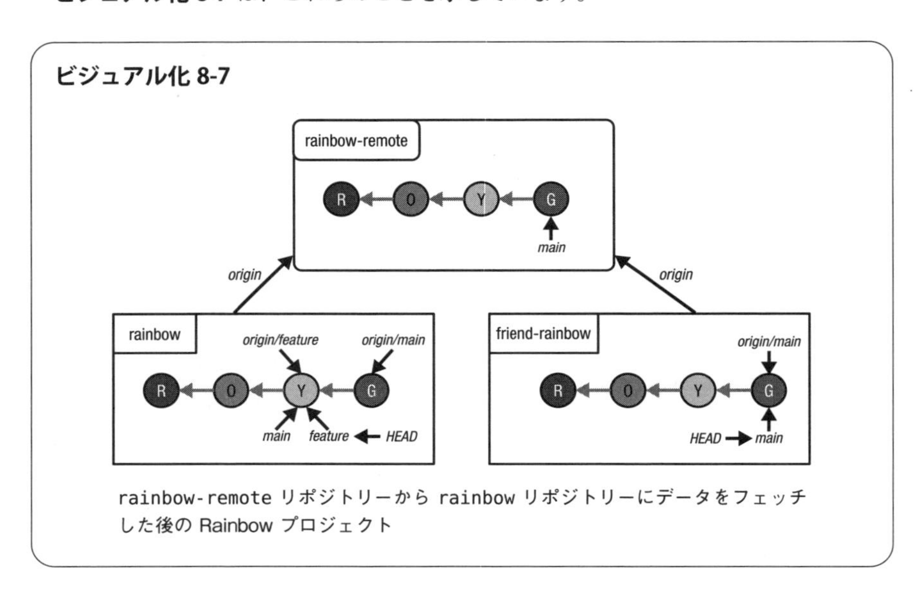

`rainbow-remote` リポジトリーから `rainbow` リポジトリーにデータをフェッチした後の Rainbow プロジェクト

ここでは、`git fetch` コマンドによって、ローカルリポジトリー内のリモート追跡ブランチが、リモートリポジトリー内のリモートブランチに合わせて更新される様子を観察しました。これで、プロセスの2番目のステップ（リモートリポジトリーの変更をローカルブランチに統合すること）に進む準備ができました。

8.5.2 ローカルブランチに変更を統合する

リモートリポジトリーから変更をフェッチし、ローカルリポジトリーのリモート追跡ブランチを更新したので、ローカルブランチを更新する準備ができました。「5章 マージ」では、Git には変更を統合するための2つの方法があると説明しました。すなわち、マージとリベースです。リベースについては、「11章 リベース」で説明します。ここでは、引き続きマージを使います。

「5.3 マージの種類」では、早送りマージおよび3方向マージという2種類のマージについて学びました。5章で実行した早送りマージでは、`feature` ブランチを

mainブランチにマージしました。featureブランチとmainブランチは、どちらもrainbowリポジトリー内のローカルブランチでした。この節では、rainbowリポジトリー内で、リモート追跡ブランチのorigin/mainをローカルブランチのmainにマージします。マージするブランチの種類は違いますが、マージを実行するプロセスは同じです。今回も早送りマージになります。

5章で学んだように、マージを実行するときには、マージ先となるブランチ上にいなければなりません。この例では、rainbowリポジトリーのmainブランチ上にいる必要があります。そのため、**実行手順 8-9**では、マージを実行する前にmainブランチに切り替えます。

リモートリポジトリーのmainブランチ上に存在していたコミットをローカルのmainブランチに統合するには、git mergeコマンドを使います。今回は、リモート追跡ブランチの名前、すなわちorigin/mainを指定します。

実行手順 8-9に進み、マージを実行します。

実行手順 8-9

1
```
rainbow $ git switch main
Switched to branch 'main'
```

2
```
rainbow $ git merge origin/main
Updating fc8139c..6987cd2
Fast-forward
 rainbowcolors.txt | 3 ++-
 1 file changed, 2 insertions(+), 1 deletion(-)
```

3
```
rainbow $ git log
commit 6987cd2996e245ec24ee9c5ea99874f0a01a31cd (HEAD -> main,
origin/main)
Author: annaskoulikari <gitlearningjourney@gmail.com>
Date:   Sat Feb 19 11:49:03 2022 +0100

    green

commit fc8139cbf8442cdbb5e469285abaac6de919ace6 (origin/feature,
feature)
Author: annaskoulikari <gitlearningjourney@gmail.com>
Date:   Sat Feb 19 10:09:59 2022 +0100

    yellow
```

注目してほしいこと

- ステップ3の `git log` の出力結果は、ローカルの `main` ブランチが green コミットを指していることを示しています。

ビジュアル化 8-8 はこれを示しています。

ビジュアル化 8-8

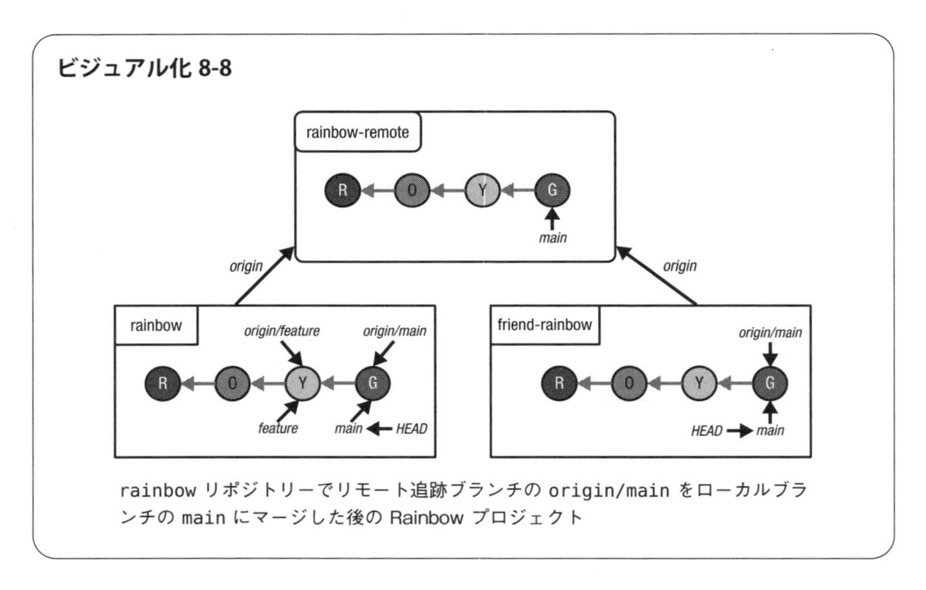

rainbow リポジトリーでリモート追跡ブランチの origin/main をローカルブランチの main にマージした後の Rainbow プロジェクト

ここでは、マージが完了したら、ローカルブランチがどのように更新されるかを観察しました。**ビジュアル化 8-8** を見ると、`rainbow` リポジトリーには、まだ `feature` ブランチがあることがわかります。次に、`rainbow` リポジトリーを整理するために、いくつかのブランチを削除しましょう。

8.6 ブランチの削除（続き）

`rainbow` リポジトリーには、ローカルブランチの `feature` とリモート追跡ブランチの `origin/feature` がまだ存在しています。説明を簡潔にするために今後は `main` ブランチで作業を行うことにするので、それらのブランチは削除してしまいましょう。

「8.3 ブランチの削除」では、`git push <shortname> -d <branch_name>`コマ

ンドを使って、リモートブランチの feature と friend-rainbow リポジトリーのリモート追跡ブランチ origin/feature をまとめて削除しました。リモートブランチの feature はもう存在していないので、-p オプション（「prune（取り除く）」の意味）の付いた git fetch コマンドを使うことで、rainbow リポジトリー内のリモート追跡ブランチ origin/feature を削除します。git fetch -p コマンドを実行すると、リモートリポジトリーで削除されたリモートブランチに対応するすべてのリモート追跡ブランチが削除されます。

コマンドの紹介

- git fetch -p
  削除されたリモートブランチに対応するリモート追跡ブランチを削除し、リモートリポジトリーからデータをダウンロードする

ローカルの feature ブランチを削除するには、この章で前に使ったものと同じコマンドを使います。**実行手順 8-10** に進み、ブランチを削除します。

実行手順 8-10

```
❶ rainbow $ git branch --all
     feature
   * main
     remotes/origin/feature
     remotes/origin/main

❷ rainbow $ git fetch -p
   From https://github.com/gitlearningjourney/rainbow-remote
    - [deleted]          (none)     -> origin/feature

❸ rainbow $ git branch --all
     feature
   * main
     remotes/origin/main

❹ rainbow $ git branch -d feature
   Deleted branch feature (was fc8139c).

❺ rainbow $ git branch --all
   * main
     remotes/origin/main
```

注目してほしいこと

- ステップ2では、リモート追跡ブランチの `origin/feature` を削除しました。
- ステップ4では、ローカルブランチの `feature` を削除しました。
- ステップ5の `git branch --all` の出力結果は、`rainbow` リポジトリーには、もはやローカルブランチの `feature` もリモート追跡ブランチの `origin/feature` も存在していないことを示しています。

ビジュアル化 8-9 は、これらのことを示しています。

ビジュアル化 8-9

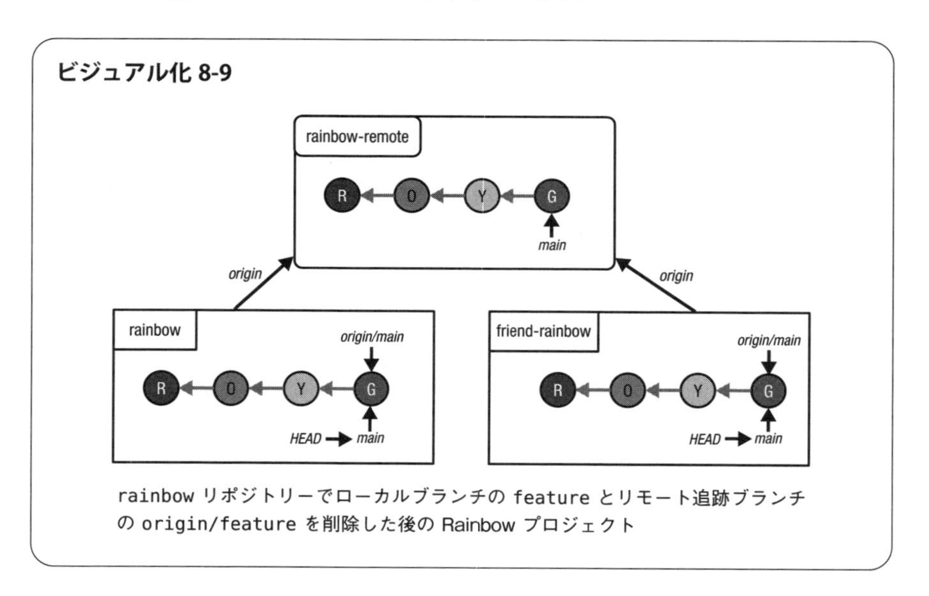

`rainbow` リポジトリーでローカルブランチの `feature` とリモート追跡ブランチの `origin/feature` を削除した後の Rainbow プロジェクト

8.7 まとめ

この章では、Git プロジェクトで他のユーザーと一緒に作業するとどのようになるかというシミュレーションを開始しました。読者の「友人」は `rainbow-remote` リポジトリーをクローンして、`friend-rainbow` というローカルリポジトリーを作成しました。その過程で、リモートリポジトリーをクローンするときに、Git がそのリポジトリーに関連づけるデフォルトのショートネームが `origin` であることを観察しました。

友人が`friend-rainbow`リポジトリーでgreenコミットを作成し、それをリモートリポジトリーにプッシュした後で、読者は、リモートリポジトリーのリモートブランチの変更に基づいてローカルブランチを更新するプロセスについて学びました。このプロセスには、リモートリポジトリーから変更をフェッチするステップと、ローカルブランチに変更を統合するステップが含まれます。リモートリポジトリーから変更をフェッチし、その後、`rainbow`リポジトリー内で早送りマージを実行することで、変更を統合しました。次の章では、「5章 マージ」で説明したもう1つの種類のマージ、すなわち3方向マージについて詳しく学びます。

9章
3方向マージ

前の章ではクローンについて学び、Git プロジェクトで他のユーザーと共同作業するとどのようになるかを体験しました。具体的には、友人が Rainbow プロジェクトに参加し、ローカルリポジトリーで行った作業をリモートリポジトリーにプッシュし、その作業を読者がフェッチしてマージし、リポジトリーの同期を保つという例を体験しました。

これまで Rainbow プロジェクトで実行したマージは、すべて早送りマージでした。この章では、3 方向マージについて学びます。その過程で、上流ブランチを定義する例を体験し、コミットとコミットの間に作業ディレクトリーでファイルを複数回編集すると何が起こるかについても学びます。最後に、リモートリポジトリーからのプルについて学び、プルとフェッチの違いを理解します。

9.1 ローカルリポジトリーとリモートリポジトリーの状態

この章の開始時点では、`rainbow` および `friend-rainbow` という 2 つのローカルリポジトリーと、`rainbow-remote` という 1 つのリモートリポジトリーがあります。この 3 つのリポジトリーは同期しています。つまり、同じコミットとブランチを含んでいます。「8.2.1 共同作業のシミュレーション」で説明したように、この章の課題に取り組むときには、引き続き、`rainbow` リポジトリーと `friend-rainbow` リポジトリーについて別々のテキストエディターウィンドウとコマンドラインウィンドウを使うことを勧めます。

ビジュアル化 9-1 は、Rainbow プロジェクトのローカルリポジトリーとリモートリポジトリーの状態を示しています。これには、1 章から 8 章までに作成したすべてのコミットが含まれています。

ビジュアル化 9-1

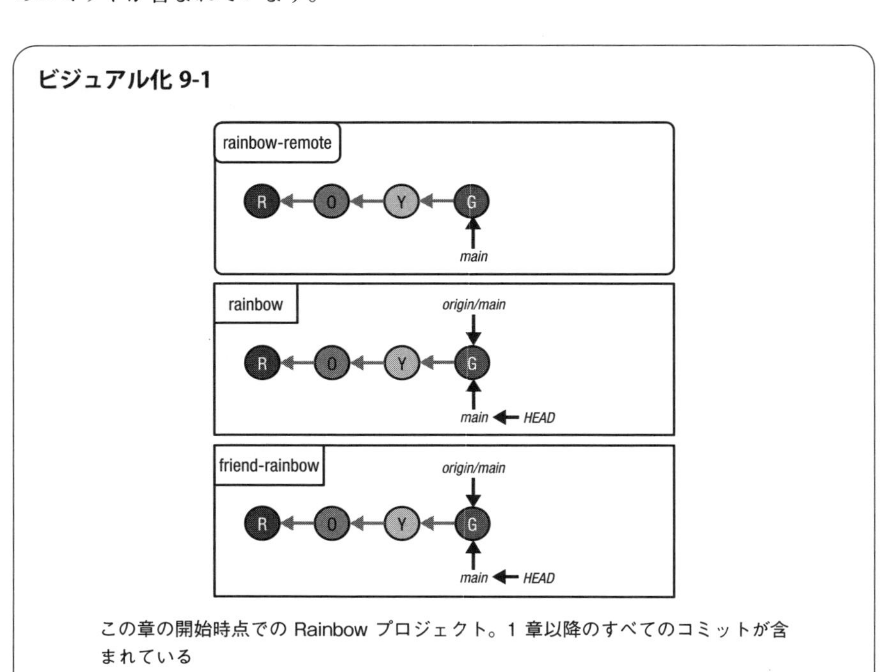

この章の開始時点での Rainbow プロジェクト。1 章以降のすべてのコミットが含まれている

この章で作成するコミットに集中するために、ここからは**ビジュアル化**のダイアグラムを簡略化し、すべてのリポジトリーの `main` ブランチに含まれる最後の 2 つのコミット（yellow コミットと green コミット）だけを表示します。**ビジュアル化 9-2** は、この表現方法で示したものです。

ビジュアル化 9-2

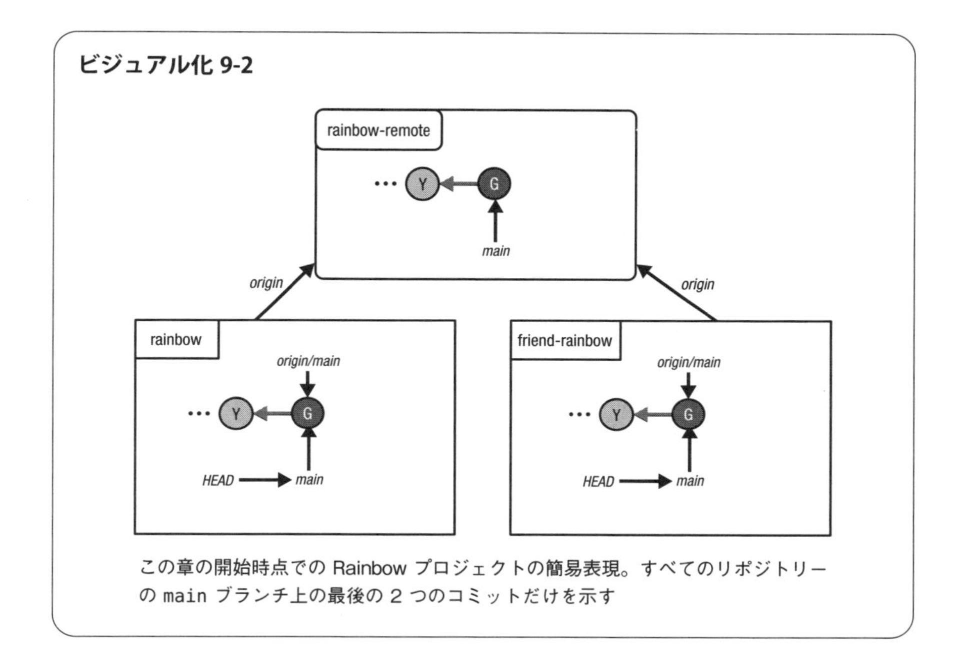

この章の開始時点での Rainbow プロジェクトの簡易表現。すべてのリポジトリーの main ブランチ上の最後の 2 つのコミットだけを示す

9.2　3 方向マージはなぜ重要なのか？

「5 章　マージ」で説明したように、マージとは、ソースブランチと呼ばれる 1 つのブランチで行われた変更を、ターゲットブランチと呼ばれる別のブランチに統合することです。また、早送りマージおよび 3 方向マージという 2 種類のマージについて紹介しました。これまで早送りマージだけを実行してきましたが、Git ユーザーの日々の活動では 3 方向マージもよく使われるので、それについて学んでおくことも重要です。

3 方向マージは、マージコミットを作成し、マージコンフリクトに至る場合もあるので、早送りマージよりも少しだけ複雑です。マージコンフリクト、すなわちマージの競合は、2 つのブランチによって同じファイルの同じ部分に異なる変更が加えられた場合や、一方のブランチで編集されたファイルがもう一方のブランチで削除された場合に、その 2 つのブランチをマージしようとすると発生します。

「10 章　マージコンフリクト」では、マージコンフリクトについてさらに詳しく調べ、マージコンフリクトが発生する 3 方向マージの例を体験します。この章の 3 方向マージの例では、読者と友人が異なるファイルを編集するので、マージコンフリクトは発生しません。

「5章 マージ」で学んだように、3方向マージが行われるのは、マージに関係するブランチの開発履歴が分岐している場合——すなわち、ソースブランチのコミット履歴（親リンク）をたどってもターゲットブランチに到達できない場合——です。このような状況が生じる例を、**サンプル Book プロジェクト 9-1** で見てみましょう。

サンプル Book プロジェクト 9-1

Book プロジェクトの執筆作業で、筆者と共著者が別々の章に取り組むために、main ブランチから同時に新しいブランチを作成することに決めたと仮定しましょう。**図9-1** に示すように、筆者は book リポジトリーで chapter_five ブランチを作成し、共著者は coauthor-book リポジトリーで chapter_six ブランチを作成します。

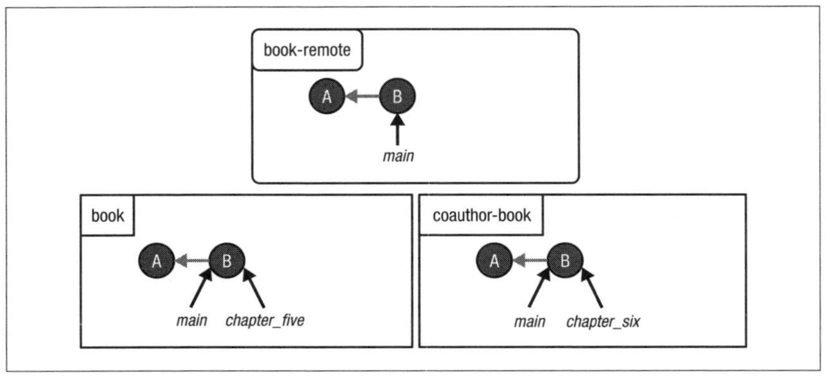

図9-1 筆者と共著者が別々の章に取り組むためにブランチを作成した後の Book プロジェクト

筆者と共著者は、それぞれ自分の章について独立して作業を行います。ここで、共著者が先に chapter_six ブランチでの作業を終え、その作業を main ブランチにマージし、更新した main ブランチをリモートリポジトリーにプッシュしたと仮定しましょう。**図9-2** は、すべてのリポジトリーの状態を示しており、共著者が行った作業をコミット C として表しています。

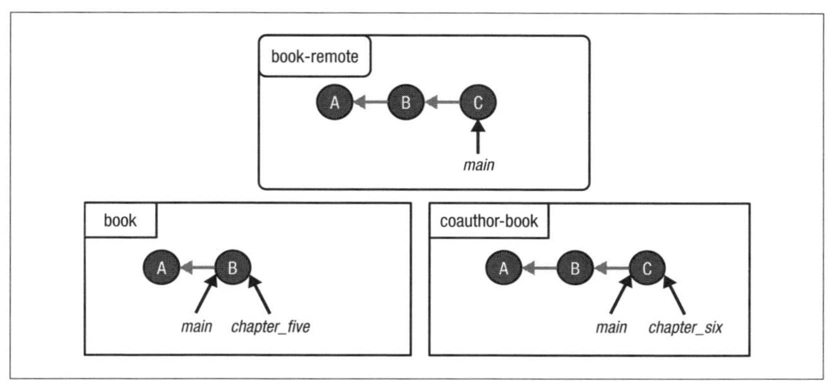

図9-2　共著者が変更をリモートリポジトリーにプッシュした後の Book プロジェクト

筆者も、chapter_five ブランチでの作業（コミット D として表します）を終えると、その作業を main ブランチにマージしたいと考えます。しかし、共著者が、リモートの main ブランチに作業を追加したことを知らせてくれたので、**図9-3** に示すように、筆者はまず、共著者がリモートの main ブランチに追加した作業に基づいて、ローカルの main ブランチを更新する必要があります。

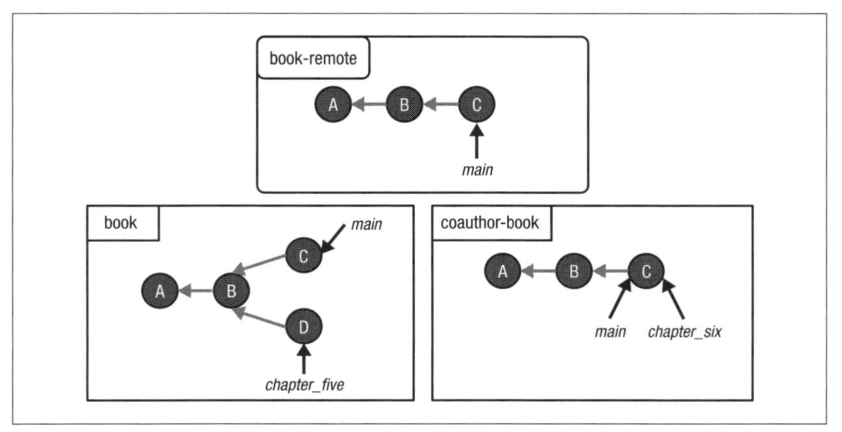

図9-3　筆者がローカルの chapter_five ブランチに作業を追加し、リモートの main ブランチから変更をフェッチして統合した後の Book プロジェクト

図9-3 を見ると、book リポジトリー内の main ブランチの開発履歴がコミッ

ト A、B、C で構成されているのに対して、chapter_five ブランチの開発履歴はコミット A、B、D で構成されていることがわかります。chapter_five ブランチの開発履歴をたどっても main ブランチには到達しないので、これらのブランチの開発履歴は分岐しています。ここで、筆者には 2 つの選択肢があります。

1 つは、chapter_five ブランチをローカルの main ブランチにマージし（これは 3 方向マージになります）、更新した main ブランチをリモートリポジトリーにプッシュすることです。

もう 1 つは、プルリクエストと呼ばれるホスティングサービスの機能を使って、リモートリポジトリー内でマージを実行することです。プルリクエストについては、12 章で学びます。ここでは最初の選択肢を選び、ローカルリポジトリー内で 3 方向マージを実行することにします。

図9-4 は、3 方向マージを使って chapter_five ブランチを main ブランチに統合した後のリポジトリーの状態を示しています。3 方向マージによって作成されるマージコミットを、コミット M として表しています。

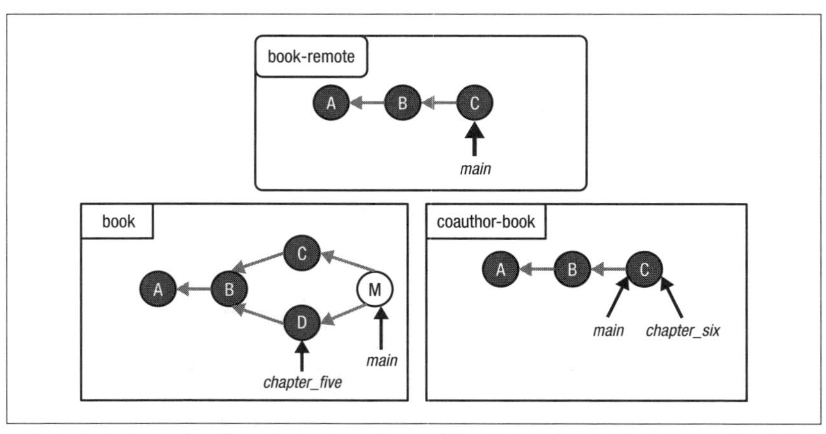

図9-4 3 方向マージを使って chapter_five ブランチを main ブランチにマージした後の Book プロジェクト

サンプル Book プロジェクト 9-1 を見てわかるように、3 方向マージではマージコミットが作成されます。マージコミットは、複数の親コミットを持つコミットです。

マージコミットによってコミット履歴が複雑になると考え、3方向マージを好まないユーザーもいます。3方向マージを避けるには、リベースのプロセスを利用します。これについては、「11章 リベース」で学びます。

3方向マージの例を実際に体験するために、Rainbowプロジェクトで3方向マージを実行しなければならない状況をセットアップしましょう。その過程で、上流ブランチを定義する方法と、作業ディレクトリーでの変更済みファイルの特性について学びます。

9.3 3方向マージのシナリオをセットアップする

まず、**実行手順9-1**に進み、rainbowプロジェクトディレクトリー内でothercolors.txtという新しいファイルを作成し、虹の色に含まれない色の記述を始めます。

実行手順9-1

1. rainbowプロジェクトディレクトリーの中に、othercolors.txtという新しいテキストファイルを作成します。
   ファイルの1行目に「Brown is not a color in the rainbow.」と入力し、ファイルを保存します。

2.
```
rainbow $ git add othercolors.txt
```

3.
```
rainbow $ git commit -m "brown"
[main 7f0a87a] brown
 1 file changed, 1 insertion(+)
 create mode 100644 othercolors.txt
```

4.
```
rainbow $ git log
commit 7f0a87a318e50638eec50a484bf8dfa76b76d08e (HEAD -> main)
Author: annaskoulikari <gitlearningjourney@gmail.com>
Date:   Sat Feb 19 12:46:29 2022 +0100

    brown

commit 6987cd2996e245ec24ee9c5ea99874f0a01a31cd (origin/main)
Author: annaskoulikari <gitlearningjourney@gmail.com>
Date:   Sat Feb 19 11:49:03 2022 +0100

    green
```

注目してほしいこと

- `rainbow` リポジトリーで brown コミットを作成しました。

ビジュアル化 9-3 はこれを示しています。

ビジュアル化 9-3

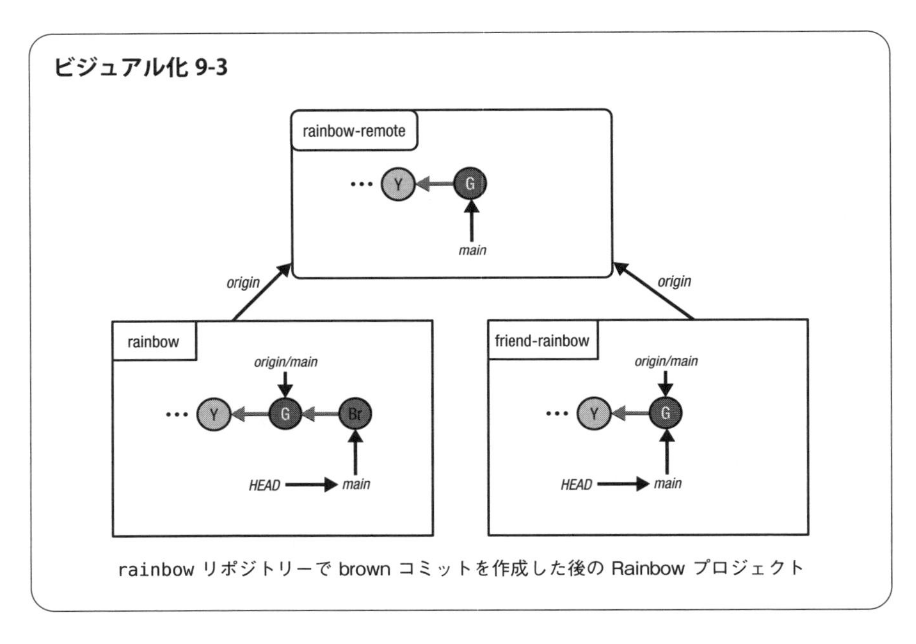

`rainbow` リポジトリーで brown コミットを作成した後の Rainbow プロジェクト

作成したコミットをリモートリポジトリーにプッシュする前に、上流ブランチを定義する方法を学んでおきましょう。

9.4 上流ブランチを定義する

「7章 リモートリポジトリーの作成とプッシュ」と「8章 クローンとフェッチ」では、ローカルブランチからリモートブランチに作業をプッシュするときに、ユーザーがどのリモートブランチにプッシュしたいのかを Git が知るための方法が必要だと説明しました。作業しているローカルブランチに対して上流ブランチが定義されている場合は、引数を付けずに `git push` を実行することができ、Git は自動的に上流ブランチに作業をプッシュします。ローカルブランチに対して上流ブランチが定義されていない場合は、`git push` コマンドを実行するときに、どのリモートブランチにプッシュしたいかを指定する必要があります。

また、リポジトリーをクローンすると上流ブランチが自動的に設定されますが、リポジトリーをローカルで初期化した場合は、上流ブランチが自動的に設定されないことも学びました。rainbow リポジトリーはローカルで初期化したので、上流ブランチは何も定義されていません。

rainbow リポジトリーの main ブランチで、git push コマンドを使うたびにショートネームとブランチ名を指定しなくても済むようにするには、main ブランチに対して上流ブランチを定義します。そうすることで、引数を付けずに、単に git push コマンドを使うことができます。

ローカルブランチに対して上流ブランチを定義したら、git pull など、その他のコマンドも引数を付けずに使うことができます。git pull コマンドについては、この章の最後に学びます。

上流ブランチを定義するには、-u オプション（--set-upstream-to の省略形）を付けて git branch コマンドを使います。このコマンドには、引数としてリモートブランチの名前を、リモートリポジトリーショートネーム、スラッシュ（/）、リモートブランチ名の形式で指定します（たとえば、origin/main）。これで、追加の引数を指定することなく git push コマンドが使えます。

コマンドの紹介

- git branch -u <shortname>/<branch_name>
  現在のローカルブランチに対して上流ブランチを定義する

上流ブランチが定義されているかどうかをチェックするには、7 章で紹介した git branch -vv コマンドを使います。

実行手順 9-2 に進み、ローカルの main ブランチに対して上流ブランチを定義します。

実行手順 9-2

1
```
rainbow $ git branch -vv
* main 7f0a87a brown
```

2
```
rainbow $ git branch -u origin/main
branch 'main' set up to track 'origin/main'.
```

```
3 rainbow $ git branch -vv
  * main 7f0a87a [origin/main: ahead 1] brown
```

注目してほしいこと

- ステップ1の git branch -vv の出力結果は、ローカルの main ブランチに対して上流ブランチが設定されていないことを示しています。
- ステップ2のコマンドの出力結果は、上流ブランチが設定されたことを示しています。
- ステップ3の git branch -vv の出力結果は、origin というショートネームで示されるリモートリポジトリー内の main ブランチが、ローカルの main ブランチの上流ブランチとして設定されていることを示しています。

これで、ローカルの main ブランチに対して上流ブランチを定義できたので、**実行手順 9-3** に進み、引数を付けずに git push コマンドを使ってみましょう。

実行手順 9-3

```
1 rainbow $ git push
  Enumerating objects: 4, done.
  Counting objects: 100% (4/4), done.
  Delta compression using up to 4 threads
  Compressing objects: 100% (2/2), done.
  Writing objects: 100% (3/3), 310 bytes | 310.00 KiB/s, done.
  Total 3 (delta 0), reused 0 (delta 0), pack-reused 0
  To https://github.com/gitlearningjourney/rainbow-remote.git
     6987cd2..7f0a87a  main -> main

2 rainbow $ git log
  commit 7f0a87a318e50638eec50a484bf8dfa76b76d08e (HEAD -> main,
  origin/main)
  Author: annaskoulikari <gitlearningjourney@gmail.com>
  Date:   Sat Feb 19 12:46:29 2022 +0100

      brown

  commit 6987cd2996e245ec24ee9c5ea99874f0a01a31cd
  Author: annaskoulikari <gitlearningjourney@gmail.com>
  Date:   Sat Feb 19 11:49:03 2022 +0100

      green
```

3 ホスティングサービス上の `rainbow-remote` リポジトリーにアクセスし、ページを再読み込みします。brown コミットが表示されているはずです。

注目してほしいこと

- ローカルの `main` ブランチをリモートリポジトリーにプッシュしました。

ビジュアル化 9-4 はこれを示しています。

ビジュアル化 9-4

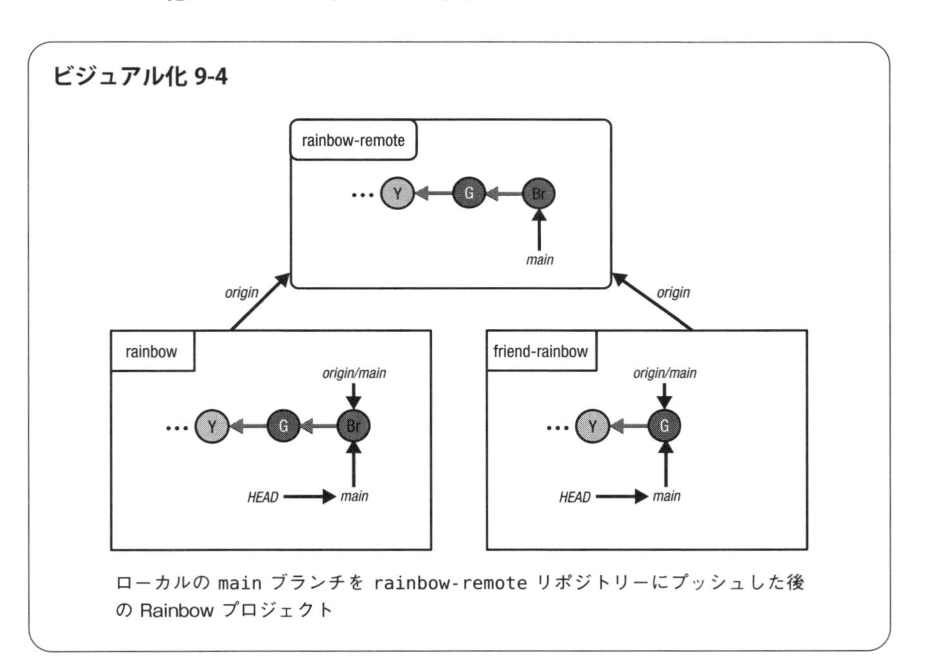

ローカルの `main` ブランチを `rainbow-remote` リポジトリーにプッシュした後の Rainbow プロジェクト

ここでは、ローカルリポジトリーで上流ブランチを定義する方法を学び、`rainbow` リポジトリーで brown コミットを作成し、それをリモートリポジトリーにプッシュしました。3 方向マージを実行しなければならない状況を作るためには、2 つのブランチの間に、分岐する開発履歴が存在しなければなりません。

次に、友人は、読者がリモートの `main` ブランチにプッシュした変更をフェッチすることなく、ローカルの `main` ブランチで作業を続けます。この結果、`friend-rainbow` リポジトリーの `main` ブランチと `rainbow-remote` リポジトリーの `main` ブランチが分岐することになります。

友人がローカルのmainブランチで作業を行っている間に、作業ディレクトリーでの変更済みファイルの特性と、コミット間にファイルを複数回編集すると何が起こるかについて学びましょう。

9.5　コミット間に同じファイルを複数回編集する

これまでは、ファイルを一度だけ編集し、それをステージングエリアに追加してきました。しかし、ステージングエリアにファイルを追加した後で、そのファイルに別の変更を加えると、Gitはそれを新しいバージョンのファイルとして解釈し、それを変更済みファイルとしてマークします。したがって、ファイルの最新バージョンを次のコミットに含めたければ、もう一度、ファイルをステージングエリアに追加する必要があります。

これを確かめるために、この節では、友人がrainbowcolors.txtに青色（blue）の記述を追加し、編集したファイルをステージングエリアに追加します。しかし、編集時にタイプミスをしてしまい、「Bloo is the fifth color of the rainbow.」と書いてしまいます。友人はこれに気がつき、ファイルをもう一度編集し、タイプミスを修正します。最新の変更を次のコミットに含めるためには、ファイルをもう一度、ステージングエリアに追加する必要があることを確かめてみましょう。

これらのことを示すために、この後の**ビジュアル化**セクションでは、2章で作成したGitダイアグラムを使い、friend-rainbowリポジトリーに注目します。まず、**実行手順9-4**に進み、friend-rainbowの作業ディレクトリーとステージングエリアの現在の状態をチェックしましょう。

実行手順9-4

```
1  friend-rainbow $ git status
   On branch main
   Your branch is up to date with 'origin/main'.

   nothing to commit, working tree clean
```

注目してほしいこと

- git statusの出力結果は「nothing to commit, working tree clean」

（コミットすべきものは何もない。作業ツリーはクリーン）と述べています。作業ツリーとは作業ディレクトリーのことであり、このメッセージは、作業ディレクトリーとステージングエリアの状態が同じであることを示しています。作業ディレクトリーには変更済みファイルはなく、ステージングエリアにも新たにステージングされたファイルはありません。

ビジュアル化 9-5 はこれを示しています。

ビジュアル化 9-5

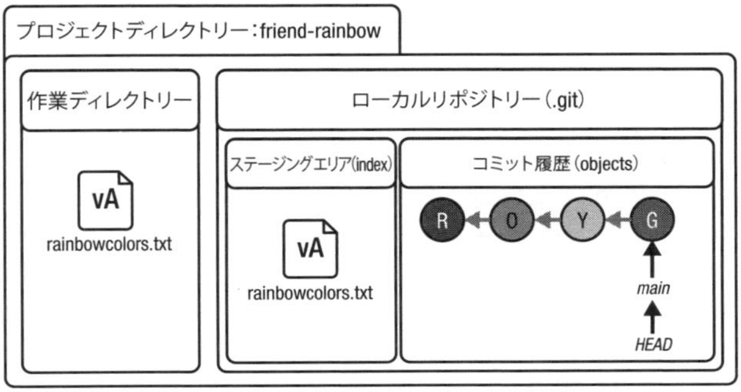

`friend-rainbow` プロジェクトディレクトリーの現在の状態を示す Git ダイアグラム

注目してほしいこと

- 作業ディレクトリーとステージングエリアの `rainbowcolors.txt` ファイルは、red、orange、yellow、green に言及しているバージョンです。これをバージョン A（vA）として表します。

次に、**実行手順 9-5** で、友人は `rainbowcolors.txt` ファイルを編集し、青色（blue）を追加します。

実行手順 9-5

1 `friend-rainbow` プロジェクトディレクトリーの `rainbowcolors.txt` ファイルをテキストエディターで開きます。

5行目に「Bloo is the fifth color of the rainbow.」と追加して、ファイルを保存します。ここでは、学習目的のためにわざとタイプミスを含んだ文を追加していることに注意してください。

2
```
friend-rainbow $ git status
On branch main
Your branch is up to date with 'origin/main'.

Changes not staged for commit:
  (use "git add <file>..." to update what will be committed)
  (use "git restore <file>..." to discard changes in working directory)
        modified:   rainbowcolors.txt

no changes added to commit (use "git add" and/or "git commit -a")
```

注目してほしいこと

- ステップ2で、`git status`の出力結果は、作業ディレクトリー内に1つの変更済みファイルが存在することを示しています。このファイルはまだ、コミットのためにステージングされていません（`Changes not staged for commit`）。

ビジュアル化 9-6 はこれを示しています。

ビジュアル化 9-6

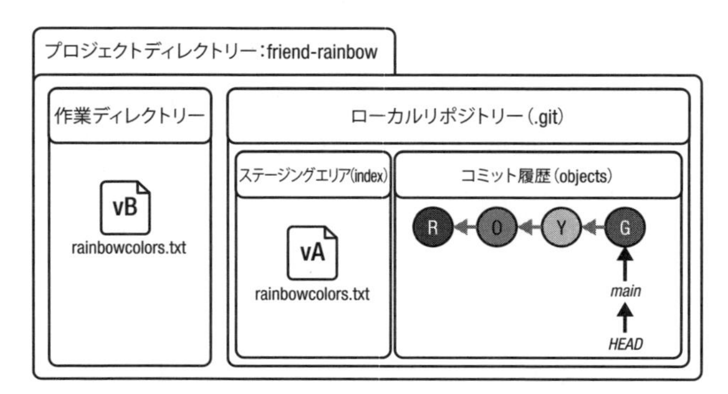

友人が作業ディレクトリー内の rainbowcolors.txt ファイルを編集した後の friend-rainbow プロジェクトディレクトリー

注目してほしいこと

- ステージングエリアの rainbowcolors.txt のバージョンは vA のままであり、変わっていません。
- 作業ディレクトリーの rainbowcolors.txt のバージョンは変わっています。このファイルは、red、orange、yellow、green、blue（bloo）に言及しています。これをバージョン B（vB）として表します。

次に、**実行手順 9-6** で、友人がこのファイルをステージングエリアに追加したらどうなるかを見てみましょう。

実行手順 9-6

```
1 friend-rainbow $ git add rainbowcolors.txt

2 friend-rainbow $ git status
  On branch main
  Your branch is up to date with 'origin/main'.

  Changes to be committed:
    (use "git restore --staged <file>..." to unstage)
          modified:   rainbowcolors.txt
```

注目してほしいこと

- ステップ 2 の git status の出力結果は、作業ディレクトリー内に 1 つの変更済みファイルが存在し、そのファイルがコミットのためにステージングされていることを示しています（Changes to be committed）。

ビジュアル化 9-7 はこれを示しています。

ビジュアル化 9-7

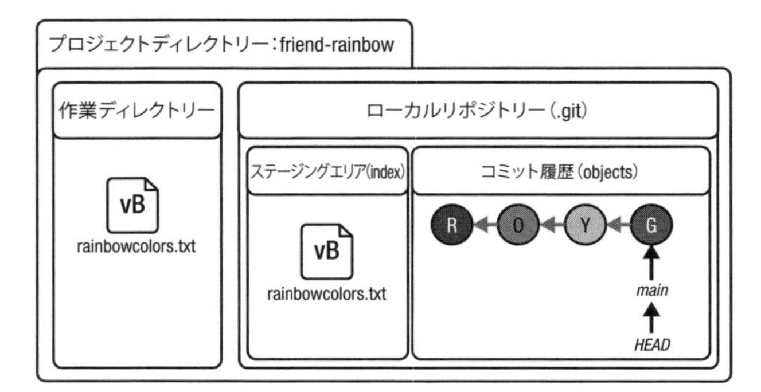

友人が、変更した rainbowcolors.txt ファイルをステージングエリアに追加した後の friend-rainbow プロジェクトディレクトリー

注目してほしいこと

- ステージングエリアの rainbowcolors.txt のバージョンは、vA から vB に変わっています。
- ステージングエリアの rainbowcolors.txt のバージョンは、作業ディレクトリーのものと同じです。

友人は、更新したバージョンの rainbowcolors.txt ファイルをステージングエリアに追加しており、コミットの準備ができています。ここで、**実行手順 9-7** に進み、友人がタイプミスを修正するためにファイルの編集に戻り、「Bloo」を「Blue」に変更したらどうなるかを見てみましょう。

実行手順 9-7

1. friend-rainbow プロジェクトディレクトリーの rainbowcolors.txt ファイルをテキストエディターで開き、5 行目の文が「Blue is the fifth color of the rainbow.」になるようにタイプミスを修正して、ファイルを保存します。
2.
```
friend-rainbow $ git status
On branch main
Your branch is up to date with 'origin/main'.
```

```
Changes to be committed:
  (use "git restore --staged <file>..." to unstage)
        modified:   rainbowcolors.txt

Changes not staged for commit:
  (use "git add <file>..." to update what will be committed)
  (use "git restore <file>..." to discard changes in working directory)
        modified:   rainbowcolors.txt
```

注目してほしいこと

- ステップ 2 の git status の出力結果で、rainbowcolors.txt の 1 つのバージョンは、コミットのためにステージングされている変更済みファイルとして表示されており、もう 1 つのバージョンは、コミットのためにステージングされていない変更済みファイルとして表示されています。

ビジュアル化 9-8 はこれを示しています。

ビジュアル化 9-8

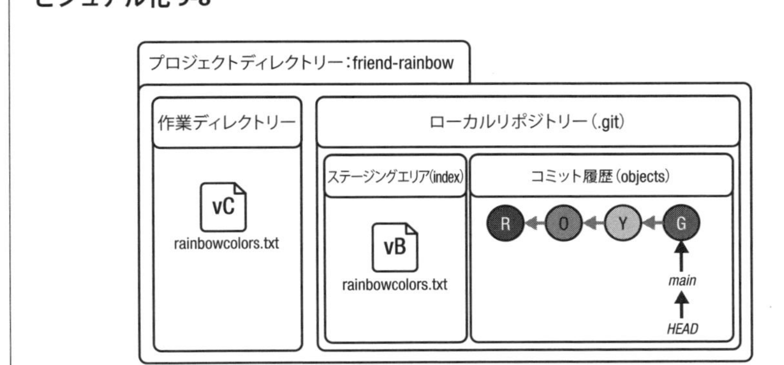

友人が rainbowcolors.txt ファイルを再び編集した後の friend-rainbow プロジェクトディレクトリー

注目してほしいこと

- ステージングエリアの rainbowcolors.txt のバージョンは、vB です。これは、タイプミスを含んだバージョンです。

- 作業ディレクトリーの rainbowcolors.txt のバージョンは、vB からバージョン C（vC）に変わっています。vC ファイルは、タイプミスのないバージョンです。

これらの観察から、あるファイルがコミットのためにステージングされたからといって、そのファイルが、後で加えられた変更によって自動的に更新されるわけではないことがわかります。次のコミットに最新の変更を含めるには、更新したファイルを明示的にステージングエリアに追加する必要があります。**実行手順 9-8** に進み、実際にこれを試してみましょう。

実行手順 9-8

```
1 friend-rainbow $ git add rainbowcolors.txt

2 friend-rainbow $ git status
  On branch main
  Your branch is up to date with 'origin/main'.

  Changes to be committed:
    (use "git restore --staged <file>..." to unstage)
          modified:   rainbowcolors.txt
```

注目してほしいこと

- ステップ 2 の git status の出力結果で、rainbowcolors.txt は、コミットのためにステージングされている変更済みファイルとして表示されています。このほかに、ステージングエリアに追加できる変更済みファイルはありません。

ビジュアル化 9-9 はこれを示しています。

ビジュアル化 9-9

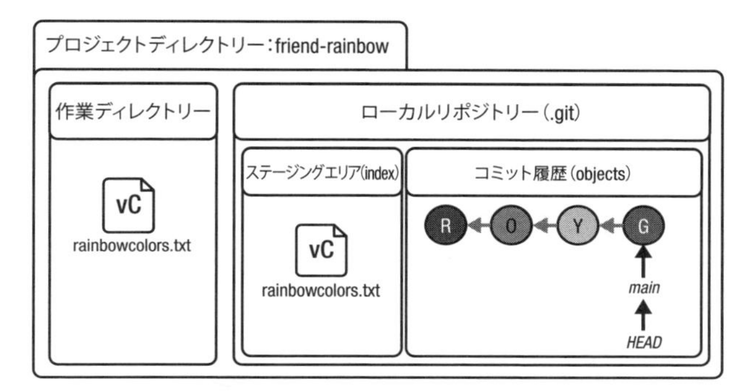

友人が rainbowcolors.txt ファイルを再びステージングエリアに追加した後の friend-rainbow プロジェクトディレクトリー

注目してほしいこと

- ステージングエリアの rainbowcolors.txt のバージョンは、vB から vC に変わっており、最新バージョンの rainbowcolors.txt ファイルがステージングエリアに追加されたことを示しています。

次に、友人は blue コミットを作成し、自身の作業をリモートリポジトリーにプッシュしようとします。しかし、友人のローカルブランチ main はリモートブランチの main と同期していないので、エラーが発生します。これについて、次の節で見てみましょう。

9.6　他のユーザーと同時に別々のファイルに取り組む

ビジュアル化 9-10 を見ると、読者が rainbow リポジトリーの main ブランチで作成し、リモートリポジトリーにプッシュした brown コミットを、友人がまだフェッチしていないことがわかります。

ビジュアル化 9-10

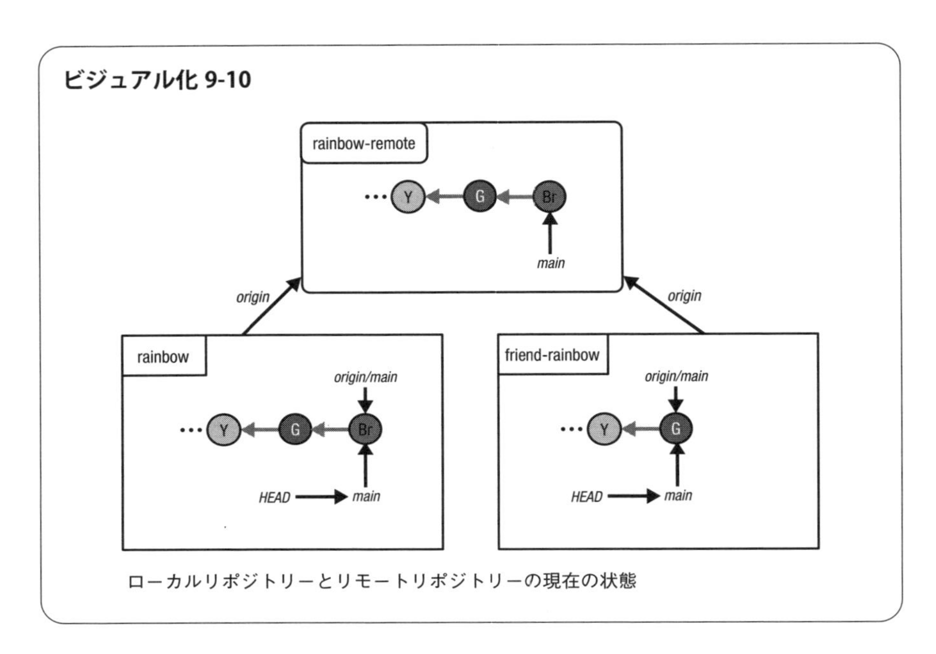

ローカルリポジトリーとリモートリポジトリーの現在の状態

`friend-rainbow` リポジトリーの `main` ブランチは、リモートの `main` ブランチと同期していません。友人は、blue コミットを作成して作業を共有する準備ができていますが、作業をリモートリポジトリーにプッシュしようとすると、エラーが発生します。これを**実行手順 9-9** で見てみましょう。

実行手順 9-9

1
```
friend-rainbow $ git commit -m "blue"
[main 342bbfc] blue
 1 file changed, 2 insertions(+), 1 deletion(-)
```

2
```
friend-rainbow $ git push
To https://github.com/gitlearningjourney/rainbow-remote.git
 ! [rejected]        main -> main (fetch first)
error: failed to push some refs to 'https://github.com/gitlearningjourn
ey/rainbow-remote.git'
hint: Updates were rejected because the remote contains work that you
hint: do not have locally. This is usually caused by another repository
hint: pushing to the same ref. You may want to first integrate the
hint: remote changes (e.g., 'git pull ...') before pushing again.
hint: See the 'Note about fast-forwards' in 'git push --help' for
details.
```

```
3 friend-rainbow $ git log
  commit 342bbfc96bb03053f23ea7f7564ca207c58ceab2 (HEAD -> main)
  Author: annaskoulikari <gitlearningjourney@gmail.com>
  Date:   Sat Feb 19 13:00:56 2022 +0100

      blue

  commit 6987cd2996e245ec24ee9c5ea99874f0a01a31cd (origin/main,
  origin/HEAD)
  Author: annaskoulikari <gitlearningjourney@gmail.com>
  Date:   Sat Feb 19 11:49:03 2022 +0100

      green
```

注目してほしいこと

- ステップ 2 の `git push` の出力結果は、友人がエラーを受け取ったことを示しています。友人はリモートリポジトリーに変更をプッシュできません。

ローカルの `main` ブランチとリモートの `main` ブランチの開発履歴は分岐しており、Git は単純な早送りマージを使って、一方のブランチからもう一方のブランチに変更をマージすることができません。**ビジュアル化 9-11** は、blue コミットの追加と開発履歴の分岐を示しています。

ビジュアル化 9-11

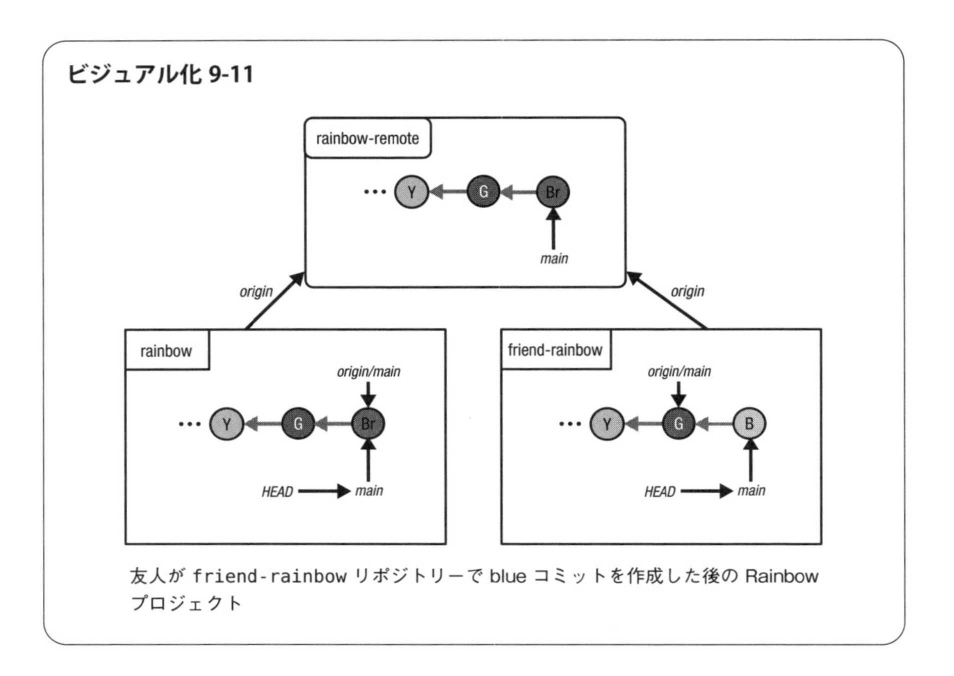

友人が friend-rainbow リポジトリーで blue コミットを作成した後の Rainbow プロジェクト

注目してほしいこと

- friend-rainbow リポジトリーでは、main ブランチは blue コミットを指しています。
- rainbow-remote リポジトリーでは、main ブランチは brown コミットを指しています。

友人が受け取ったエラーメッセージを詳しく見てみましょう。

```
error: failed to push some refs to 'https://github.com/gitlearningjou
rney/rainbow-remote.git'
hint: Updates were rejected because the remote contains work that you
do not have locally. This is usually caused by another repository
pushing to the same ref. You may want to first integrate the remote
changes (e.g., 'git pull ...') before pushing again.
```

エラー：'https://github.com/gitlearningjourney/rainbow-remote.git'への ref のプッシュに失敗しました。
ヒント：ローカルに存在しない作業をリモートが含んでいるので、更新は拒否されました。これは通常、同じ ref に対して別のリポジトリーがプッシュしていることが原因です。まずリモートの変更を統合してから（たとえば、'git pull ...'）、再びプッシュしてください。

このエラーメッセージは、友人がブランチのプッシュに失敗したことを示しています。Gitは、友人がまだフェッチ（またはプル）していないコミットがリモートのmainブランチに存在することを伝えています。また、リモートリポジトリーにプッシュする前に、リモートの作業をフェッチ（またはプル）してローカルのmainブランチに統合する必要があることをアドバイスしています。プルはフェッチと似ていますが、いくつか違いがあります。プルについては、この章の最後に説明します。友人は、リモートの変更を統合するために、3方向マージを実行します。

9.7 3方向マージを実際に試す

前の章で、リモートリポジトリーからの変更の取り込みは、2段階のプロセスであることを学びました。

1. リモートリポジトリーから変更をフェッチする。
2. その変更をローカルリポジトリーのローカルブランチに統合する。

友人も同様の手順に従いますが、ステップ2では、早送りマージの代わりに3方向マージを実行することになります。なぜなら、マージに関係する2つのブランチの開発履歴が分岐しているからです。

3方向マージを実行するときに、Gitはマージコミットを作成します。そのためにGitは、コマンドラインでテキストエディターを起動します。このコマンドラインテキストエディターを使ってどのように作業を行うかについて、もう少し詳しく学びましょう。

9.7.1 コマンドラインテキストエディターVimの紹介

コミットメッセージを書くために、Gitはデフォルトで、Vimと呼ばれるテキストエディターを使います。コミットを作成していて、コミットメッセージを指定していない場合、GitはコマンドラインでVimを起動します。本書では、まだVimには出会っていませんでした。なぜなら、Rainbowプロジェクトで`git commit`コマンドを使ってコミットを作成するときには、いつも`-m`オプションとコミットメッセージを指定してきたからです。

Git が使用するデフォルトのコマンドラインテキストエディターを、Vim から別のものに変更することもできます。本書では詳しく紹介しませんが、たとえば、プロジェクト内のファイルを編集するために使用しているテキストエディターに変更することができます。

Vim は、とっつきにくいものに思えるかもしれません。なぜなら、コマンドラインが別物に変化してしまったように見えますし、Vim の基礎をいくらかでも知っていないと直観的には使えないからです。Vim を操作するために必要な基礎について学んでおきましょう。

Git がコマンドラインで Vim を起動すると、ユーザーには、テキストを入力する、テキストを編集する、表示されているテキストを受け入れて保存するという選択肢があります。3 方向マージの場合は、**図9-5** のように、マージコミットのためのデフォルトのコミットメッセージが Git によって作成され、Vim によって表示されます。

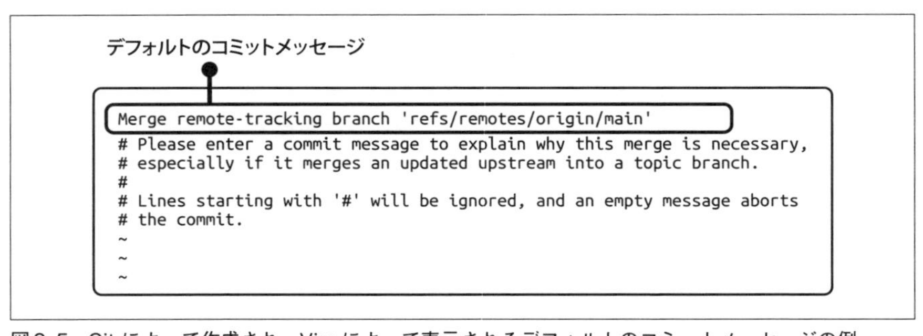

図9-5　Git によって作成され、Vim によって表示されるデフォルトのコミットメッセージの例

今後の練習課題のために、デフォルトのコミットメッセージをそのまま受け入れて保存する方法を説明します。そのためには、[Esc] キーを押し、コロン（:）を入力し、[W] と [Q] を押してから [Enter] キーを押します（**図9-6** を参照）。Vim では w は「write」を表し、保存することを意味します。q は「quit」を表し、終了することを意味します。何か間違えた場合は、[Esc] を押して、もう一度試してください。

```
Merge remote-tracking branch 'refs/remotes/origin/main'
# Please enter a commit message to explain why this merge is necessary,
# especially if it merges an updated upstream into a topic branch.
#
# Lines starting with '#' will be ignored, and an empty message aborts
# the commit.
~
~
:wq
```

保存して、Vimを終了するために入力するコマンド

図9-6　コミットメッセージを保存して Vim を終了するためのコマンド

このコマンドは、コミットメッセージを保存して Vim を終了します。これ以降、Vim を終了することを求める**実行手順**が出てきたら、このコマンドを実行します。

これで、Vim を使って作業するための基礎が理解できたので、友人が、リモートの変更をローカルブランチに取り込むための 2 つのステップを実行する準備ができました。

9.7.2　3 方向マージを実行する

友人は、Git が表示したエラーメッセージを読み、リモートの `main` ブランチからローカルリポジトリーに変更をフェッチします。フェッチにより、リモート追跡ブランチの `origin/main` が更新されます。その後で友人は、リモート追跡ブランチの `origin/main` をローカルブランチの `main` にマージします。

実行手順 9-10 に進み、リモートの変更を `friend-rainbow` リポジトリーの `main` ブランチに取り込むための 2 つのステップを実行します。

実行手順 9-10

1
```
friend-rainbow $ git fetch
remote: Enumerating objects: 4, done.
remote: Counting objects: 100% (4/4), done.
remote: Compressing objects: 100% (2/2), done.
remote: Total 3 (delta 0), reused 3 (delta 0), pack-reused 0
Unpacking objects: 100% (3/3), 290 bytes | 145.00 KiB/s, done.
From https://github.com/gitlearningjourney/rainbow-remote
   6987cd2..7f0a87a  main       -> origin/main
```

2
```
friend-rainbow $ git merge origin/main
```

3 git merge コマンドを実行すると、コマンドラインで Vim が起動します。Git によって作成されるデフォルトのコミットメッセージは、「Merge remote-tracking branch 'refs/remotes/origin/main'」または「Merge remote-tracking branch 'origin/main'」です。デフォルトのメッセージをそのまま受け入れて Vim エディターを終了するには、[Esc] キーを押し、:wq と入力し、[Enter] キーを押します。次のような出力結果が表示されます。

```
Merge made by the 'ort' strategy.
 othercolors.txt | 1 +
 1 file changed, 1 insertion(+)
 create mode 100644 othercolors.txt
```

4
```
friend-rainbow $ git log
commit 225839938563c7458af81daca7beb782dfcbfb27 (HEAD -> main)
Merge: 342bbfc 7f0a87a
Author: annaskoulikari <gitlearningjourney@gmail.com>
Date:   Sat Feb 19 13:05:46 2022 +0100

    Merge remote-tracking branch 'refs/remotes/origin/main'

commit 342bbfc96bb03053f23ea7f7564ca207c58ceab2
Author: annaskoulikari <gitlearningjourney@gmail.com>
Date:   Sat Feb 19 13:00:56 2022 +0100

    blue

commit 7f0a87a318e50638eec50a484bf8dfa76b76d08e (origin/main,
origin/HEAD)
Author: annaskoulikari <gitlearningjourney@gmail.com>
Date:   Sat Feb 19 12:46:29 2022 +0100

    brown
```

注目してほしいこと

- ステップ 3 の git merge の出力結果では、「Merge made by the 'ort' strategy」（'ort' 戦略によってマージが実行された）と表示されています。これは、早送りマージの代わりに 3 方向マージが実行されたことを示しています。Git の古いバージョンを使っている場合は、'recursive'（再帰）戦略によってマージが実行されたと表示されますが、これも同じです。

- Git は、ユーザーのためにデフォルトのコミットメッセージを作成してくれます。これは「`Merge remote-tracking branch 'refs/remotes/origin/main'`」か「`Merge remote-tracking branch 'origin/main'`」のどちらかであり、どちらも「リモート追跡ブランチをマージ」という意味です。
- ステップ 4 の `git log` の出力結果は、`2258399` というマージコミットを示しており、その `Merge` フィールドには 2 つの親コミット、すなわち `342bbfc`（blue コミット）と `7f0a87a`（brown コミット）が表示されています。コミットハッシュは一意の値なので、読者のコミットハッシュは本書のものとは異なります。

ビジュアル化 9-12 は、**実行手順 9-10** の後の Rainbow プロジェクトの状態を示しています。

ビジュアル化 9-12

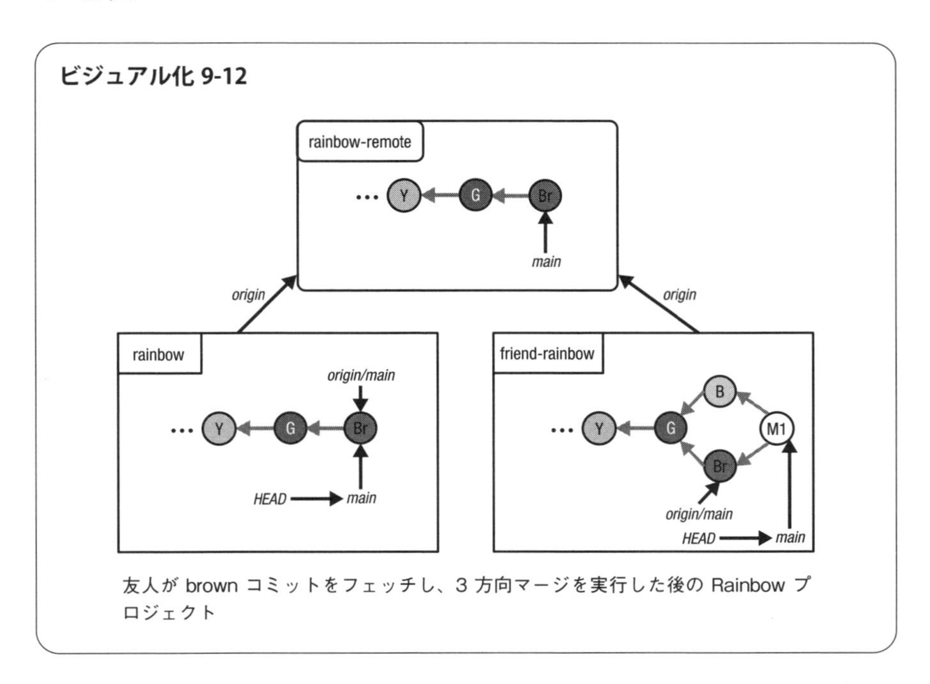

友人が brown コミットをフェッチし、3 方向マージを実行した後の Rainbow プロジェクト

注目してほしいこと

- `friend-rainbow` リポジトリーでは、マージコミットを `M1` として表しており、マージコミットが 2 つの開発履歴を統合していることを示しています。

マージコミットのM1には2つの親コミットがあります。「4章　ブランチ」では、git cat-file -p <commit_hash>というコマンドを使って、あるコミットの親コミットを表示しました。この次の**実行手順**では、友人が同じコマンドを実行し、マージコミットM1のコミットハッシュを指定して、M1の親コミットを確認します（コミットハッシュで表示されます）。マージコミットM1のコミットハッシュを取得するには、git logコマンドの出力結果を利用します。コミットハッシュの値は一意なので、本書で示したコミットハッシュではなく、必ず読者のマージコミットM1のコミットハッシュを指定してください。

その後で、友人はリモートリポジトリーに変更をプッシュして、リモートリポジトリーを更新します。**実行手順9-11**に進み、これらのアクションを実行します。

実行手順9-11

1 マージコミットM1のコミットハッシュを取得します（**実行手順9-10**のgit logの出力結果からコピーできます）。ステップ2で実行するgit cat-file -pコマンドの引数として、このコミットハッシュを渡します。コミットハッシュ全体をコピーアンドペーストするか、次のように最初の7文字だけを入力します。

2
```
friend-rainbow $ git cat-file -p 2258399
tree 45330906e6041a0cd07849617a25443a9a5b08bd
parent 342bbfc96bb03053f23ea7f7564ca207c58ceab2
parent 7f0a87a318e50638eec50a484bf8dfa76b76d08e
author annaskoulikari <gitlearningjourney@gmail.com> 1645272346 +0100
committer annaskoulikari <gitlearningjourney@gmail.com> 1645272346 +0100

Merge remote-tracking branch 'refs/remotes/origin/main'
```

3
```
friend-rainbow $ git push
Enumerating objects: 9, done.
Counting objects: 100% (8/8), done.
Delta compression using up to 4 threads
Compressing objects: 100% (4/4), done.
Writing objects: 100% (5/5), 586 bytes | 586.00 KiB/s, done.
Total 5 (delta 1), reused 0 (delta 0), pack-reused 0
remote: Resolving deltas: 100% (1/1), completed with 1 local object.
To https://github.com/gitlearningjourney/rainbow-remote.git
   7f0a87a..2258399  main -> main
```

4
```
friend-rainbow $ git log
commit 225839938563c7458af81daca7beb782dfcbfb27 (HEAD -> main,
origin/main, origin/HEAD)
Merge: 342bbfc 7f0a87a
```

```
Author: annaskoulikari <gitlearningjourney@gmail.com>
Date:   Sat Feb 19 13:05:46 2022 +0100

    Merge remote-tracking branch 'refs/remotes/origin/main'

commit 342bbfc96bb03053f23ea7f7564ca207c58ceab2
Author: annaskoulikari <gitlearningjourney@gmail.com>
Date:   Sat Feb 19 13:00:56 2022 +0100

    blue
```

5 ホスティングサービス上の `rainbow-remote` リポジトリーにアクセスし、ページを再読み込みします。マージコミットが表示されているはずです。

注目してほしいこと

- ステップ 2 の `git cat-file -p` コマンドの出力結果は、マージコミットの親コミット（`parent`）として 2 つのコミットを示しています。すなわち、`342bbfc96bb03053f23ea7f7564ca207c58ceab2`（blue コミット）と `7f0a87a318e50638eec50a484bf8dfa76b76d08e`（brown コミット）の 2 つです。
- ステップ 5 では、リモートリポジトリーにマージコミットが存在していることがわかります。

ビジュアル化 9-13 は、これらのことを示しています。

ビジュアル化 9-13

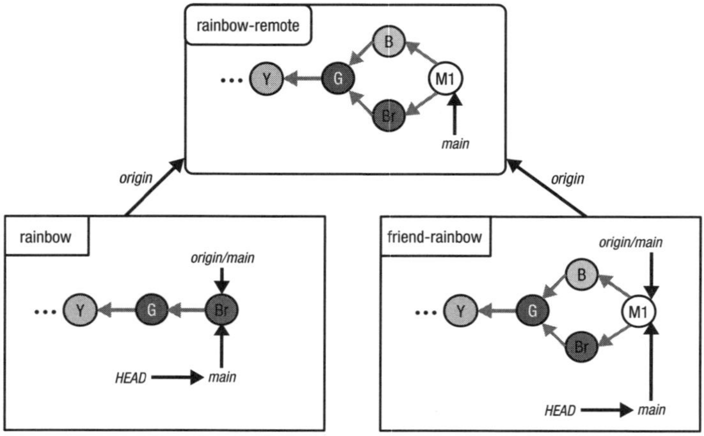

友人が変更をリモートリポジトリーにプッシュした後の Rainbow プロジェクト

これで、`friend-rainbow` リポジトリーと `rainbow-remote` リポジトリーの両方に、マージコミット `M1` が存在するようになりました。次に、`rainbow` リポジトリーをリモートリポジトリーと同期し、マージコミットに基づいてローカルの `main` ブランチを更新しましょう。そのために、Git でのデータのプルについて学んでおきましょう。

9.8 リモートリポジトリーから変更をプルする

これまで Rainbow プロジェクトでは、リモートリポジトリーの変更に基づいてローカルリポジトリーを更新する場合、2つのステップで行ってきました。つまり、最初に（`git fetch` コマンドを使って）リモートリポジトリーからデータをフェッチし、次に（`git merge` コマンドを使って）データをローカルブランチにマージしました。データのプルを使うと、この2つをまとめて1回で実行できます。

Git の用語では、リモートリポジトリーからのフェッチと、ローカルリポジトリーのブランチへの統合を一度で行うプロセスのことを、**プル**（pull）と呼びます。そのために使用するコマンドが `git pull` です。ローカルブランチに対して上流ブランチが定義されている場合は、引数を付けずにgit pullを実行することができます。上流ブランチが定義されていない場合は、リモートリポジトリーのショートネームと、変更を取り込みたいリモートブランチの名前を指定する必要があります。この場合、指定したブランチから現在のブランチに変更が取り込まれます。

コマンドの紹介

- git pull <shortname> <branch_name>
  <branch_name>で指定したブランチについて、<shortname>のリモートリポジトリーから変更をフェッチして統合する
- git pull
  現在のブランチに対して上流ブランチが定義されていれば、上流ブランチから変更をフェッチして統合する

git pullコマンドについて知っておきたいことが、もう1つあります。すでに学習したように、Gitには、変更を統合するための方法が2つあります。マージとリベースです。git pullコマンドがどちらの方法を使用するかは、ブランチの開発履歴が分岐しているかどうかによって決まり、分岐している場合は、コマンドの入力時に指定したオプションによって決まります。

- ローカルブランチとリモートブランチの開発履歴が分岐していない場合は、デフォルトでは早送りマージが実行されます。
- ローカルブランチとリモートブランチの開発履歴が分岐している場合は、変更をマージによって統合したいかリベースによって統合したいかをGitに指示する必要があります（そうでないと、エラーになります）。変更をマージによって統合したい場合は、--no-rebaseオプションを指定します。変更をリベースによって統合したい場合は、--rebaseオプションを指定します。

図9-7に示すように、git pullコマンドは、実質的にgit fetchコマンドと、git mergeまたはgit rebaseのどちらかのコマンドを組み合わせたものです。

図9-7 git pull コマンドは、変更のフェッチと統合を一度で行う

ここで疑問になるのは、変更のフェッチと統合を、どのような場合に2つのステップに分けて行い、どのような場合に一度で実行すべきかということです（前者はgit fetchと、git mergeまたはgit rebaseを使います。後者はgit pullだけを使います）。

ローカルブランチとリモートブランチの開発履歴が分岐しておらず、その結果、シンプルな早送りマージが実行される場合は、git pullコマンドを使うのが一般的です。ローカルブランチとリモートブランチの開発履歴が分岐している場合は、git fetchコマンドを実行した後で、別のステップとして、マージすべきかリベースすべきかを選択することを好むGitユーザーが多いようです。プロセスを2つのステップに分けて実行することで、ローカルブランチ内で何が変更されるかを調べたり、統合の準備をしたりするための時間が取れるからです。

本書では一般的な方法に従い、早送りマージによってローカルブランチが更新される場合には、git pullを使います。

実行手順9-12に進み、git pullコマンドの練習をしましょう。リモートのmainブランチからrainbowリポジトリーのmainブランチに変更をプルします。

実行手順9-12

1
```
rainbow $ git pull
remote: Enumerating objects: 9, done.
remote: Counting objects: 100% (8/8), done.
remote: Compressing objects: 100% (3/3), done.
remote: Total 5 (delta 1), reused 5 (delta 1), pack-reused 0
Unpacking objects: 100% (5/5), 566 bytes | 141.00 KiB/s, done.
From https://github.com/gitlearningjourney/rainbow-remote
   7f0a87a..2258399  main       -> origin/main
Updating 7f0a87a..2258399
Fast-forward
 rainbowcolors.txt | 3 ++-
 1 file changed, 2 insertions(+), 1 deletion(-)
```

2
```
rainbow $ git log
```

```
commit 225839938563c7458af81daca7beb782dfcbfb27 (HEAD -> main,
origin/main)
Merge: 342bbfc 7f0a87a
Author: annaskoulikari <gitlearningjourney@gmail.com>
Date:   Sat Feb 19 13:05:46 2022 +0100

    Merge remote-tracking branch 'refs/remotes/origin/main'

commit 342bbfc96bb03053f23ea7f7564ca207c58ceab2
Author: annaskoulikari <gitlearningjourney@gmail.com>
Date:   Sat Feb 19 13:00:56 2022 +0100

    blue
```

注目してほしいこと

- ステップ1で、git pull の出力結果の前半部分は、データをフェッチ中（ダウンロード中）であることを示しています。後半部分は、早送りマージが実行されたことを示しています（Fast-forward）。
- ステップ2の git log の出力結果は、rainbow リポジトリー内に blue コミットとマージコミットが追加されたことを示しています。また、リモート追跡ブランチの origin/main とローカルブランチの main が、マージコミットを指すように更新されたことを示しています。

ビジュアル化 9-14 は、これらのことを示しています。

ビジュアル化 9-14

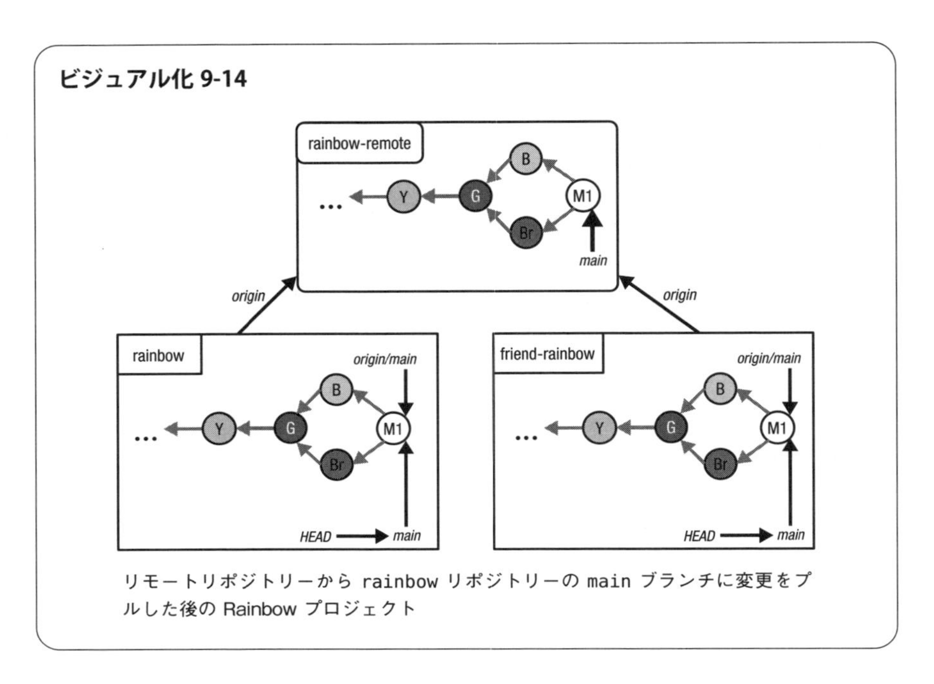

リモートリポジトリーから rainbow リポジトリーの main ブランチに変更をプルした後の Rainbow プロジェクト

これで、Rainbow プロジェクトの 3 つのリポジトリーがすべて同期しました。

9.9 ローカルリポジトリーとリモートリポジトリーの状態（終了時点）

ビジュアル化 9-15 は、Rainbow プロジェクトのローカルリポジトリーとリモートリポジトリーの状態を示しています。これには、1 章からこの章の終わりまでに作成したすべてのコミットが含まれています。

ビジュアル化 9-15

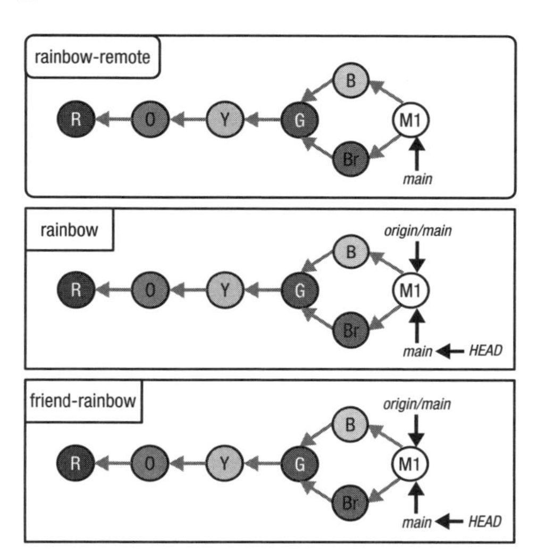

この章の終了時点での Rainbow プロジェクト。1 章以降のすべてのコミットが含まれている

9.10　まとめ

この章では、3 方向マージについて学びました。3 方向マージがどのように動作するかを確かめるために、`friend-rainbow` リポジトリーの `main` ブランチの履歴とリモートリポジトリーの `main` ブランチの履歴が分岐するように、Rainbow プロジェクトで変更を加えました。

これらの分岐した履歴を作成する過程で、上流ブランチを定義する方法を学び、それを定義すると、追加の引数を指定せずに `git push` などのコマンドを使えることを確認しました。

また、コミットとコミットの間に作業ディレクトリーでファイルを複数回編集することに関する重要な事柄を学びました。つまり、ファイルに変更を加えて保存するたびに、Git はそのファイルを新しいバージョンとして解釈し、変更済みファイルとしてマークします。ファイルの最新バージョンを次のコミットに含めるためには、最新バージョンのファイルをステージングエリアに追加する必要があります。

3方向マージを実行するにあたって、コマンドラインテキストエディターのVimについて紹介し、Gitが提案するコミットメッセージをそのまま保存してVimを終了する方法を学びました。3方向マージのプロセスが実行されると、分岐する2つの開発履歴がマージコミットによって統合されることを確認しました。

最後に、プルのプロセスについて学び、それによって、リモートリポジトリーの変更をローカルリポジトリーに取り込むための2つのステップを一度で実行できることを理解しました。

この章で実行した3方向マージでは、マージコンフリクトは発生しませんでした。次の章では、マージコンフリクトとその解決方法について学びます。

10章 マージコンフリクト

前の章では、マージコンフリクトが発生しない3方向マージを実行しました。

この章では、マージコンフリクトが発生する3方向マージの例を体験することで、マージコンフリクトとは何か、それはどのようにして発生するか、それを解決するにはどうすればよいかを学びます。

10.1 ローカルリポジトリーとリモートリポジトリーの状態

この章の開始時点では、`rainbow`および`friend-rainbow`という2つのローカルリポジトリーと、`rainbow-remote`という1つのリモートリポジトリーがあります。この3つのリポジトリーは同じコミットとブランチを含んでいて、同期しています。例によって、`rainbow`リポジトリーと`friend-rainbow`リポジトリーで作業を行うために、別々のテキストエディターウィンドウとコマンドラインウィンドウを使うことを勧めます。

ビジュアル化10-1は、Rainbowプロジェクトのローカルリポジトリーとリモートリポジトリーの状態を示しています。これには、1章から9章までに作成したすべてのコミットが含まれています。

ビジュアル化 10-1

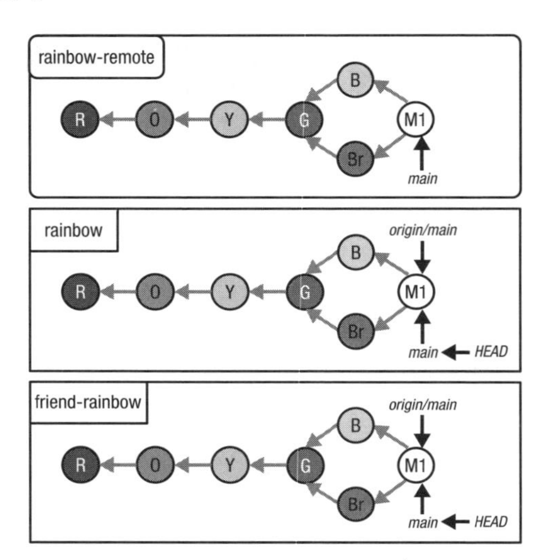

この章の開始時点での Rainbow プロジェクト。1 章以降のすべてのコミットが含まれている

この章で作成するコミットに集中するために、ここからは**ビジュアル化**のダイアグラムを簡略化し、すべてのリポジトリーの `main` ブランチに含まれる最後の 3 つのコミット（blue コミット、brown コミット、M1 マージコミット）だけを表示します。**ビジュアル化 10-2** は、この表現方法で示したものです。

ビジュアル化 10-2

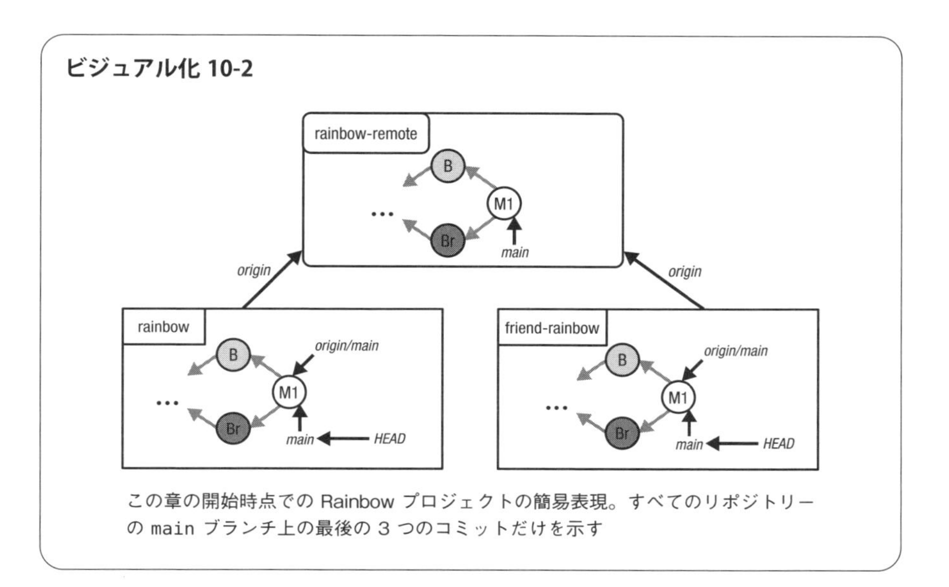

この章の開始時点での Rainbow プロジェクトの簡易表現。すべてのリポジトリーの main ブランチ上の最後の 3 つのコミットだけを示す

10.2　マージコンフリクトの紹介

前の章では、他のユーザーと同時にプロジェクトに取り組むと何が起こるかを学びました。ただし、そこでは各人が別々のファイルに変更を加えました。つまり、読者は `othercolors.txt` ファイルを編集し、友人は `rainbowcolors.txt` ファイルを編集しました。したがって、マージコンフリクトが発生することなく 3 方向マージを行うことができました。

この章では、マージコンフリクトが発生する状況で作業を統合したい場合に、何が起こるかを学びます。前の章で学んだように、マージコンフリクトは、2 つのブランチによって同じファイルの同じ部分に異なる変更が加えられた場合や、一方のブランチで編集されたファイルがもう一方のブランチで削除された場合に、その 2 つのブランチをマージしようとすると発生します。これらの場合、Git が自動的にファイルをマージすることはできないので、ユーザーが手動でマージする必要があります。

マージコンフリクトは、マージのプロセス中だけでなく、リベースのプロセス中にも発生する場合があります。この章では、マージ中に発生するマージコンフリクトの例を説明します。リベース中に発生する例については、「11 章　リベース」で説明します。

覚えておいてほしいのは、マージコンフリクトが発生するのは普通のことであり、マージコンフリクトが発生したとしても、プロジェクトの作業中に誰かが間違ったことをしたわけではない、ということです。マージコンフリクトを解決することは、Gitプロジェクトでの日常的な作業の一部です。**サンプルBookプロジェクト10-1**で、マージコンフリクトが発生する例を見てみましょう。

サンプルBookプロジェクト10-1

Bookプロジェクトでマージコンフリクトが発生する可能性のあるシナリオを、いくつか想像してみましょう。ご承知のように、Bookプロジェクトは10個のテキストファイルで構成されており、chapter_one.txt、chapter_two.txtのように、それぞれの章について1つずつファイルが存在します。筆者の主要な開発ラインはmainブランチですが、ある章に取り組むたびにmainブランチから新しいブランチを作成することを、共著者や編集者と一緒に決めました。新しいブランチで行った作業を共著者と編集者が承認してくれたら、そのブランチを元のmainブランチにマージします。また、共著者とは、どちらか1人だけが、一度に1つの章に取り組むことで合意しました。このようにして、マージコンフリクトを避けることができます。

しかしここで、筆者と共著者の間にコミュニケーションの行き違いが生じてしまったとしたら、何が起こるかを想像してみましょう。たとえば、2人とも3章を編集しようと考え、mainブランチから新しいブランチを同時に作成します。筆者はchapter_threeブランチを作成し、共著者はchapter_three_coauthorブランチを作成します。この場合、2人とも、chapter_three.txtという同じファイルを編集します。

ここで共著者が先に、chapter_three_coauthorブランチでの作業をmainブランチにマージしてリモートリポジトリーにプッシュすると仮定しましょう。筆者が自分のchapter_threeブランチを最新のmainブランチにマージするには、3方向マージを実行しなければならないだけでなく、マージコンフリクトを解決しなければならないことに気がつきます。

なぜなら、筆者のchapter_threeブランチのchapter_three.txtファイルと最新のmainブランチの同ファイルは、筆者と共著者が新しいブランチを作成した後で別々に編集されているからです。したがって、Gitが自動的に作業をマージすることはできません。そこで筆者が手を加え、マージコミットに含めるべき chapter_three.txt ファイルの最終的なバージョンをどのようなものにするかを正確に決める必要があります。

これが、マージコンフリクトが発生するシナリオの1つです。このような状況は、マージに関係する2つのブランチで、同じファイルが異なる方法で編集された場合に起こります。

次に、マージコンフリクトが発生する、もう1つのシナリオを考えてみましょう。筆者と共著者が、最後の10章の出来がよくないということで意見が一致したと仮定しましょう。しかし、ここでも、10章をどうすべきかについてコミュニケーションの行き違いが生じてしまいました。

2人とも偶然に、main ブランチから新しいブランチを同時に作成し、筆者は chapter_ten ブランチを、共著者は chapter_ten_coauthor ブランチを作成しました。筆者は、単に10章を取り除くべきと考え、chapter_ten ブランチで chapter_ten.txt ファイルを削除することにしました。しかし、chapter_ten_coauthor ブランチで作業している共著者は、10章を改善するために、chapter_ten.txt ファイルを編集することにしました。

ここでも共著者が先に、新しいブランチを main ブランチにマージしてプッシュすると仮定しましょう。筆者が、3方向マージを使って、新しいブランチを最新の main ブランチにマージしようとすると、この場合もマージコンフリクトに遭遇します。これが、Git が自動的に作業をマージできない、もう1つのシナリオです。chapter_ten.txt ファイルを削除すべきか、それとも編集されたバージョンを残すべきかは、Git には判断できません。つまり、2つのブランチを統合しようとしていて、あるファイルが一方のブランチでは編集されていて、もう一方のブランチでは削除されている場合に、このような状況が生じます。

サンプル Book プロジェクト 10-1 は、マージコンフリクトが発生する2つのシナリオを説明しています。次に、それらを解決する方法を見てみましょう。

10.3　マージコンフリクトの解決方法

マージコンフリクトが発生すると、その発生場所を示す一組の特別なマーカーが、関係するそれぞれのファイル内に挿入されます。**コンフリクトマーカー**（conflict marker）と呼ばれるそのマーカーは、7 個の左山括弧（**<<<<<<<**)、7 個の等号（**=======**)、7 個の右山括弧（**>>>>>>>**)、およびマージに関係するブランチへの参照で構成されます。**図10-1** にコンフリクトマーカーの例を示します。等号の行の上には、ターゲットブランチの内容が示されており、等号の行の下には、ソースブランチの内容が示されています。

```
<<<<<<< HEAD
(ターゲットブランチの内容)
=======
(ソースブランチの内容)
>>>>>>>refs/remote/origin/main
```

図10-1　マージコンフリクトが発生した場合に現れるコンフリクトマーカーの例

マージコンフリクトを解決するには、次の 2 つのステップに従います。

1. 何を残すかを決め、ファイルの内容を編集し、コンフリクトマーカーを削除する。
2. 編集したファイルをステージングエリアに追加し、コミットを作成する。

この章の後半では、Rainbow プロジェクトのマージコンフリクトを解決する練習をしますが、そのときに、これらのステップについて詳しく説明します。その練習の準備をするために、読者のローカルリポジトリー内に、分岐する開発履歴が存在する状況を作成する必要があります。

10.4　マージコンフリクトのシナリオをセットアップする

マージコンフリクトが発生する 3 方向マージをセットアップするために、読者と友人は、同じファイルの同じ部分に異なる変更を加える必要があります。まず、**実行手順 10-1** に進み、`rainbow` リポジトリーの `rainbowcolors.txt` ファイルに藍色（indigo）の記述を追加し、更新した `main` ブランチをリモートリポジトリーにプッシュします。

実行手順 10-1

1. rainbow プロジェクトディレクトリーの rainbowcolors.txt ファイルをテキストエディターで開き、6 行目に「Indigo is the sixth color of the rainbow.」と追加して、ファイルを保存します。

2.
```
rainbow $ git add rainbowcolors.txt
```

3.
```
rainbow $ git commit -m "indigo"
[main 9b0a614] indigo
 1 file changed, 2 insertions(+), 1 deletion(-)
```

4.
```
rainbow $ git push
Enumerating objects: 5, done.
Counting objects: 100% (5/5), done.
Delta compression using up to 4 threads
Compressing objects: 100% (3/3), done.
Writing objects: 100% (3/3), 326 bytes | 326.00 KiB/s, done.
Total 3 (delta 1), reused 0 (delta 0), pack-reused 0
remote: Resolving deltas: 100% (1/1), completed with 1 local object.
To https://github.com/gitlearningjourney/rainbow-remote.git
   2258399..9b0a614  main -> main
```

5.
```
rainbow $ git log
commit 9b0a61461c8e8d74ed358e65b2662e3697b94de6 (HEAD -> main,
origin/main)
Author: annaskoulikari <gitlearningjourney@gmail.com>
Date:   Sun Feb 20 08:36:11 2022 +0100

    indigo

commit 225839938563c7458af81daca7beb782dfcbfb27
Merge: 342bbfc 7f0a87a
Author: annaskoulikari <gitlearningjourney@gmail.com>
Date:   Sat Feb 19 13:05:46 2022 +0100

    Merge remote-tracking branch 'refs/remotes/origin/main'
```

6. ホスティングサービス上の rainbow-remote リポジトリーにアクセスし、ページを再読み込みします。indigo コミットが表示されているはずです。

注目してほしいこと

- rainbow リポジトリーと rainbow-remote リポジトリーには、indigo コミットが存在しています。

ビジュアル化 10-3 は、この変更を示しています。

ビジュアル化 10-3

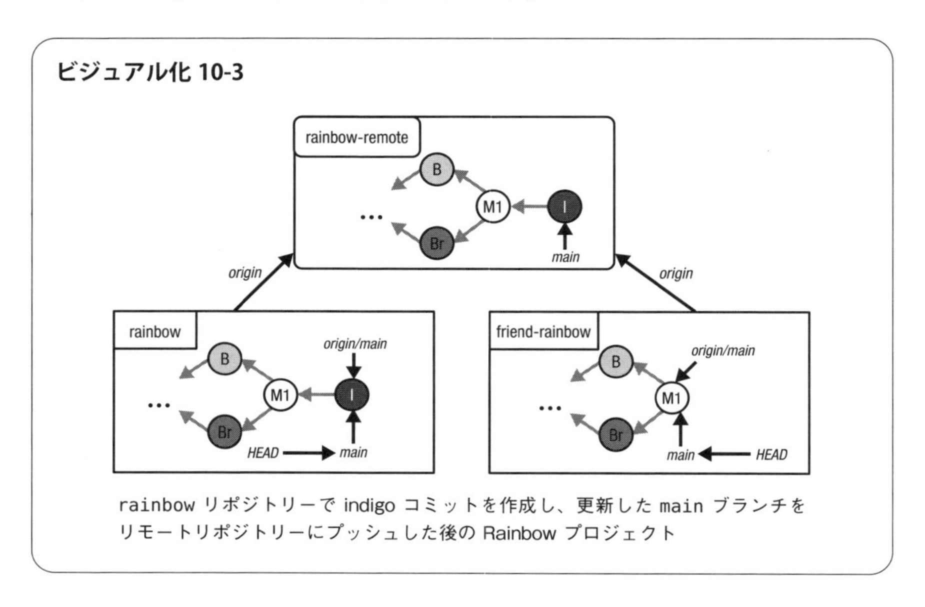

rainbow リポジトリーで indigo コミットを作成し、更新した main ブランチをリモートリポジトリーにプッシュした後の Rainbow プロジェクト

ここで、マージコンフリクトが発生する状況を作成するために、**実行手順 10-2** で友人は、読者が行った変更を `rainbow-remote` リポジトリーからローカルの `main` ブランチにプルすることなく、`rainbowcolors.txt` ファイルの同じ行に紫色（violet）の記述を追加し、コミットを作成します。

実行手順 10-2

1 `friend-rainbow` プロジェクトディレクトリーで、`rainbowcolors.txt` ファイルをテキストエディターで開き、6 行目に「Violet is the seventh color of the rainbow.」と追加して、ファイルを保存します。

2
```
friend-rainbow $ git add rainbowcolors.txt
```

3
```
friend-rainbow $ git commit -m "violet"
[main 6ad5c15] violet
 1 file changed, 2 insertions(+), 1 deletion(-)
```

4
```
friend-rainbow $ git log
commit 6ad5c15f033b68ad27f2c9bce8bfa93329b3c23e (HEAD -> main)
Author: annaskoulikari <gitlearningjourney@gmail.com>
Date:   Sun Feb 20 08:41:25 2022 +0100
```

```
    violet

commit 225839938563c7458af81daca7beb782dfcbfb27 (origin/main,
origin/HEAD)
Merge: 342bbfc 7f0a87a
Author: annaskoulikari <gitlearningjourney@gmail.com>
Date:   Sat Feb 19 13:05:46 2022 +0100

    Merge remote-tracking branch 'refs/remotes/origin/main'
```

注目してほしいこと

- 友人は violet コミットを作成しました。

ビジュアル化 10-4 はこれを示しています。

ビジュアル化 10-4

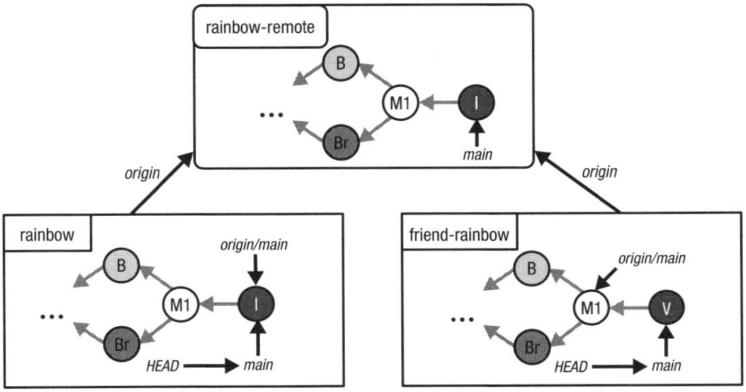

友人が、リモートリポジトリーの main ブランチ上の最新の作業をプルすることなく、friend-rainbow リポジトリーで violet コミットを作成した後の Rainbow プロジェクト

注目してほしいこと

- `friend-rainbow` リポジトリーで、ローカルの `main` ブランチは violet コミットを指しています。

- rainbow リポジトリーで、ローカルの main ブランチは indigo コミットを指しています。

この時点で友人は、リモートリポジトリーに変更をプッシュする前に、読者が行った変更をリモートリポジトリーからフェッチして統合する必要があります。「8.4.2 リモートリポジトリーにプッシュする」で学んだように、友人は変更をフェッチした後で、git status コマンドを使って、ローカルの main ブランチとリモートの main ブランチが分岐しているかどうかをチェックできます。**実行手順 10-3** に進み、これを実際に試してみましょう。

実行手順 10-3

1
```
friend-rainbow $ git fetch
remote: Enumerating objects: 5, done.
remote: Counting objects: 100% (5/5), done.
remote: Compressing objects: 100% (2/2), done.
remote: Total 3 (delta 1), reused 3 (delta 1), pack-reused 0
Unpacking objects: 100% (3/3), 322 bytes | 53.00 KiB/s, done.
From https://github.com/gitlearningjourney/rainbow-remote
   c5941f8..6f2ea44  main       -> origin/main
```

2
```
friend-rainbow $ git status
On branch main
Your branch and 'origin/main' have diverged,
and have 1 and 1 different commits each, respectively.
  (use "git pull" to merge the remote branch into yours)

nothing to commit, working tree clean
```

3
```
friend-rainbow $ git log --all
commit 6ad5c15f033b68ad27f2c9bce8bfa93329b3c23e (HEAD -> main)
Author: annaskoulikari <gitlearningjourney@gmail.com>
Date:   Sun Feb 20 08:41:25 2022 +0100

    violet

commit 9b0a61461c8e8d74ed358e65b2662e3697b94de6 (origin/main,
origin/HEAD)
Author: annaskoulikari <gitlearningjourney@gmail.com>
Date:   Sun Feb 20 08:36:11 2022 +0100

    indigo
```

注目してほしいこと

- ステップ 2 で `git status` コマンドの出力結果は、次のように述べています。

```
Your branch and 'origin/main' have diverged,
and have 1 and 1 different commits each, respectively.
```

あなたのブランチと'origin/main'は分岐しており、
それぞれ 1 つずつ異なるコミットを持っている。

- `friend-rainbow` リポジトリーで、リモート追跡ブランチの `origin/main` は indigo コミットを指していますが、そのリモートの変更は、ローカルの `main` ブランチにはまだマージされていません。

ビジュアル化 10-5 は、これらのことを示しています。

ビジュアル化 10-5

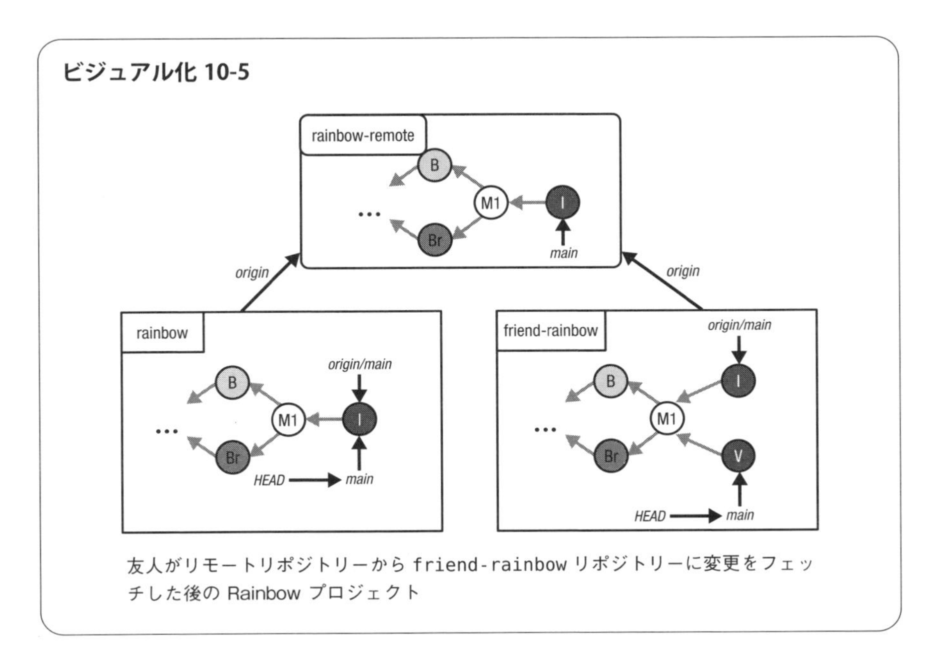

友人がリモートリポジトリーから `friend-rainbow` リポジトリーに変更をフェッチした後の Rainbow プロジェクト

次に友人は、ローカルの `main` ブランチを更新してリモートリポジトリーにプッシュするために、3 方向マージを実行し、リモートの `main` ブランチ上の最新の変更をローカルの `main` ブランチに統合します。友人が 3 方向マージを実行し、`friend-rainbow` リポジトリーでマージコンフリクトを解決する前に、その解決プロセスで何を行うかを詳しく見ておきましょう。

10.5 マージコンフリクトの解決プロセス

すでに説明したように、マージコンフリクトの解決プロセスには2つのステップがあります。この節では、それらについて詳しく解説します。復習すると、このプロセスの最初のステップは、何を残すかを決め、ファイルの内容を編集し、コンフリクトマーカーを削除することです。2番目のステップは、すべての変更をステージングエリアに追加し、コミットを作成することです。それらを順番に見ていきましょう。

10.5.1 ステップ1

マージコンフリクトが発生する状況で `git merge` コマンドを実行すると、Gitはコンフリクト（競合）を識別し、競合している内容の場所を示すコンフリクトマーカーをファイルに挿入します。マージコンフリクトを解決するための最初のステップは、何を残すかを決め、競合が発生しているファイルの内容を編集し、コンフリクトマーカーを削除することです。テキストエディターで必要な変更を加えたら、忘れずにファイルを保存してください。Rainbowプロジェクトの例では1つのファイルだけにマージコンフリクトが発生しますが、読者が今後取り組むGitプロジェクトでは、複数のファイルにマージコンフリクトが発生する場合があることを覚えておいてください。

Rainbowプロジェクトのマージコンフリクトを解決するために、友人は、藍色（indigo）に関する文と紫色（violet）に関する文の両方を残すことにします。正しい虹の色の順序にしたいので、藍色に関する文を前に（結果として6行目に）、紫色に関する文を2番目に（結果として7行目に）します。**図10-2**は、友人が変更を加える前と後の `rainbowcolors.txt` ファイルの内容を示しています。

編集前

rainbowcolors.txt

```
Red is the first color of the rainbow.
Orange is the second color of the rainbow.
Yellow is the third color of the rainbow.
Green is the fourth color of the rainbow.
Blue is the fifth color of the rainbow.
<<<<<<< HEAD
Violet is the seventh color of the rainbow.
=======
Indigo is the sixth color of the rainbow.
>>>>>>>refs/remote/origin/main
```

編集後

rainbowcolors.txt

```
Red is the first color of the rainbow.
Orange is the second color of the rainbow.
Yellow is the third color of the rainbow.
Green is the fourth color of the rainbow.
Blue is the fifth color of the rainbow.
<<<<<<< HEAD
Indigo is the sixth color of the rainbow.
Violet is the seventh color of the rainbow.
=======
>>>>>>>refs/remote/origin/main
```

図10-2　友人が何を残すかを決め、内容を編集する前と後の `rainbowcolors.txt` ファイル

次に友人は、**図10-3**のように、`rainbowcolors.txt` ファイルからコンフリクトマーカーを削除し、ファイルを保存します。

削除前

rainbowcolors.txt

```
Red is the first color of the rainbow.
Orange is the second color of the rainbow.
Yellow is the third color of the rainbow.
Green is the fourth color of the rainbow.
Blue is the fifth color of the rainbow.
<<<<<<< HEAD
Indigo is the sixth color of the rainbow.
Violet is the seventh color of the rainbow.
=======
>>>>>>>refs/remote/origin/main
```

削除後

rainbowcolors.txt

```
Red is the first color of the rainbow.
Orange is the second color of the rainbow.
Yellow is the third color of the rainbow.
Green is the fourth color of the rainbow.
Blue is the fifth color of the rainbow.
Indigo is the sixth color of the rainbow.
Violet is the seventh color of the rainbow.
```

図10-3　友人がコンフリクトマーカーを削除する前と後の `rainbowcolors.txt` ファイル

10.5.2　ステップ2

ファイルの編集が終わったら、友人は2番目のステップに進むことができます。つまり、更新したファイルをステージングエリアに追加し、コミットを作成します。Rainbowプロジェクトでは、マージコンフリクトが発生したファイルは1つだけなので、友人はそのファイルだけをステージングエリアに追加します。しかし、前にも説明したように、複数のファイルにマージコンフリクトが発生することも多いので、

その場合には、更新したすべてのファイルをステージングエリアに追加します。

図10-4を見ると、友人がマージを完了する前と後で、`friend-rainbow`リポジトリーのコミット履歴がどのように変化したかがわかります。これは3方向マージなので、結果として、M2というマージコミットが作成されます。

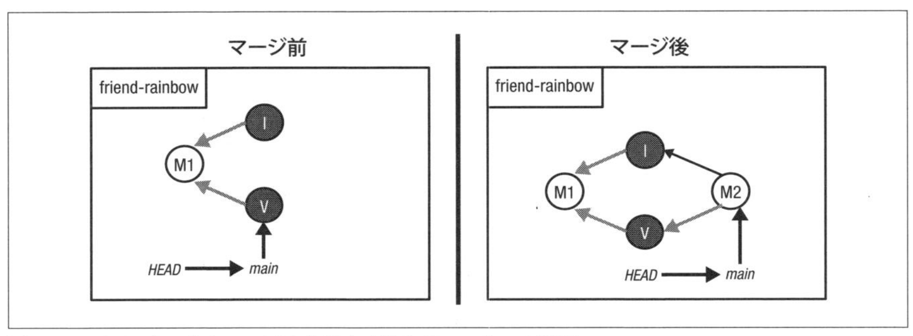

図10-4 友人が3方向マージを完了する前と後のコミット履歴

これで、マージコンフリクトを解決するための2つのステップについて理解できました。これを実際に体験する前に、マージを続行したくない場合に何をすべきかについて簡単に触れておきましょう。

10.5.3 マージの中止

コンフリクトが発生しているマージプロセスのどの時点でも、2つのブランチの統合を続行しないことに決めた場合は、`--abort`オプションの付いた`git merge`コマンドを使うことで、マージを中止できます。この結果、すべてのファイルがマージ前の状態に戻ります。

コマンドの紹介

- `git merge --abort`
  マージプロセスを中止し、マージ前の状態に戻す

これで、マージコンフリクトの解決方法と、マージおよびコンフリクト解決プロセスの中止方法がわかったので、実際にマージコンフリクトを解決する例を体験してみましょう。

10.6 マージコンフリクトを実際に解決する

実行手順 10-4 では、友人が 3 方向マージを実行し、マージコンフリクトを解決します。マージ操作全体を通して、`git status` コマンドを使って、コンフリクト解決プロセスに関する情報を確認します。

実行手順 10-4

1
```
friend-rainbow $ git merge origin/main
Auto-merging rainbowcolors.txt
CONFLICT (content): Merge conflict in rainbowcolors.txt
Automatic merge failed; fix conflicts and then commit the result.
```

2
```
friend-rainbow $ git status
On branch main
Your branch and 'origin/main' have diverged,
and have 1 and 1 different commits each, respectively.
  (use "git pull" to merge the remote branch into yours)

You have unmerged paths.
  (fix conflicts and run "git commit")
  (use "git merge --abort" to abort the merge)

Unmerged paths:
  (use "git add <file>..." to mark resolution)
        both modified:   rainbowcolors.txt

no changes added to commit (use "git add" and/or "git commit -a")
```

3 深呼吸をして、`friend-rainbow` プロジェクトディレクトリーの `rainbowcolors.txt` ファイルをテキストエディターで開きます。コンフリクトマーカーと、競合している内容を見つけます。

4 マージコンフリクト解決のステップ 1（何を残すかを決め、ファイルの内容を編集し、コンフリクトマーカーを削除する）を実行します。ここでは、すべての内容、つまり violet コミットでの変更と indigo コミットでの変更を残します。藍色（indigo）に関する文が 6 行目に、紫色（violet）に関する文が 7 行目になるように修正します。編集が終わったら、忘れずにファイルを保存してください。

5
```
friend-rainbow $ git add rainbowcolors.txt
```

6
```
friend-rainbow $ git status
On branch main
Your branch and 'origin/main' have diverged,
```

```
  and have 1 and 1 different commits each, respectively.
    (use "git pull" to merge the remote branch into yours)

  All conflicts fixed but you are still merging.
    (use "git commit" to conclude merge)

  Changes to be committed:
          modified:   rainbowcolors.txt

7 friend-rainbow $ git commit -m "merge commit 2"
  [main f10f972] merge commit 2

8 friend-rainbow $ git log
  commit f10f9725e3319af840a3d891ca8950436a219eb0 (HEAD -> main)
  Merge: 6ad5c15 9b0a614
  Author: annaskoulikari <gitlearningjourney@gmail.com>
  Date:   Sun Feb 20 09:11:06 2022 +0100

      merge commit 2

  commit 6ad5c15f033b68ad27f2c9bce8bfa93329b3c23e
  Author: annaskoulikari <gitlearningjourney@gmail.com>
  Date:   Sun Feb 20 08:41:25 2022 +0100

      violet

  commit 9b0a61461c8e8d74ed358e65b2662e3697b94de6 (origin/main,
  origin/HEAD)
  Author: annaskoulikari <gitlearningjourney@gmail.com>
  Date:   Sun Feb 20 08:36:11 2022 +0100

      indigo
```

注目してほしいこと

- ステップ8の`git log`の出力結果は、次のことを示しています。
  - ローカルの`main`ブランチは、マージコミット2（merge commit 2）を指しています。
  - マージコミット2の親コミットは、`6ad5c15`（violetコミット）と`9b0a614`（indigoコミット）の2つです。コミットハッシュは一意の値なので、読者のコミットハッシュは本書のものとは異なります。

ビジュアル化10-6は、これらのことを示しています。新しいマージコミットは、

M2 として示してあります。

ビジュアル化 10-6

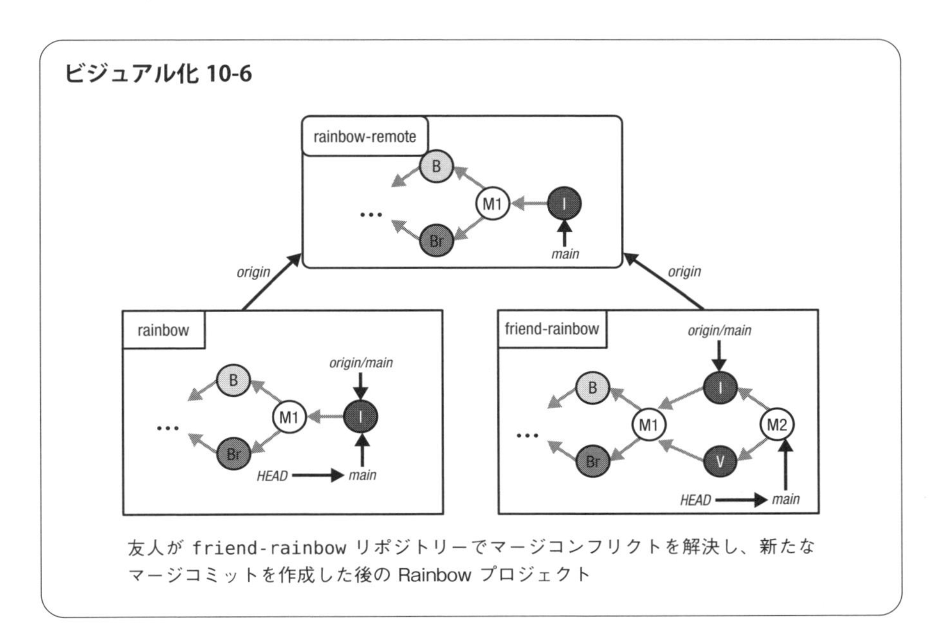

友人が friend-rainbow リポジトリーでマージコンフリクトを解決し、新たなマージコミットを作成した後の Rainbow プロジェクト

友人は、3 方向マージの実行とマージコンフリクトの解決に成功しました。ここで、リモートリポジトリーの最新状態に合わせておくことの重要性について学んでおきましょう。

10.7 リモートリポジトリーの最新状態に合わせる

マージコンフリクトが発生すると、あるブランチから別のブランチに変更を統合するために、より多くの時間がかかります。Rainbow プロジェクトの例では、小さなマージコンフリクトを含んだファイルが 1 つあるだけでした。しかし、現実のプロジェクトでは、はるかに複雑なマージコンフリクトを含んだファイルが数多く存在する可能性があります。解決しなければならないマージコンフリクトの数を抑えるために、リモートリポジトリー内の関連するブランチ（リモートブランチ）で行われた最新の変更に常に合わせておくことが重要です。

新しいブランチを作成するときには、必ず、リモートリポジトリー内の関連するブランチの最新バージョンを基にするようにしてください。多くの場合、これは main

ブランチ（または所属するチームが主要な開発ラインとして使用しているブランチ）になるでしょうが、所属するチームの Git ワークフローによっては、別のブランチの場合もあります。

既存のブランチで、自分だけで作業する場合は、リモートリポジトリー内の関連するブランチに加えられた変更に基づき、マージによって自分のブランチを更新することを勧めます。他のユーザーと同じブランチで作業していることに気づいた場合は、ブランチでの作業を続行する前に、リモートリポジトリーのそのブランチで行われた変更を常にフェッチしてマージする必要があります。

このように最新状態を維持することを念頭に置き、友人がローカルの main ブランチで行った作業をリモートリポジトリーにプッシュし、読者が rainbow リポジトリーの main ブランチをリモートの main ブランチと同期させる様子を実際に試してみましょう。

10.8 リポジトリーを同期させる

すべてのリポジトリーが同期しているためには、友人がローカルの main ブランチ上の新しいコミットをリモートリポジトリーにプッシュし、読者がすべての変更を rainbow リポジトリー内の main ブランチにプルする必要があります。**実行手順 10-5** に進み、これらのステップを実行します。

実行手順 10-5

```
1 friend-rainbow $ git push
Enumerating objects: 10, done.
Counting objects: 100% (10/10), done.
Delta compression using up to 4 threads
Compressing objects: 100% (6/6), done.
Writing objects: 100% (6/6), 614 bytes | 614.00 KiB/s, done.
Total 6 (delta 2), reused 0 (delta 0), pack-reused 0
remote: Resolving deltas: 100% (2/2), completed with 1 local object.
To https://github.com/gitlearningjourney/rainbow-remote.git
   9b0a614..f10f972  main -> main

2 friend-rainbow $ git log
commit f10f9725e3319af840a3d891ca8950436a219eb0 (HEAD -> main,
origin/main, origin/HEAD)
Merge: 6ad5c15 9b0a614
Author: annaskoulikari <gitlearningjourney@gmail.com>
Date:   Sun Feb 20 09:11:06 2022 +0100
```

```
    merge commit 2

commit 6ad5c15f033b68ad27f2c9bce8bfa93329b3c23e
Author: annaskoulikari <gitlearningjourney@gmail.com>
Date:   Sun Feb 20 08:41:25 2022 +0100

    violet
```

3 現在、rainbowリポジトリーにいるコマンドラインウィンドウのほうに移って、次のコマンドを実行します。

4
```
rainbow $ git pull
remote: Enumerating objects: 10, done.
remote: Counting objects: 100% (10/10), done.
remote: Compressing objects: 100% (4/4), done.
remote: Total 6 (delta 2), reused 6 (delta 2), pack-reused 0
Unpacking objects: 100% (6/6), 594 bytes | 99.00 KiB/s, done.
From https://github.com/gitlearningjourney/rainbow-remote
   9b0a614..f10f972  main       -> origin/main
Updating 9b0a614..f10f972
Fast-forward
 rainbowcolors.txt | 5 ++++-
 1 file changed, 4 insertions(+), 1 deletion(-)
```

5
```
rainbow $ git log
commit f10f9725e3319af840a3d891ca8950436a219eb0 (HEAD -> main,
origin/main)
Merge: 6ad5c15 9b0a614
Author: annaskoulikari <gitlearningjourney@gmail.com>
Date:   Sun Feb 20 09:11:06 2022 +0100

    merge commit 2

commit 6ad5c15f033b68ad27f2c9bce8bfa93329b3c23e
Author: annaskoulikari <gitlearningjourney@gmail.com>
Date:   Sun Feb 20 08:41:25 2022 +0100

    violet
```

これで、**ビジュアル化 10-7** に示すように、Rainbow プロジェクトの 3 つのリポジトリーがすべて同期しました。

ビジュアル化 10-7

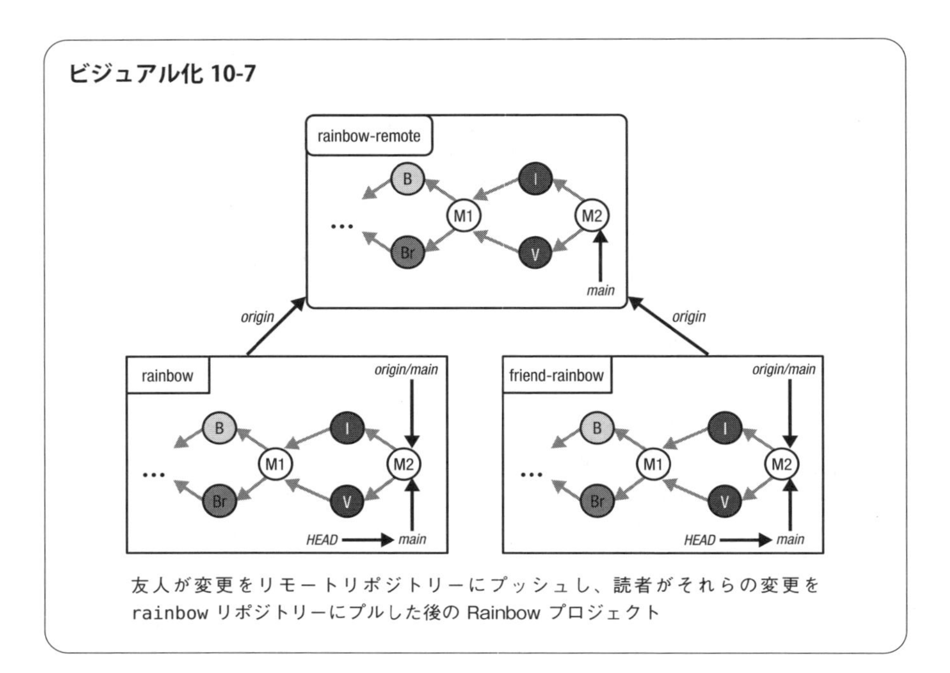

友人が変更をリモートリポジトリーにプッシュし、読者がそれらの変更を rainbow リポジトリーにプルした後の Rainbow プロジェクト

注目してほしいこと

- `rainbow-remote` リポジトリーでは、リモートブランチの `main` がマージコミット `M2` を指しています。
- `rainbow` リポジトリーでは、ローカルブランチの `main` とリモート追跡ブランチの `origin/main` がマージコミット `M2` を指しています。
- `friend-rainbow` リポジトリーでは、リモート追跡ブランチの `origin/main` が、マージコミット `M2` を指すように更新されています。

10.9 ローカルリポジトリーとリモートリポジトリーの状態（終了時点）

ビジュアル化 10-8 は、Rainbow プロジェクトのローカルリポジトリーとリモートリポジトリーの状態を示しています。これには、1 章からこの章の終わりまでに作成したすべてのコミットが含まれています。

ビジュアル化 10-8

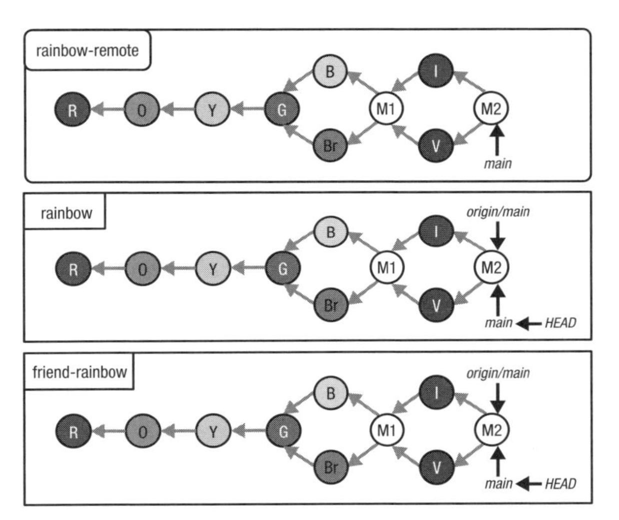

この章の終了時点での Rainbow プロジェクト。1 章以降のすべてのコミットが含まれている

10.10　まとめ

この章では、マージコンフリクトについて学びました。マージコンフリクトは、2 つのブランチによって同じファイルの同じ部分に異なる変更が加えられた場合や、一方のブランチで編集されたファイルがもう一方のブランチで削除された場合に、その 2 つのブランチをマージしようとすると発生します。また、マージコンフリクトを解決するための 2 つのステップについても学びました。まず、何を残すかを決め、ファイルの内容を編集し、コンフリクトマーカーを削除します。その後で、編集したファイルをステージングエリアに追加し、コミットを作成します。

マージコンフリクトは、3 方向マージの実行中またはリベースのプロセス中に発生する可能性があります。ここまではマージに着目してきました。次の章ではリベースについて学び、Rainbow プロジェクトでの例を体験します。

11章 リベース

すでに説明したように、Gitでは、あるブランチから別のブランチに変更を統合するための方法が主に2つあります。マージとリベースです。「5章　マージ」と「9章　3方向マージ」では、それぞれ、早送りマージと3方向マージについて学びました。前の章では、マージコンフリクトについて学び、3方向マージとリベースの両方でマージコンフリクトが発生する可能性があることを理解しました。

この章ではリベースについて学び、実際にリベースの例を体験します。リベースプロセスの5つのステージについて説明し、リベースのプロセス中にマージコンフリクトを解決する方法を提示します。マージとリベースの違いや、どのような場合にマージではなくリベースを使うべきかを考えます。また、リベースの黄金律について紹介します。これは、リベースを実行すべきでない状況を判断するために役立ちます。そのほかに、ステージングエリアについてさらに詳しく学び、次のコミットに含めたいものを整理するための下書きスペースとしての使い方を紹介します。

11.1　ローカルリポジトリーとリモートリポジトリーの状態

この章の開始時点では、`rainbow`および`friend-rainbow`という2つのローカルリポジトリーと、`rainbow-remote`という1つのリモートリポジトリーがあります。この3つのリポジトリーは、同じコミットとブランチを含んでいます。例によって、この章のサンプルを試すときには、`rainbow`リポジトリーと`friend-rainbow`リポジトリーについて別々のテキストエディターウィンドウとコマンドラインウィンドウを使うことを勧めます。

ビジュアル化11-1は、Rainbowプロジェクトのローカルリポジトリーとリモートリポジトリーの状態を示しています。これには、1章から10章までに作成したすべてのコミットが含まれています。

ビジュアル化 11-1

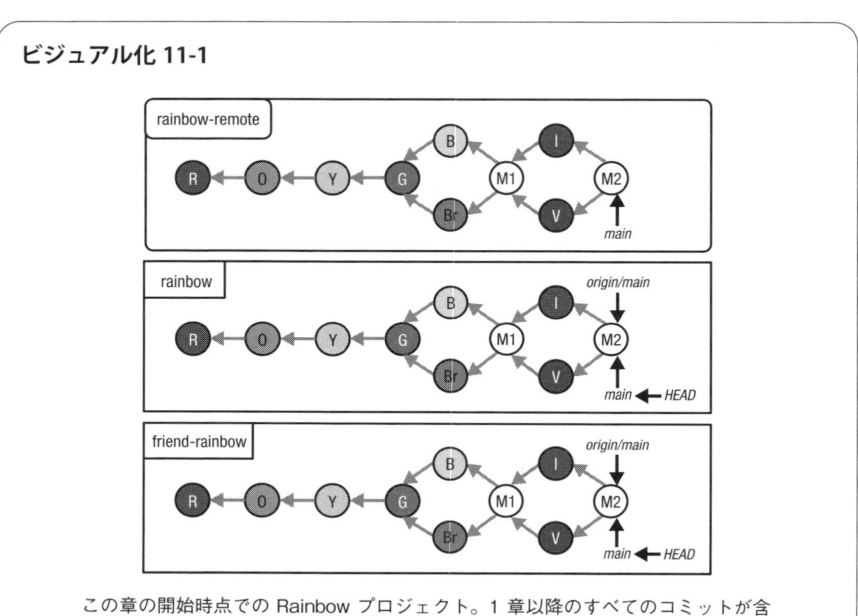

この章の開始時点での Rainbow プロジェクト。1章以降のすべてのコミットが含まれている

この章で作成するコミットに集中するために、ここからは**ビジュアル化**のダイアグラムを簡略化し、すべてのリポジトリーの main ブランチで作成された最後のコミット（M2 マージコミット）だけを表示します。**ビジュアル化 11-2** は、この表現方法で示したものです。

ビジュアル化 11-2

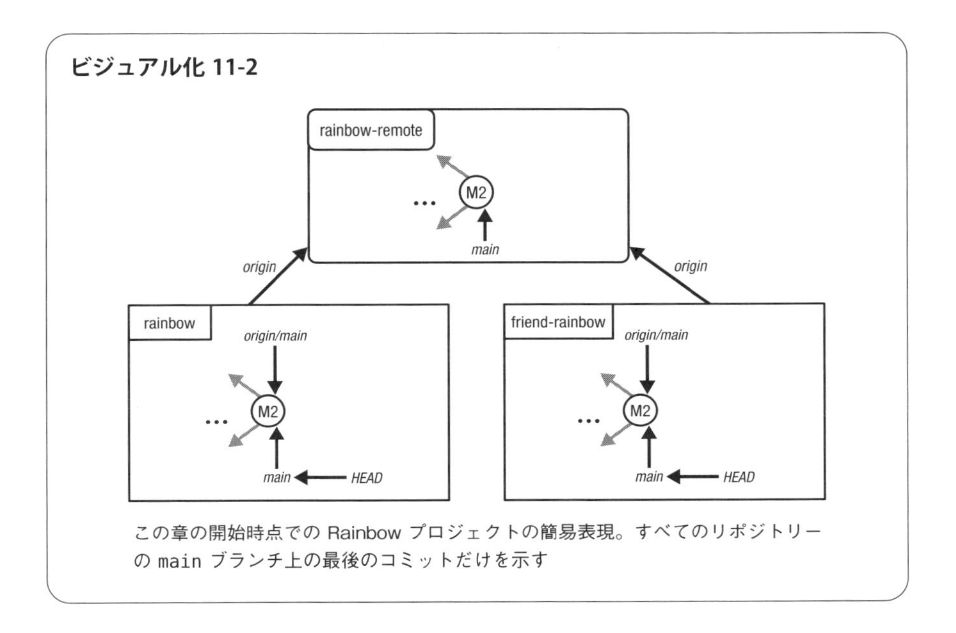

この章の開始時点での Rainbow プロジェクトの簡易表現。すべてのリポジトリーの `main` ブランチ上の最後のコミットだけを示す

11.2 Gitでの変更の統合

前の章までは、Git で変更を統合するための方法としてマージに着目してきました。早送りマージでは、ターゲットブランチのブランチポインターが、最新のコミットを指すように単純に移動するのに対して、3 方向マージでは、ソースブランチとターゲットブランチの開発履歴を統合するマージコミットが作成される（その結果、マージコンフリクトが発生する場合もある）ことを見てきました。

ビジュアル化 11-1 のリポジトリーの状態を見ると、green コミットまでは直線的なコミット履歴でしたが、3 方向マージで作成されたマージコミットによって、green コミットの後のコミット履歴は直線的でないことがわかります。チームや個人によっては、直線的なコミット履歴を維持することが好まれます。そのほうが、より整理されていて、よりシンプルであると感じられるからです。リベースのプロセスを使うと、3 方向マージとマージコミットを避けることができ、直線的なコミット履歴を維持できます。

リベース（rebase）は、あるブランチのすべてのコミット内で行われた作業を別のブランチに再適用し、まったく新しいコミットを作成します。その結果、あたかも、作成元のコミットとはまったく別の新しいコミットを使ってブランチを作成したかのように見えます。

リベースを実行するには、リベースしたい（リベース元となる）ブランチ上にいる必要があります。git rebase コマンドを使い、リベース先となるブランチの名前を引数として渡します。

コマンドの紹介

- `git rebase <branch_name>`
  別のブランチの先頭にコミットを再適用する

リベースによってまったく新しいコミットが作成されるということは、コミット履歴が変更されるということです。このような Git 操作を行うときには、十分な注意が必要です。「11.10 リベースの黄金律」では、ブランチをリベースすることが推奨されない状況について説明します。この章ではまず、リベースが Git プロジェクトでどのように使われるかを解説し、その後で Rainbow プロジェクトの例を体験します。最初に、リベースという方法を取りたい理由から考えてみましょう。

11.3 リベースはなぜ役に立つのか？

3 方向マージを避け、直線的なコミット履歴を維持するためにリベースが役立つことを説明するために、**サンプル Book プロジェクト 9-1** で紹介した例をもう一度取り上げてみましょう。**サンプル Book プロジェクト 11-1** を見てください。

サンプル Book プロジェクト 11-1

9 章のサンプルシナリオを使い、筆者と共著者がそれぞれ別の章に取り組むために、コミット B を指している main ブランチに基づいて別々のブランチを作成すると仮定しましょう。**図 11-1** に示すように、筆者は chapter_five ブランチを作成し、共著者は chapter_six ブランチを作成します。

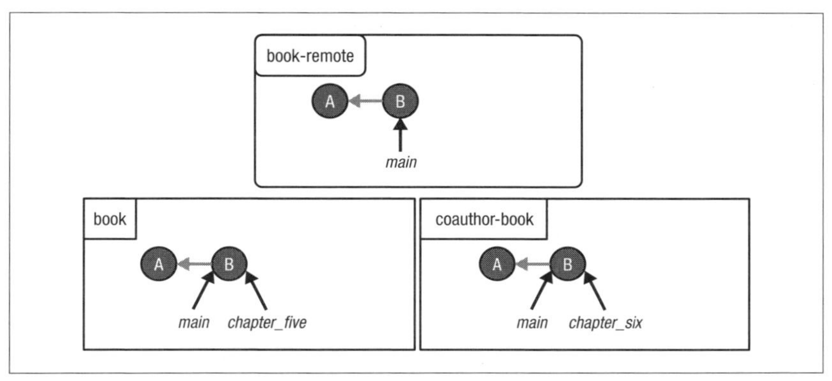

図11-1　筆者と共著者が別々の章に取り組むために別々のブランチを作成した後の Book プロジェクト

共著者は本の 6 章に取り組み、コミット C を作成します。共著者は自身の作業をローカルリポジトリーの main ブランチにマージし、更新した main ブランチをリモートリポジトリーにプッシュします。一方、筆者は 5 章に取り組み、ローカルリポジトリーでコミット D を作成します。しかし、まだ自分の作業をマージしたり共有したりはしていません。**図11-2** は、これらの様子を示しています。

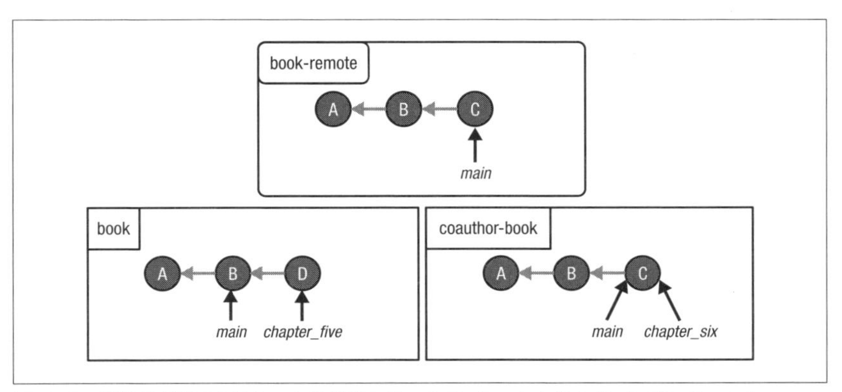

図11-2　共著者が変更をリモートリポジトリーにプッシュした後の Book プロジェクト

5 章の変更をローカルの main ブランチにマージする準備ができたときに、筆者には 2 つの選択肢があります。1 つは、リモートの main ブランチ上の変更をリモートリポジトリーからフェッチし、3方向マージを実行して、chapter_fiveブランチをmainブランチにマージすることです。その結果、マージコミットが作成されます（**図11-3**のコミットM）。この選択肢は9章で紹介した方法です。

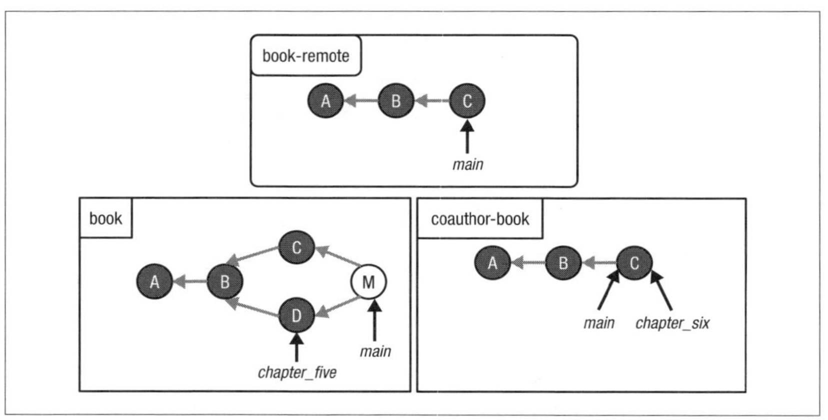

図11-3　3方向マージを使ってリモートリポジトリーから変更を統合した場合のBookプロジェクト

もう1つの選択肢は、後で自分のブランチをリベースする目的で、リモートリポジトリーから変更をプルすることです。これにより、ローカルのmainブランチが、コミットCを指すように更新されます。**図11-4**は、リモートのmainブランチから変更をプルした後のBookプロジェクトの状態を示しています。

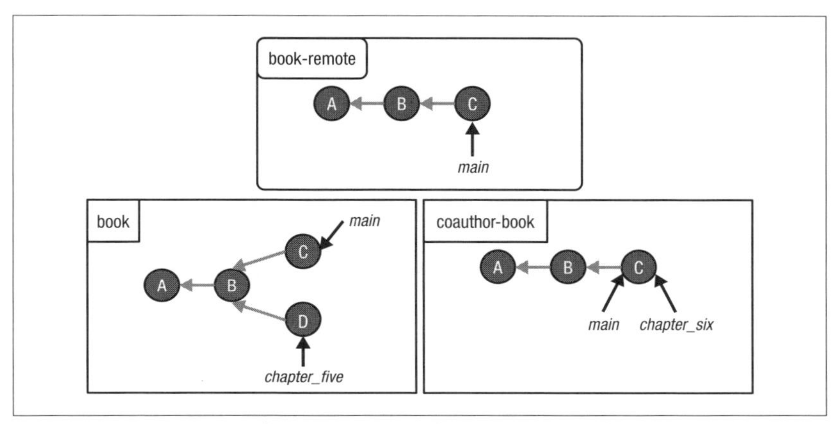

図11-4　リモートの main ブランチから変更をプルした後の Book プロジェクト

次に筆者は、更新された main ブランチの先頭に chapter_five ブランチをリベースします。すでに説明したように、リベースは chapter_five ブランチで作成したすべてのコミットを main ブランチに再適用し、まったく新しいコミットを作成します。この例では、main ブランチと分岐した後で chapter_five ブランチ上で作成したコミットは、コミット D だけです。ブランチをリベースすると、**図11-5** に示すように、新しい D' コミットが作成されます。名前の中のアポストロフィ（'）は、リベースされたコミットであることを表しています。

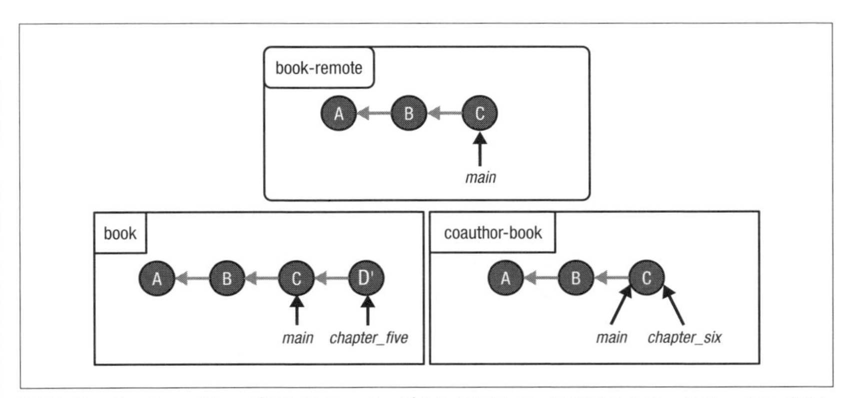

図11-5　chapter_five ブランチを main ブランチにリベースすることで、リモートリポジトリーの変更を統合した後の Book プロジェクト

D' コミットは、リベースのプロセス中に作成された、コミットDの新しいバージョンを表します。これは元のコミットDで行われたすべての変更を含んでいますが、新しいコミットハッシュを持つ、まったく新しいコミットです。

chapter_five ブランチのリベースが終わったら、**図11-6** に示すように、単純な早送りマージを使って main ブランチにマージすることができます。

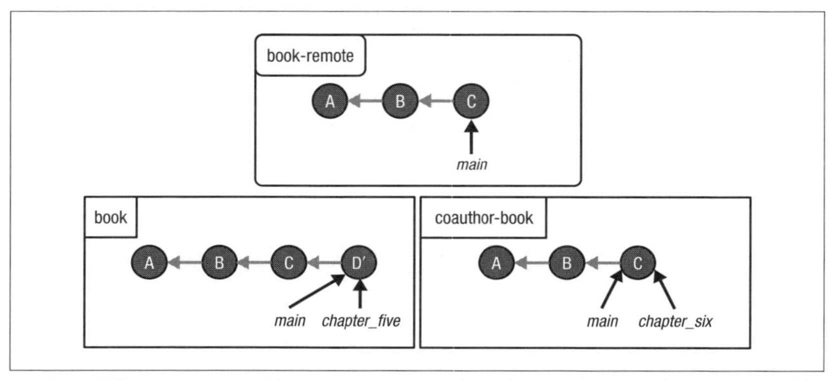

図11-6　単純な早送りマージを使って chapter_five ブランチを main ブランチにマージした後の Book プロジェクト

ブランチをリベースすることで、直線的なコミット履歴を維持することができ、マージコミットを作成せずに済みます。

注意してほしいのは、元のコミットDは、引き続きコミット履歴の中に存在することです。ただし、もはや book リポジトリー内のどのブランチにも含まれていないので、**図11-6** には示されていません。ブランチをリベースしても、そのブランチ上のコミットは削除されず、単にそれらが再作成されます。古いコミットは、引き続きコミット履歴の中に存在しています。

ここまで、リベースを使うと直線的なコミット履歴を維持できるという仮想の例を見てきました。次に、実際の例を体験するために、Rainbow プロジェクトで2つのブランチの間に分岐する開発履歴が存在する状況を作成しましょう。

11.4 リベースのシナリオをセットアップする

リベースの練習をするためには、分岐した開発履歴を作成する必要があります。読者は rainbow リポジトリーで 1 つのコミットを作成し、リモートリポジトリーにプッシュします。その後で友人が、リモートリポジトリーから変更をフェッチすることなく、friend-rainbow リポジトリーで 2 つのコミットを作成します。コミットを作成した後で、友人はリモートリポジトリーから変更をフェッチして、自身のブランチをリベースします。

実行手順 11-1 に進み、rainbow リポジトリーでコミットを作成します。

実行手順 11-1

1. テキストエディターウィンドウで、rainbow プロジェクトディレクトリーの othercolors.txt ファイルを開きます。2 行目に「Gray is not a color in the rainbow.」と追加し、ファイルを保存します。

2.
```
rainbow $ git add othercolors.txt
```

3.
```
rainbow $ git commit -m "gray"
[main 6f2cf36] gray
 1 file changed, 2 insertions(+), 1 deletion(-)
```

4.
```
rainbow $ git push
Enumerating objects: 5, done.
Counting objects: 100% (5/5), done.
Delta compression using up to 4 threads
Compressing objects: 100% (3/3), done.
Writing objects: 100% (3/3), 327 bytes | 327.00 KiB/s, done.
Total 3 (delta 0), reused 0 (delta 0), pack-reused 0
To https://github.com/gitlearningjourney/rainbow-remote.git
   f10f972..6f2cf36  main -> main
```

5.
```
rainbow $ git log
commit 6f2cf3698e6bf9078e8e0340ec9948f590405091 (HEAD -> main,
origin/main)
Author: annaskoulikari <gitlearningjourney@gmail.com>
Date:   Sun Feb 20 09:27:58 2022 +0100

    gray

commit f10f9725e3319af840a3d891ca8950436a219eb0
Merge: 6ad5c15 9b0a614
Author: annaskoulikari <gitlearningjourney@gmail.com>
Date:   Sun Feb 20 09:11:06 2022 +0100

    merge commit 2
```

注目してほしいこと

- 読者はgrayコミットを作成し、リモートリポジトリーにプッシュしました。

ビジュアル化 11-3 はこれを示しています。

ビジュアル化 11-3

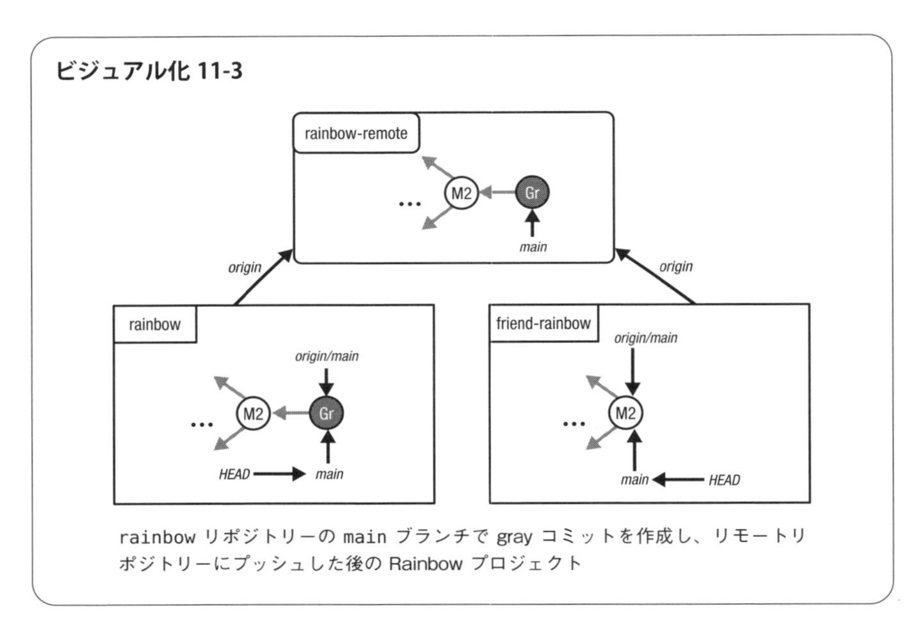

rainbowリポジトリーのmainブランチでgrayコミットを作成し、リモートリポジトリーにプッシュした後のRainbowプロジェクト

次に、友人が`friend-rainbow`リポジトリーで同じブランチに作業を追加します。この結果、読者の`main`ブランチと友人の`main`ブランチの間で履歴が分岐します。また、これは、ステージングエリアの有益な機能を紹介するいい機会です。

11.5 ファイルのステージングとステージング解除

この節では、友人が`friend-rainbow`リポジトリーの2つのファイルに変更を加え、それらをステージングエリアに追加します。しかしその後、それぞれの作業について、別々に2つのコミットを作成したいと考え直します。そのためには、ステージングエリアへのファイルの追加（ステージング）を取り消す必要があります。これを、**ステージング解除**（unstage）と呼びます。

ファイルをステージング解除しなければならない理由を確かめるために、**サンプル**

Book プロジェクト 11-2 を見てみましょう。ここでは、**サンプル Book プロジェクト 3-2** で見たシナリオをもう一度取り上げます。

サンプル Book プロジェクト 11-2

筆者は 1 章、2 章、3 章に取り組んでいて、それぞれの章に対応するファイル（chapter_one.txt、chapter_two.txt、chapter_three.txt）を編集していると仮定しましょう。筆者はこの 3 つのファイルをステージングエリアに追加します。つまり、1 章、2 章、3 章に加えたすべての変更が次のコミットに保存されるということです。当初の予定は、このすべての変更を編集者にレビューしてもらうことでした。

しかし、コミットを作成する前に、レビューしてもらう準備ができているのは、実は 2 章だけであることに気がつきました。言い換えれば、chapter_two.txt で行った変更だけを次のコミットに含めたいということです。ステージングエリアは下書きスペースのようなものであり、次のコミットに含めるものを準備するために、変更済みファイルを自由に追加したり取り消したりできる場所です。したがって、chapter_two.txt での変更だけが次のコミットに含まれるように（つまり、編集者がその変更だけをレビューできるように）、変更済みファイルの chapter_one.txt と chapter_three.txt をステージングエリアから取り除くことができます。

これで、ステージングエリアからファイルをステージング解除する方法を知っておかなければならない理由がわかったので、Rainbow プロジェクトでファイルのステージング解除を練習する準備ができました。

この後の例で何が行われているかを理解しやすくするために、再び Git ダイアグラムを使い、friend-rainbow リポジトリーに注目します。**ビジュアル化 11-4** は、friend-rainbow リポジトリーの現在の状態を示しています。

ビジュアル化 11-4

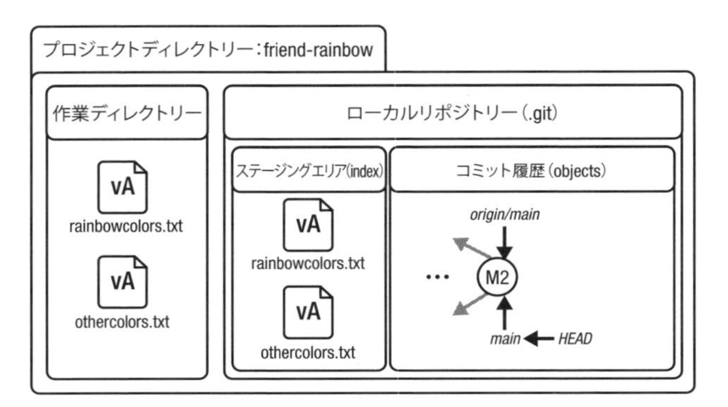

友人がファイルを編集する前の friend-rainbow プロジェクトディレクトリー

注目してほしいこと

- 作業ディレクトリーとステージングエリアの rainbowcolors.txt と othercolors.txt の現在のバージョンを、バージョン A（vA）として示してあります。

次に、**実行手順 11-2** に進み、友人がファイルに変更を加えます。

実行手順 11-2

1 friend-rainbow プロジェクトディレクトリーで、テキストエディターを使って次の作業を行います。
othercolors.txt ファイルを開き、2 行目に「Black is not a color in the rainbow.」と追加して、ファイルを保存します。
rainbowcolors.txt ファイルを開き、8 行目に「These are the colors of the rainbow.」と追加して、ファイルを保存します。

2
```
friend-rainbow $ git status
On branch main
Your branch is up to date with 'origin/main'.

Changes not staged for commit:
  (use "git add <file>..." to update what will be committed)
```

```
  (use "git restore <file>..." to discard changes in working directory)
        modified:   othercolors.txt
        modified:   rainbowcolors.txt

no changes added to commit (use "git add" and/or "git commit -a")
```

注目してほしいこと

- 友人は othercolors.txt と rainbowcolors.txt の両方を編集したので、それらのファイルが、ステージングエリアに追加されていない変更済みファイルとして表示されています。

ビジュアル化 11-5 はこれを示しています。

ビジュアル化 11-5

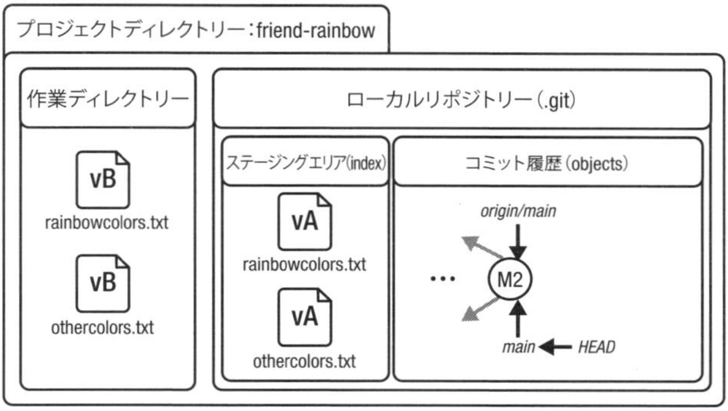

友人が作業ディレクトリー内の rainbowcolors.txt と othercolors.txt を編集した後の friend-rainbow プロジェクトディレクトリー

注目してほしいこと

- 友人が編集した rainbowcolors.txt と othercolors.txt の変更済みバージョンを、バージョン B（vB）として示してあります。
- ステージングエリアの rainbowcolors.txt と othercolors.txt のバージョン（vA）は、作業ディレクトリー内のバージョン（vB）とは異なります。

次に**実行手順 11-3** に進み、更新したファイルを次のコミットに含めるために、友人がそれらのファイルをステージングエリアに追加します。

実行手順 11-3

```
1 friend-rainbow $ git add rainbowcolors.txt othercolors.txt

2 friend-rainbow $ git status
  On branch main
  Your branch is up to date with 'origin/main'.

  Changes to be committed:
    (use "git restore --staged <file>..." to unstage)
          modified:   othercolors.txt
          modified:   rainbowcolors.txt
```

注目してほしいこと

- 友人は、変更済みファイルの rainbowcolors.txt と othercolors.txt をステージングエリアに追加しました。

ビジュアル化 11-6 はこれを示しています。

ビジュアル化 11-6

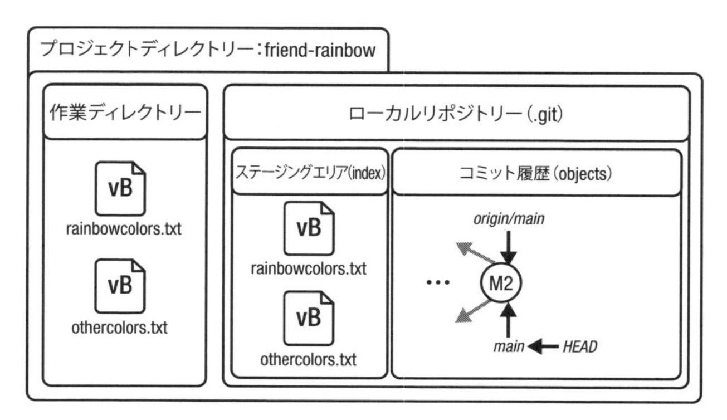

友人が rainbowcolors.txt と othercolors.txt の更新したバージョンをステージングエリアに追加した後の friend-rainbow プロジェクトディレクトリー

注目してほしいこと

- ステージングエリアの rainbowcolors.txt と othercolors.txt のバージョンが、vA から vB に変わっています。

ここで友人が、othercolors.txt に黒色（black）の記述を追加した作業と、rainbowcolors.txt に虹の色に関するコメントを追加した作業について、別々のコミットを作成したいと考えたと仮定しましょう。

「2.4.2 ステージングエリアの紹介」で、ステージングエリアとは下書きスペースのようなものであり、次のコミットに含めるものを準備するために、変更済みファイルを追加したり取り消したりできる場所であると説明しました。これまでは、git add コマンドを使うことで、ステージングエリアにファイルを追加してきました。ここでは、変更済みファイルをステージングエリアから解除する方法、言い換えれば、ステージングエリア内のファイルのバージョンを変更する（復元する）方法を学びましょう。**実行手順 11-3** の git status コマンドの出力結果で、Git は、ファイルをステージング解除するための方法を助言しています（use "git restore --staged <file>..." to unstage）。これが示しているように、変更済みファイルをステージングエリアから解除するには、--staged オプションの付いた git restore コマンドを使い、ステージング解除したいファイルの名前を、スペースで区切って渡します。

コマンドの紹介

- git restore --staged <filename>
  ステージングエリア内のファイルを、そのファイルの別のバージョンに復元する

Git のバージョンが 2.23 より古い場合は、git restore コマンドは使えません。その場合、前の出力結果では、git reset コマンドを使うように提案されるでしょう。git reset は、ファイルのステージング解除を行うことができる、もう 1 つのコマンドです。このコマンドを使う場合は、次の**実行手順**のステップ 1 で、git restore --staged rainbowcolors.txt の代わりに、git reset HEAD rainbowcolors.txt と入力します。Git では、多くの場合、同じ結果を得るために複数の方法があることを覚えておいてください。

実行手順 11-4 で、友人は、rainbowcolors.txt をステージング解除するために、**実行手順 11-3** の git status の出力結果で示されているコマンドを実行します。つまり、--staged オプションの付いた git restore コマンドを使い、ステージング解除したいファイル名（rainbowcolors.txt）を指定します。したがって、友人の次のコミットには、othercolors.txt で行った変更だけが含まれます。

実行手順 11-4

```
❶ friend-rainbow $ git restore --staged rainbowcolors.txt

❷ friend-rainbow $ git status
   On branch main
   Your branch is up to date with 'origin/main'.

   Changes to be committed:
     (use "git restore --staged <file>..." to unstage)
           modified:   othercolors.txt

   Changes not staged for commit:
     (use "git add <file>..." to update what will be committed)
     (use "git restore <file>..." to discard changes in working directory)
           modified:   rainbowcolors.txt
```

注目してほしいこと

- git status の出力結果は、othercolors.txt の更新されたバージョンは引き続きステージングエリアに存在しているが、rainbowcolors.txt の更新されたバージョンはステージング解除されており、もはやステージングエリアには存在していないことを示しています。

ビジュアル化 11-7 はこれを示しています。

ビジュアル化 11-7

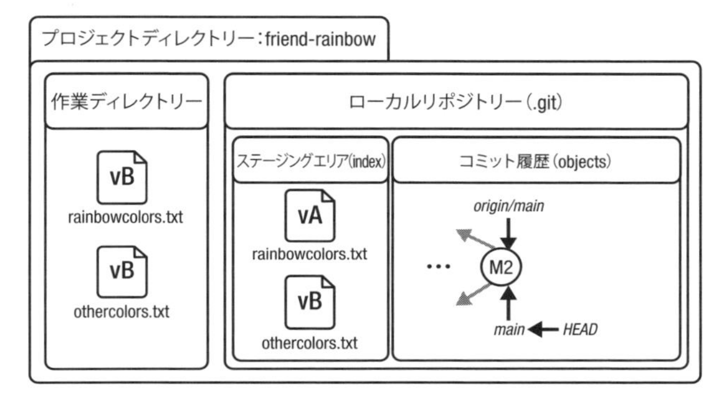

友人が rainbowcolors.txt をステージング解除した後の friend-rainbow プロジェクトディレクトリー

注目してほしいこと

- 友人は rainbowcolors.txt をステージング解除したので、ステージングエリア内のバージョンは vA に戻りました。
- othercolors.txt の更新されたバージョン（vB）は、引き続きステージングエリアに存在しています。
- 友人の最新の変更を含んだ rainbowcolors.txt のバージョン（vB）は、引き続き作業ディレクトリーに存在しています。

次の**実行手順 11-5** で、友人は、othercolors.txt ファイルの変更だけを含むコミットを作成します。

実行手順 11-5

1
```
friend-rainbow $ git commit -m "black"
[main 29bdadd] black
 1 file changed, 2 insertions(+), 1 deletion(-)
```

2
```
friend-rainbow $ git status
On branch main
Your branch is ahead of 'origin/main' by 1 commit.
  (use "git push" to publish your local commits)
```

```
Changes not staged for commit:
  (use "git add <file>..." to update what will be committed)
  (use "git restore <file>..." to discard changes in working directory)
        modified:   rainbowcolors.txt

no changes added to commit (use "git add" and/or "git commit -a")

3 friend-rainbow $ git log
commit 29bdadd50ddea41c75b476e776b6204a555b3d54 (HEAD -> main)
Author: annaskoulikari <gitlearningjourney@gmail.com>
Date:   Sun Feb 20 10:07:38 2022 +0100

    black

commit f10f9725e3319af840a3d891ca8950436a219eb0 (origin/main,
origin/HEAD)
Merge: 6ad5c15 9b0a614
Author: annaskoulikari <gitlearningjourney@gmail.com>
Date:   Sun Feb 20 09:11:06 2022 +0100

    merge commit 2
```

注目してほしいこと

- 友人はblackコミットを作成しました。
- ステップ2の`git status`の出力結果は、`rainbowcolors.txt`が作業ディレクトリー内の変更済みファイルであることを示しています。

ビジュアル化11-8は、**実行手順11-5**の後の`friend-rainbow`プロジェクトディレクトリーの状態を示しています。

ビジュアル化 11-8

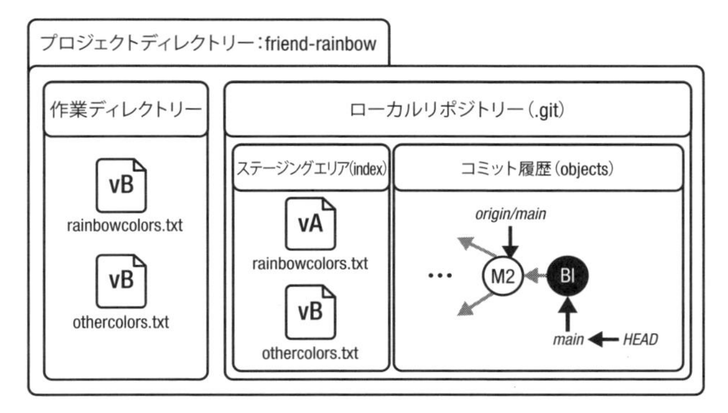

友人が black コミットを作成した後の friend-rainbow プロジェクトディレクトリー

次の**実行手順 11-6** で、友人は、rainbowcolors.txt ファイルに加えた変更をステージングエリアに追加し、新たなコミットを作成します。

実行手順 11-6

1
```
friend-rainbow $ git add rainbowcolors.txt
```

2
```
friend-rainbow $ git commit -m "rainbow"
[main 51dc6ec] rainbow
 1 file changed, 1 insertion(+), 1 deletion(-)
```

3
```
friend-rainbow $ git log
commit 51dc6ecb327578cca503abba4a56e8c18f3835e1 (HEAD -> main)
Author: annaskoulikari <gitlearningjourney@gmail.com>
Date:   Sun Feb 20 10:10:11 2022 +0100

    rainbow

commit 29bdadd50ddea41c75b476e776b6204a555b3d54
Author: annaskoulikari <gitlearningjourney@gmail.com>
Date:   Sun Feb 20 10:07:38 2022 +0100

    black

commit f10f9725e3319af840a3d891ca8950436a219eb0 (origin/main,
origin/HEAD)
```

```
Merge: 6ad5c15 9b0a614
Author: annaskoulikari <gitlearningjourney@gmail.com>
Date:   Sun Feb 20 09:11:06 2022 +0100

    merge commit 2
```

注目してほしいこと

- 友人は rainbow コミットを作成しました。

ビジュアル化 11-9 はこれを示しています。

ビジュアル化 11-9

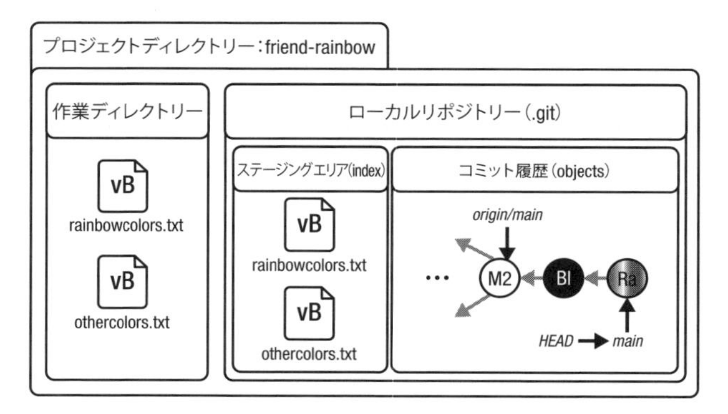

友人が `rainbowcolors.txt` をステージングエリアに追加し、コミットを作成した後の `friend-rainbow` プロジェクトディレクトリー

注目してほしいこと

- ステージングエリアの `rainbowcolors.txt` のバージョンは、`vB` に変わっています。これは、rainbow コミットに含まれるバージョンです。

この節では、希望するとおりにコミットを準備するために、ステージングエリアにファイルを追加したり、ステージングエリアからファイルを解除したりできることを確認しました。現時点で、`rainbow` リポジトリーの `main` ブランチと

friend-rainbow リポジトリーの main ブランチは、分岐する開発履歴を持っています。友人は、リベースを続行する前に、読者がリモートの main ブランチにプッシュしたすべての作業をリモートリポジトリーからフェッチする必要があります。

11.6 リベースの準備

この章の初めの**サンプル Book プロジェクト 11-1** で見たように、ブランチをリベースするには、まず、リベース先となるブランチで行われたすべての作業をフェッチする必要があります。**実行手順 11-7** で、友人は自身のブランチをリベースする準備として、リモートリポジトリーから最新の変更をフェッチします。

実行手順 11-7

1
```
friend-rainbow $ git fetch
remote: Enumerating objects: 5, done.
remote: Counting objects: 100% (5/5), done.
remote: Compressing objects: 100% (3/3), done.
remote: Total 3 (delta 0), reused 3 (delta 0), pack-reused 0
Unpacking objects: 100% (3/3), 307 bytes | 153.00 KiB/s, done.
From https://github.com/gitlearningjourney/rainbow-remote
   f10f972..6f2cf36  main       -> origin/main
```

2
```
friend-rainbow $ git log --all
commit 51dc6ecb327578cca503abba4a56e8c18f3835e1 (HEAD -> main)
Author: annaskoulikari <gitlearningjourney@gmail.com>
Date:   Sun Feb 20 10:10:11 2022 +0100

    rainbow

commit 29bdadd50ddea41c75b476e776b6204a555b3d54
Author: annaskoulikari <gitlearningjourney@gmail.com>
Date:   Sun Feb 20 10:07:38 2022 +0100

    black

commit 6f2cf3698e6bf9078e8e0340ec9948f590405091 (origin/main,
origin/HEAD)
Author: annaskoulikari <gitlearningjourney@gmail.com>
Date:   Sun Feb 20 09:27:58 2022 +0100

    gray
```

注目してほしいこと

- 友人はリモートリポジトリーから gray コミットをフェッチし、リモート追跡ブランチの `origin/main` が、それを指すように更新されました。

ビジュアル化 11-10 はこれを示しています。

ビジュアル化 11-10

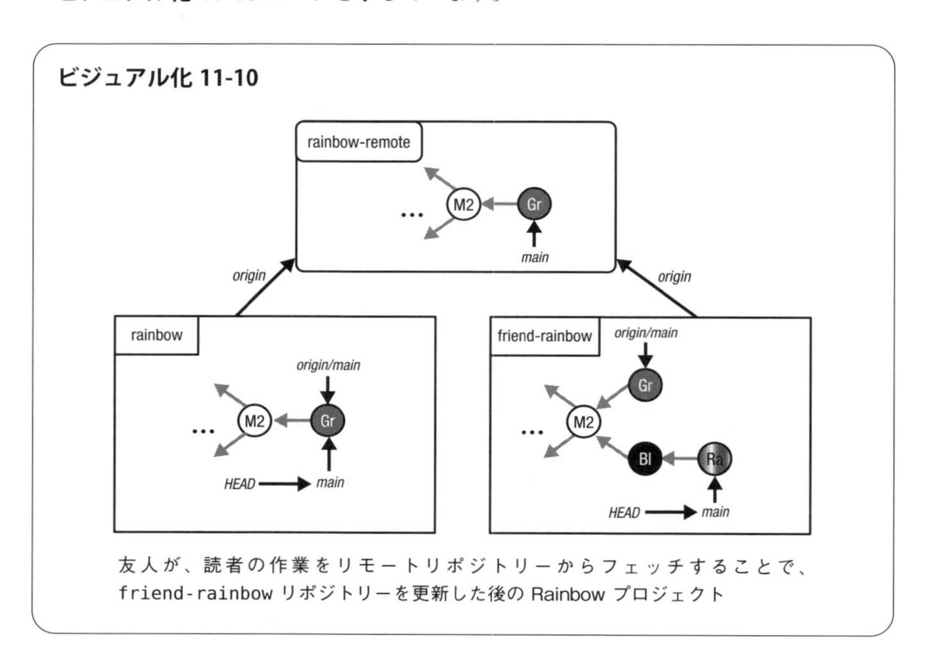

友人が、読者の作業をリモートリポジトリーからフェッチすることで、`friend-rainbow` リポジトリーを更新した後の Rainbow プロジェクト

`friend-rainbow` リポジトリーのリモート追跡ブランチ `origin/main` は、最新バージョンのリモートブランチ `main` を表しています。これで友人は、ローカルブランチの `main` をリモート追跡ブランチの `origin/main` にリベースする準備ができました。次に、リベースプロセスそのものの 5 つのステージについて説明します。

11.7 リベースプロセスの 5 つのステージ

この節では、リベースプロセスの 5 つのステージについて解説します。それぞれのステージを視覚的に表現するために、**ビジュアル化**のダイアグラムを提示します。これらのダイアグラムは、後で実行する練習課題の例を前もって示したものであり、友人がfriend-rainbowリポジトリーのmainブランチをリモート追跡ブランチのorigin/mainにリベースする様子を示しています。

リベースプロセスを開始するには、git rebaseコマンドを使います。すると、Gitはリベースプロセスそのものの5つのステージを実行します。ユーザーが積極的に関与しなければならないのは、マージコンフリクトが存在する場合だけです。そのような状況については、「11.8 リベースとマージコンフリクト」で詳しく説明します。

11.7.1 ステージ1：共通の祖先を探す

リベースプロセスの最初のステージで、Gitは、リベースに関係する2つのブランチ——ユーザーが現在いるブランチとリベース先となるブランチ——の共通の祖先を識別します。

Rainbowプロジェクトの例では、友人が現在いるブランチはfriend-rainbowリポジトリーのmainブランチであり、リベース先となるブランチは、リモート追跡ブランチのorigin/mainです。**ビジュアル化11-11**に示すように、共通の祖先はM2マージコミットです。

ビジュアル化 11-11

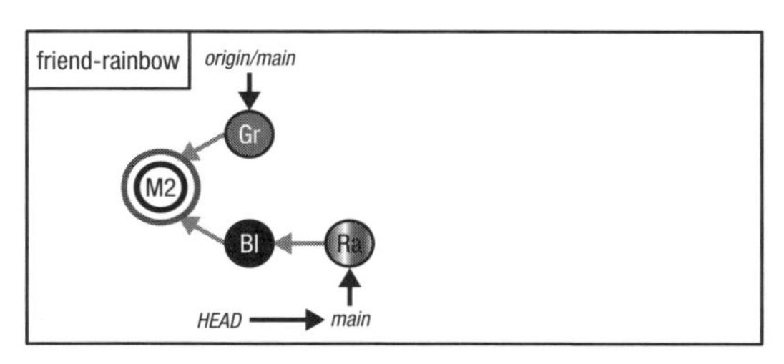

ステージ1：リベースに関係するブランチの共通の祖先を見つける（ここではM2マージコミット）

11.7.2 ステージ2：リベースに関係するブランチの情報を保存する

リベースプロセスのステージ2で、Gitは、ユーザーが現在いるブランチのそれぞれのコミットによって導入される変更を、一時的な領域に保存します。この一時領域には、リベース先となるのはどのブランチか、そのブランチがリベースの開始時にどこを指していたか、などの追加の情報も保存されます。

Rainbow プロジェクトの例では、**ビジュアル化 11-12** に示すように、black コミットと rainbow コミットによって導入される変更が、リモートの `main` ブランチに関する情報と一緒に一時領域に保存されます。

これ以降の**ビジュアル化**のダイアグラムでは、コミットによって導入される変更を三角形（△）で表します。

ビジュアル化 11-12

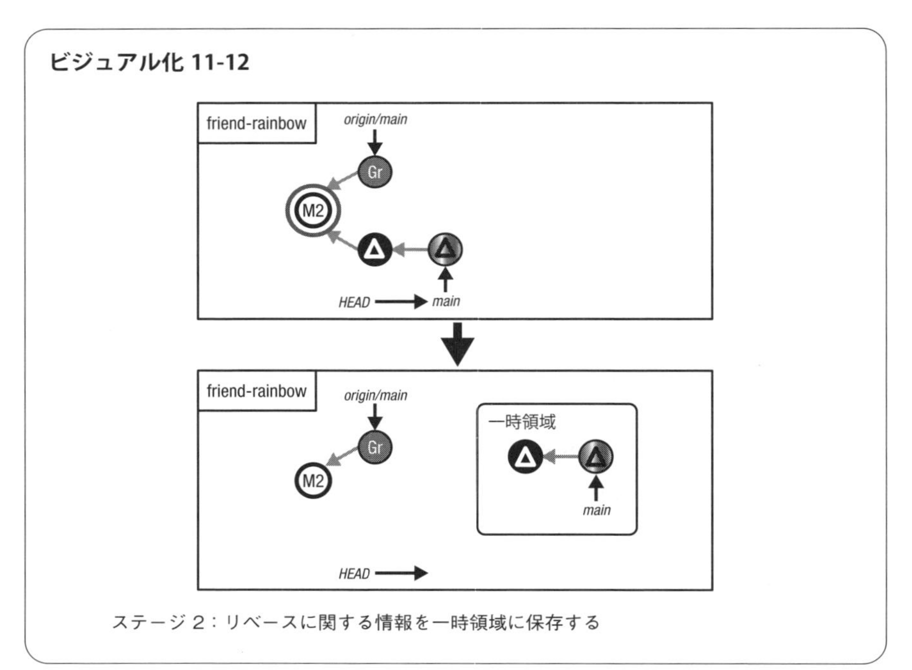

ステージ 2：リベースに関する情報を一時領域に保存する

11.7.3 ステージ3：HEADをリセットする

リベースプロセスのステージ3で、Git は、リベース先となるブランチと同じコミットを指すように `HEAD` をリセットします。

Rainbow プロジェクトの例では、**ビジュアル化 11-13** に示すように、リモート追跡ブランチの `origin/main` が指しているのと同じコミット（gray コミット）を指すように、HEAD がリセットされます。

ビジュアル化 11-13

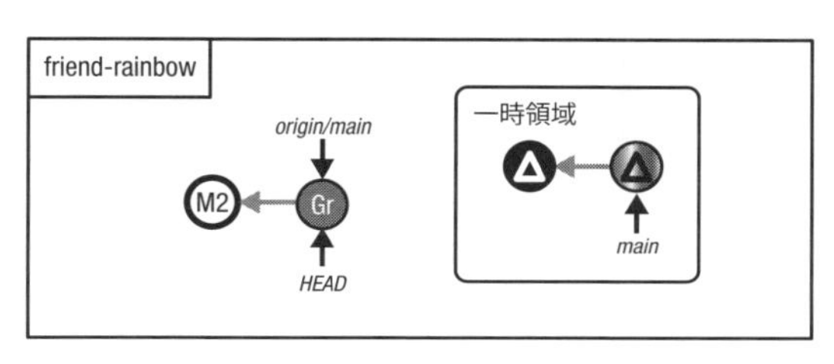

ステージ 3：リベース先となるブランチと同じコミット（ここでは gray コミット）を指すように HEAD をリセットする

11.7.4 ステージ 4：変更を適用し、コミットを作成する

リベースプロセスのステージ 4 で、Git は、それぞれのコミットでの変更を順番に適用し、それぞれの変更を適用した後でコミットを作成します。

Rainbow プロジェクトの例では、**ビジュアル化 11-14** に示すように、まず、black コミットによって導入される変更が適用され、新しいコミットが作成されます。次に、rainbow コミットによって導入される変更が適用され、新しいコミットが作成されます。

ビジュアル化 11-14

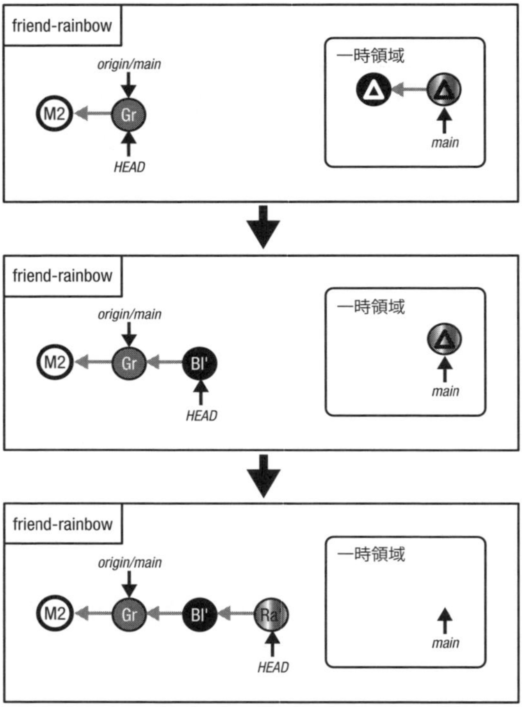

ステージ4：それぞれのコミット（ここでは black コミットと rainbow コミット）の変更を適用し、コミットを作成する

ビジュアル化 11-14 では、新しい black コミットと新しい rainbow コミットが、アポストロフィの付いた `Bl'` および `Ra'` として示されています。なぜなら、それらはまったく新しいコミットだからです。

11.7.5　ステージ5：リベース元のブランチに切り替える

リベースプロセスのステージ5で、Git は、再適用した最後のコミットを指すようにリベース元のブランチを更新し、HEAD がそれを指すようにするために、そのブランチをチェックアウトします。

Rainbow プロジェクトの例では、**ビジュアル化 11-15** に示すように、`main` ブランチが新しい rainbow コミットを指すようになります。

ビジュアル化 11-15

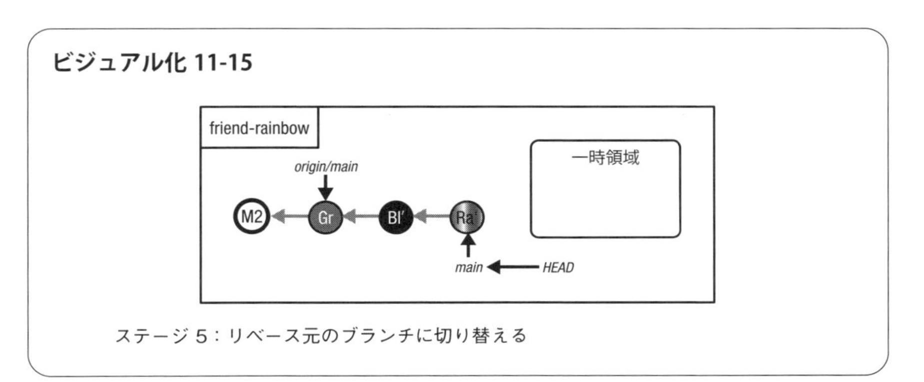

ステージ 5：リベース元のブランチに切り替える

これで、リベースプロセスの 5 つのステージの説明は終わりです。この節の初めに述べたように、Git はリベースプロセス全体を最後まで通して実行します。ユーザーは、`git rebase` コマンドを使ってプロセスを開始するだけです。ユーザーがリベースプロセスに関与する必要があるのは、Git がマージコンフリクトに遭遇した場合だけです。そのシナリオについて、次の節で簡単に見ておきましょう。

11.8　リベースとマージコンフリクト

前の章では、マージコンフリクトについて学びました。マージコンフリクトは、2 つのブランチによって同じファイルの同じ部分に異なる変更が加えられた場合や、一方のブランチで編集されたファイルがもう一方のブランチで削除された場合に、その 2 つのブランチをマージしようとすると発生します。

Git は、マージコンフリクトに遭遇しないかぎり、リベースプロセス全体を独立して実行します。マージコンフリクトが発生した場合は、ユーザーが介入し、解決する必要があります。リベース中のマージコンフリクトの解決プロセスは、3 方向マージでの解決プロセスと似ていますが、小さな違いがいくつかあります。

3 方向マージでコンフリクトを解決する場合は、すべてのマージコンフリクトが同時にユーザーに提示されます。すべてのコンフリクトを解決し、更新したすべてのファイルをステージングエリアに追加したら、最終的なマージコミットを作成します。これに対して、リベースのプロセスでは、各コミットでの変更が Git によって順番に 1 つずつ適用されるので、再適用されたコミットのいずれかでマージコンフリクトが発生すると、プロセスが一時停止されます。つまり、リベースでは、マージコンフリクトを含んでいるコミットの数に応じて、マージコンフリクトを複数回解決しなければならない場合があります。

あるコミットでマージコンフリクトを解決し終わったら、更新したファイルをステージングエリアに追加し、`--continue` オプションを指定して `git rebase` コマンドを実行することで、リベースプロセスを再開します。すると、Git は残りのコミットのリベースを続行します。コンフリクトを伴う 3 方向マージのときとは違って、明示的にコミットを作成する必要はありません。

マージと同様に、リベースでのマージコンフリクト解決プロセスのどの時点でも、リベースプロセスを続行しないことに決めた場合は、`--abort` オプションの付いた `git rebase` コマンドを使うことで、プロセスを中止できます。この結果、すべてのファイルがリベース前の状態に戻ります。

コマンドの紹介

- `git rebase --continue`
  マージコンフリクトを解決した後で、リベースプロセスを続行する
- `git rebase --abort`
  リベースプロセスを中止し、リベース前の状態に戻す

これで、リベースを実行すると何が行われるかがわかったので、実際に Rainbow プロジェクトで練習してみましょう。

11.9 ブランチのリベースを実際に試す

実行手順 11-8 に進みます。ここでは、友人がローカルリポジトリーの `main` ブランチをリモート追跡ブランチの `origin/main` にリベースします。

実行手順 11-8

1. `friend-rainbow` プロジェクトディレクトリーで、black コミットと rainbow コミットのコミットハッシュを書き留めます。`git log` コマンドを使うとコミットハッシュを確認できます。本書の例では、コミットハッシュは次のとおりです。

```
black コミット：
29bdadd50ddea41c75b476e776b6204a555b3d54

rainbow コミット：
51dc6ecb327578cca503abba4a56e8c18f3835e1

2 friend-rainbow $ git rebase origin/main
Auto-merging othercolors.txt
CONFLICT (content): Merge conflict in othercolors.txt
error: could not apply 29bdadd... black
hint: Resolve all conflicts manually, mark them as resolved with
hint: "git add/rm <conflicted_files>", then run "git rebase --continue".
hint: You can instead skip this commit: run "git rebase --skip".
hint: To abort and get back to the state before "git rebase", run
"git rebase --abort".
Could not apply 29bdadd... black

3 friend-rainbow $ git status
interactive rebase in progress; onto 6f2cf36
Last command done (1 command done):
   pick 29bdadd black
Next command to do (1 remaining command):
   pick 51dc6ec rainbow
  (use "git rebase --edit-todo" to view and edit)
You are currently rebasing branch 'main' on 'bcb1dc0'.
  (fix conflicts and then run "git rebase --continue")
  (use "git rebase --skip" to skip this patch)
  (use "git rebase --abort" to check out the original branch)

Unmerged paths:
  (use "git restore --staged <file>..." to unstage)
  (use "git add <file>..." to mark resolution)
        both modified:   othercolors.txt

no changes added to commit (use "git add" and/or "git commit -a")
```

注目してほしいこと

- black コミットに含まれていた変更の適用中に、Git がマージコンフリクトに遭遇したので、リベース操作は中断されました。
- ステップ 2 で、`git rebase` コマンドは、次のようにユーザーに助言しています。

```
Resolve all conflicts manually, mark them as resolved with
"git add/rm <conflicted_files>", then run "git rebase --continue".
すべてのコンフリクトを手動で解決し、
"git add/rm <コンフリクトの発生したファイル>" を使って
それらを解決済みとマークし、"git rebase --continue" を実行する。
```

- ステップ3の `git status` コマンドも、リベースに関する情報と、どのファイルでマージコンフリクトが発生しているかを示しています。

実行手順 11-9 で友人は、前の章で学んだ、マージコンフリクトを解決するためのステップを適用します。それが終わったら、`git rebase --continue` コマンドを実行します。

実行手順 11-9

1. 10.5.1 節のマージコンフリクト解決のステップ1（何を残すかを決め、ファイルの内容を編集し、コンフリクトマーカーを削除する）を実行します。ここでは、両方のブランチのすべての変更を残すことにします。`othercolors.txt` ファイルの「Black is not a color in the rainbow.」の行の上に、「Gray is not a color in the rainbow.」の行を残します。
   編集が終わったら、忘れずにファイルを保存してください。
2. `friend-rainbow $ `**`git add othercolors.txt`**
3. `friend-rainbow $ `**`git status`**
```
interactive rebase in progress; onto 6f2cf36
Last command done (1 command done):
   pick 29bdadd black
Next command to do (1 remaining command):
   pick 51dc6ec rainbow
  (use "git rebase --edit-todo" to view and edit)
You are currently rebasing branch 'main' on 'bcb1dc0'.
  (all conflicts fixed: run "git rebase --continue")

Changes to be committed:
  (use "git restore --staged <file>..." to unstage)
        modified:   othercolors.txt
```
4. `friend-rainbow $ `**`git rebase --continue`**
5. Vim エディターでデフォルトのコミットメッセージを受け入れ、エディターを終了します。「9章 3方向マージ」で学んだように、これを行うには、［Esc］キーを押し、`:wq` を入力し、［Enter］キーを押します。

次のような出力結果が表示されます。

```
[detached HEAD e055f2b] black
 1 file changed, 3 insertions(+), 1 deletion(-)
Successfully rebased and updated refs/heads/main.
```

6
```
friend-rainbow $ git log
commit 7c09136bcbfdd9f638ed13c6653e06451579d21c (HEAD -> main)
Author: annaskoulikari <gitlearningjourney@gmail.com>
Date:   Sun Feb 20 10:10:11 2022 +0100

    rainbow

commit e055f2bc66aed1f3627041900a8c825c7a875206
Author: annaskoulikari <gitlearningjourney@gmail.com>
Date:   Sun Feb 20 10:07:38 2022 +0100

    black

commit 6f2cf3698e6bf9078e8e0340ec9948f590405091 (origin/main,
origin/HEAD)
Author: annaskoulikari <gitlearningjourney@gmail.com>
Date:   Sun Feb 20 09:27:58 2022 +0100

    gray
```

注目してほしいこと

- ステップ 3 で、`git status` の出力結果は、次のように報告しています。

  ```
  all conflicts fixed: run "git rebase --continue"
  すべてのコンフリクトが修正済み："git rebase --continue"を実行
  ```

- ステップ 6 で、`git log` の出力結果は、リベースプロセスによって新しい rainbow コミットと新しい black コミットが作成されたことを示しています。それらのコミットハッシュが新しいものになっています。

ビジュアル化 11-16 は、このプロセスの結果を示しています。

ビジュアル化 11-16

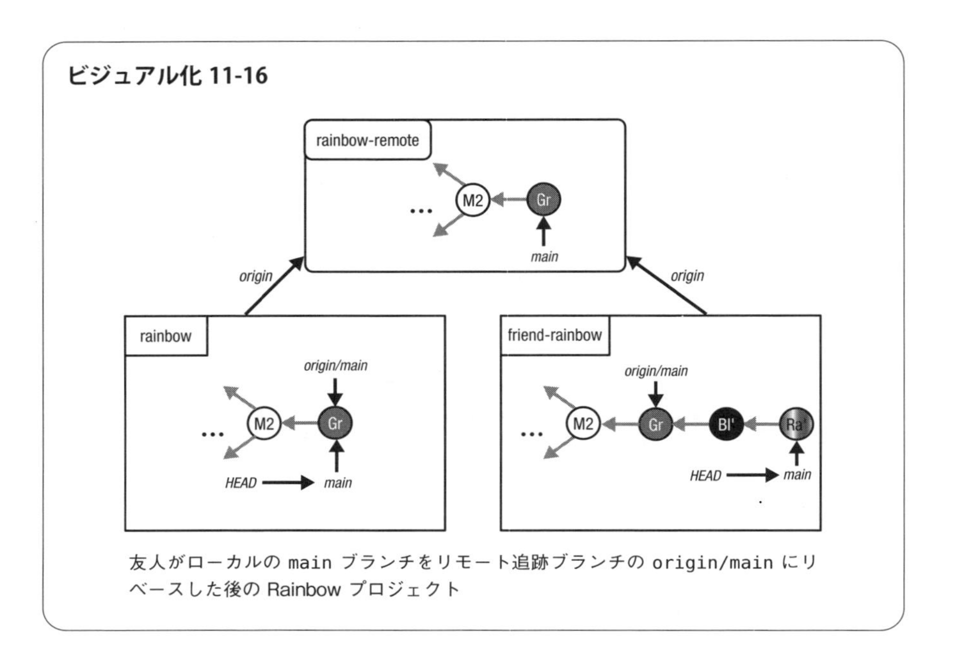

友人がローカルの main ブランチをリモート追跡ブランチの origin/main にリベースした後の Rainbow プロジェクト

注目してほしいこと

- 新しい black コミットと新しい rainbow コミットが、アポストロフィ付きの `Bl'` および `Ra'` として示されています。
- `friend-rainbow` リポジトリーでは、gray コミット、新しい black コミット、新しい rainbow コミットが直線的なコミット履歴を形成しています。つまり、マージコミットは存在していません。

図11-7 は、古い black コミットおよび rainbow コミットのコミットハッシュと、新しい black コミットおよび rainbow コミットのコミットハッシュを比較したものです。コミットハッシュは一意の値なので、読者のコミットハッシュは本書のものとは異なります。

リベース前

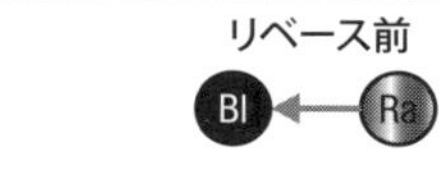

古いblackコミット:
29bdadd50ddea41c75b476e776b6204a555b3d54

古いrainbowコミット:
51dc6ecb327578cca503abba4a56e8c18f3835e1

リベース後

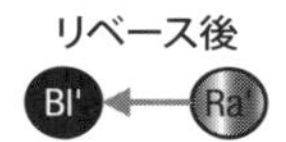

新しいblackコミット:
e055f2bc66aed1f3627041900a8c825c7a875206

新しいrainbowコミット:
7c09136bcbfdd9f638ed13c6653e06451579d21c

図11-7 新しい black コミットと rainbow コミットのコミットハッシュは、古いコミットのコミットハッシュとは異なる

この練習を通じて、リベースによって履歴が書き換えられることを観察しました。それはまた、リベースの黄金律を知っておくことの重要性を示しています。

11.10 リベースの黄金律

Rainbow プロジェクトの例で見たように、リベースはまったく新しいコミットを作成します。つまり、リベースはコミット履歴を変更します。プロジェクトが複雑になってしまうおそれがあるので、コミット履歴を変更するときには常に注意が必要です。特に、他のユーザーと一緒に作業している場合は注意してください。

リベースの黄金律とは、「他のユーザーが作業の基盤としている可能性のあるブランチをリベースしてはいけない」というものです。たとえば、リモートリポジトリーにブランチをプッシュした場合、それは公開ブランチと見なされます。つまり、他の共同作業者が、ローカルリポジトリー内のそのブランチで作業をしていたり、リモートリポジトリー内のそのブランチに作業をプッシュしていたりする可能性があります。

このような場合にブランチをリベースすることは控えるべきです。リベースの黄金律の重要性を調べるために、**サンプル Book プロジェクト 11-3** を見てみましょう。

ここでは、**サンプル Book プロジェクト 11-1** で議論した状況をもう一度取り上げます。

サンプル Book プロジェクト 11-3

サンプル Book プロジェクト 11-1 では、筆者が chapter_five ブランチを、共著者が chapter_six ブランチをそれぞれ作成したときに、main ブランチ上に 2 つのコミット（A と B）が存在する状況を紹介しました。その後、共著者が chapter_six ブランチのコミット C を自身の main ブランチにマージし、更新した main ブランチをリモートリポジトリーにプッシュしました。一方で筆者は、ローカルリポジトリーの chapter_five ブランチにコミット D を追加しました。**図 11-8** は、この最初のシナリオを示しています。

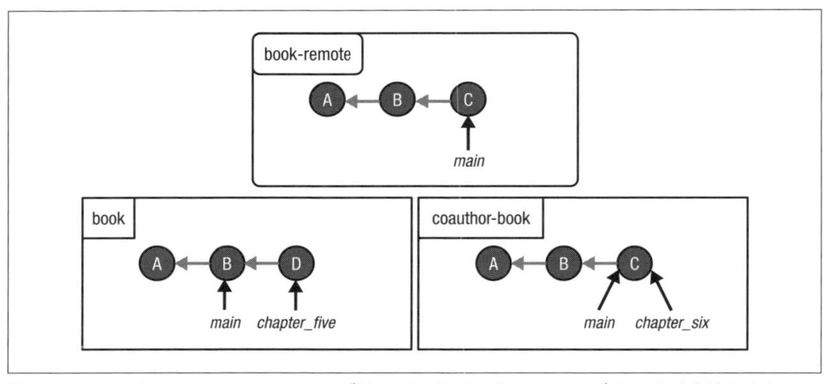

図 11-8　ローカルの chapter_five ブランチとリモートの main ブランチが分岐したときの Book プロジェクト

ここで、筆者が chapter_five ブランチをリモートリポジトリーにプッシュし、その後で、リモートリポジトリーからコミット C をプルして、ローカルの main ブランチを更新すると仮定しましょう。筆者は、自身の chapter_five ブランチを main ブランチの最新バージョンにリベースしようと考えます。しかし、これはリベースの黄金律に反しています。**図 11-9** は、この状況を表しています。

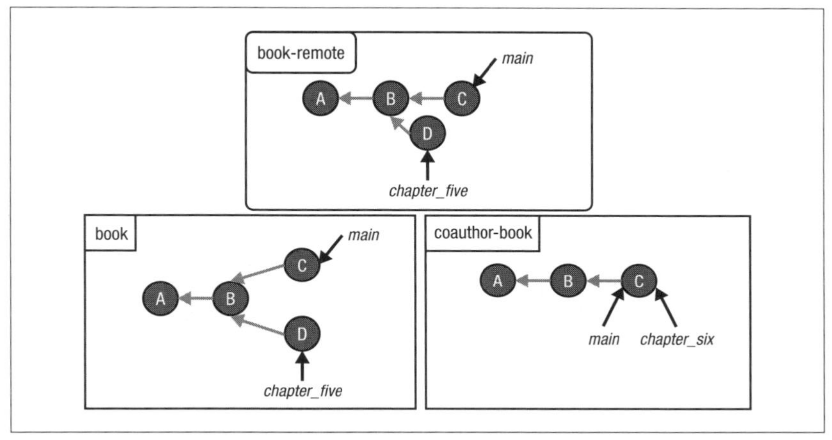

図11-9 筆者が chapter_five ブランチをリモートリポジトリーにプッシュし、main ブランチのコミットをプルした後の Book プロジェクト

筆者は自分のミスに気づかずに計画を推進し、chapter_five ブランチを main ブランチにリベースします。**図11-10** は、リベース後のローカルリポジトリーとリモートリポジトリーの状態を示しています。book リポジトリーの D' は、リベース時に再作成されたコミット D を表しています。

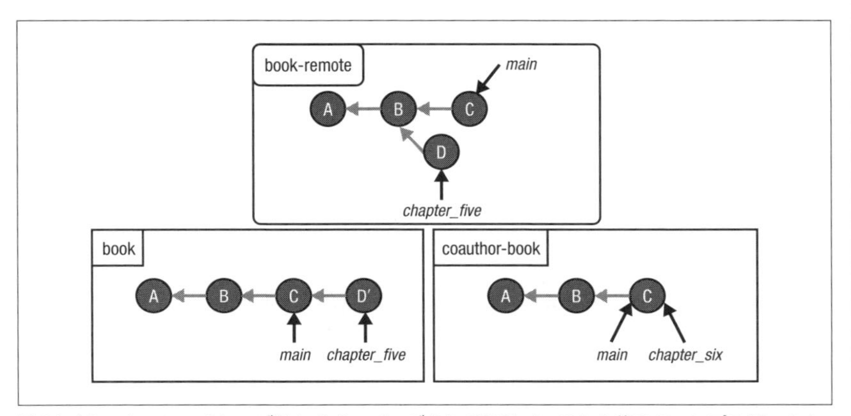

図11-10 chapter_five ブランチを main ブランチにリベースした後の Book プロジェクト

筆者はまだ、更新した chapter_five ブランチをリモートリポジトリーにプッ

シュしていません。ここで、共著者がリモートリポジトリーの chapter_five ブランチを見て、それに取り組むことに決めたと仮定しましょう。共著者はリモートの chapter_five ブランチを coauthor-book リポジトリーにプルし、コミット E と F を追加して、リモートリポジトリーにプッシュします。**図11-11** は、この状況を示しています。

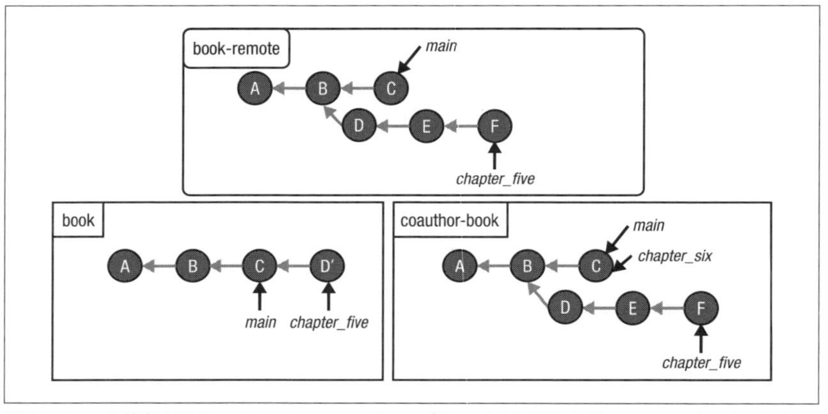

図11-11 共著者がリモートの chapter_five ブランチを更新した後の Book プロジェクト

筆者が自身の chapter_five ブランチをリモートリポジトリーにプッシュしようとすると、次のようなエラーが発生します。

```
error: failed to push some refs to 'https://github.com/gitlearning
journey/book-remote.git'
hint: Updates were rejected because the tip of your current branch
is behind its remote counterpart. Integrate the remote changes
(e.g. 'git pull ...') before pushing again.
エラー：'https://github.com/gitlearningjourney/book-remote.git'への
ref のプッシュに失敗しました。
ヒント：現在のブランチの先頭（最新のコミット）が、対応するリモートの
ブランチよりも遅れているので、更新は拒否されました。リモートの変更を
統合してから（たとえば、'git pull ...'）、再びプッシュしてください。
```

このエラーは、筆者が自身の変更をリモートリポジトリーにプッシュできないことを報告しています。**図11-11** を見てわかるように、リモートの chapter_five ブランチとローカルの chapter_five ブランチのコミット履歴は、もはや

> 同じコミットを含んでいません。リモートの chapter_five ブランチはコミット A、B、D、E、F で構成されていますが、ローカルの chapter_five ブランチはコミット A、B、C、D' で構成されています。
>
> これは厄介な状況です。今となっては、筆者と共著者がこの問題を簡単に解決できる方法はありません。自分たちのブランチの不一致をどうしたら解決できるか、話し合う必要があります。

サンプル Book プロジェクト 11-3 は、リベース操作を行う場合にリベースの黄金律に従うべき理由を示しています。結論を言えば、ブランチを安全にリベースできるのは、次に示す場合だけです。

- リベースしたいローカルブランチをリモートリポジトリーにプッシュしたことがない場合
- リベースしたいローカルブランチをリモートリポジトリーにプッシュしたことはあるが、誰もそれに基づいて作業していないと 100% 確信を持って言える場合

これだけです。そのブランチで誰かほかのユーザーが作業をした可能性がある場合は、リベースしないことを勧めます。

11.11 リポジトリーを同期させる

Rainbow プロジェクトのすべてのリポジトリーが同期しているためには、友人が自身の変更をリモートリポジトリーにプッシュし、読者がその変更を rainbow リポジトリーにプルする必要があります。**実行手順 11-10** に進み、これを実行します。

実行手順 11-10

```
1 friend-rainbow $ git push
Enumerating objects: 9, done.
Counting objects: 100% (9/9), done.
Delta compression using up to 4 threads
Compressing objects: 100% (6/6), done.
Writing objects: 100% (6/6), 652 bytes | 652.00 KiB/s, done.
Total 6 (delta 1), reused 0 (delta 0), pack-reused 0
remote: Resolving deltas: 100% (1/1), completed with 1 local object.
```

```
To https://github.com/gitlearningjourney/rainbow-remote.git
   6f2cf36..7c09136  main -> main
```

2
```
friend-rainbow $ git log
commit 7c09136bcbfdd9f638ed13c6653e06451579d21c (HEAD -> main,
origin/main, origin/HEAD)
Author: annaskoulikari <gitlearningjourney@gmail.com>
Date:   Sun Feb 20 10:10:11 2022 +0100

    rainbow

commit e055f2bc66aed1f3627041900a8c825c7a875206
Author: annaskoulikari <gitlearningjourney@gmail.com>
Date:   Sun Feb 20 10:07:38 2022 +0100

    black
```

3 次のステップ4のコマンドを実行するために、現在、rainbowリポジトリーにいるコマンドラインウィンドウのほうに移ります。

4
```
rainbow $ git pull
remote: Enumerating objects: 9, done.
remote: Counting objects: 100% (9/9), done.
remote: Compressing objects: 100% (5/5), done.
remote: Total 6 (delta 1), reused 6 (delta 1), pack-reused 0
Unpacking objects: 100% (6/6), 632 bytes | 105.00 KiB/s, done.
From https://github.com/gitlearningjourney/rainbow-remote
   6f2cf36..7c09136  main       -> origin/main
Updating 6f2cf36..7c09136
Fast-forward
 othercolors.txt   | 4 +++-
 rainbowcolors.txt | 2 +-
 2 files changed, 4 insertions(+), 2 deletions(-)
```

5
```
rainbow $ git log
commit 7c09136bcbfdd9f638ed13c6653e06451579d21c (HEAD -> main,
origin/main)
Author: annaskoulikari <gitlearningjourney@gmail.com>
Date:   Sun Feb 20 10:10:11 2022 +0100

    rainbow

commit e055f2bc66aed1f3627041900a8c825c7a875206
Author: annaskoulikari <gitlearningjourney@gmail.com>
Date:   Sun Feb 20 10:07:38 2022 +0100

    black
```

これで、**ビジュアル化 11-17** に示すように、Rainbow プロジェクトの 3 つのリポジトリーがすべて同期しました。

ビジュアル化 11-17

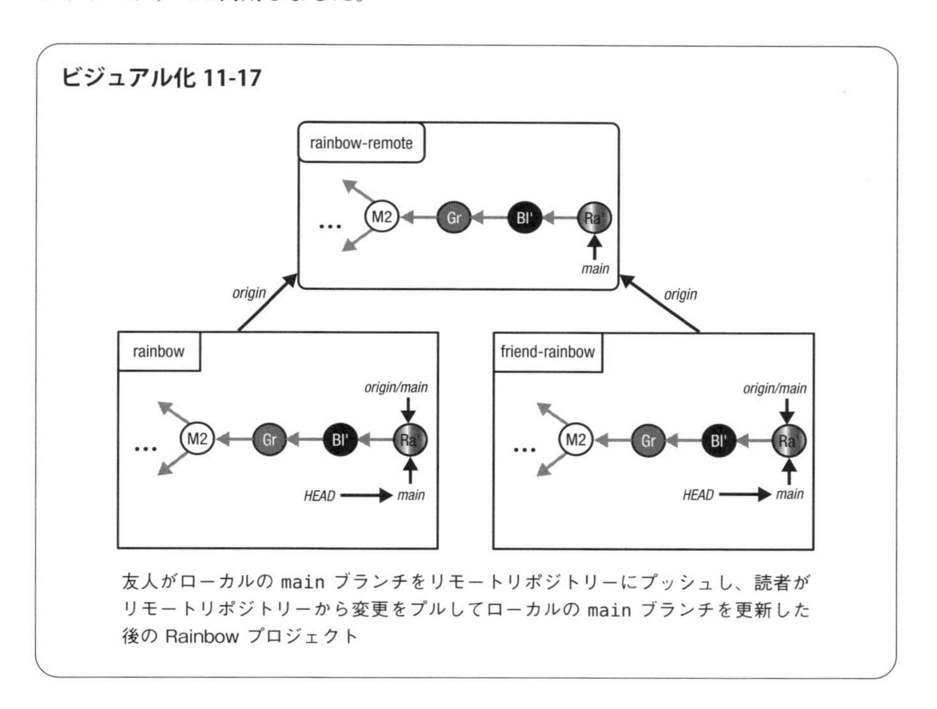

友人がローカルの main ブランチをリモートリポジトリーにプッシュし、読者がリモートリポジトリーから変更をプルしてローカルの main ブランチを更新した後の Rainbow プロジェクト

11.12 ローカルリポジトリーとリモートリポジトリーの状態（終了時点）

ビジュアル化 11-18 は、Rainbow プロジェクトのローカルリポジトリーとリモートリポジトリーの状態を示しています。これには、1 章からこの章の終わりまでに作成したすべてのコミットが含まれています。

ビジュアル化 11-18

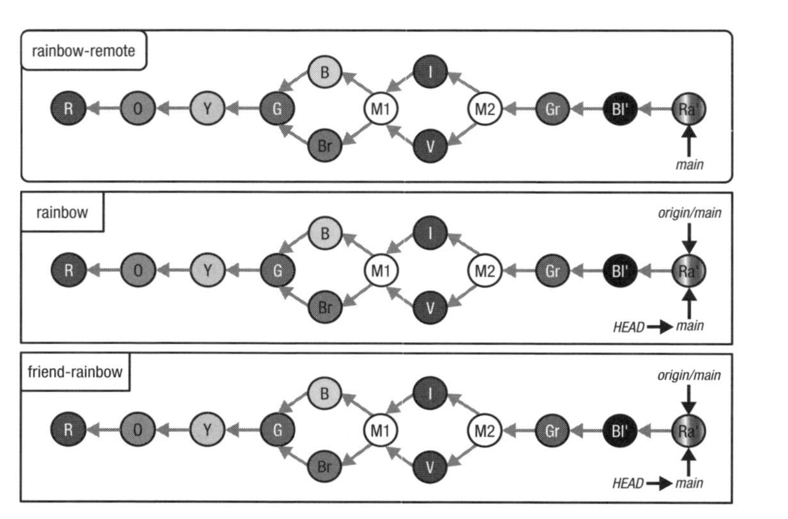

この章の終了時点での Rainbow プロジェクト。1 章以降のすべてのコミットが含まれている

11.13 まとめ

この章では、リベース――あるブランチから別のブランチに変更を統合するためのもう1つの方法――について学び、それを使うと3方向マージやマージコンフリクトを回避できることを理解しました。Git が実行する、リベースプロセスの5つのステージについても学び、Rainbow プロジェクトの例を使ってリベースの練習をしました。その過程で、マージコンフリクトを解決する練習もしました。

リベースはコミット履歴を書き換えるので、リベースの黄金律について紹介しました。これは、「他の共同作業者が作業の基盤としている可能性のあるブランチをリベースしてはいけない」というものです。また、コミットに含めるものを希望どおりにカスタマイズできるように、変更済みファイルをステージング解除する方法、すなわちステージングエリアへのファイルの追加を取り消す方法を学びました。

ここまでは、ローカルリポジトリーで作業している場合に、マージまたはリベースを使ってブランチから別のブランチに変更を統合する方法を説明してきました。次の章では、Git プロジェクトのための有益なコラボレーションツールであるプルリクエストについて学びます。これを使うと、リモートリポジトリー内で変更を統合することができます。

12章 プルリクエスト（マージリクエスト）

ここまで本書では、ローカルリポジトリーで作業している場合に、ブランチから別のブランチに変更を統合する方法について説明してきました。

この章では、プルリクエストについて学びます。これは共同作業のための有益なツールであり、これを使うと、ブランチから別のブランチへの変更の統合をリモートリポジトリー内で行うことができます。また、学習の過程で、新しいローカルブランチに対して、より簡単に上流ブランチを定義する方法について学びます。

「付録D　補足資料」には、この章に取り組むときに役立つ追加の情報が含まれています。

12.1　ローカルリポジトリーとリモートリポジトリーの状態

この章の開始時点では、rainbow および friend-rainbow という 2 つのローカルリポジトリーと、rainbow-remote という 1 つのリモートリポジトリーがあります。この 3 つのリポジトリーは同じコミットとブランチを含んでいて、同期しています。

ビジュアル化 12-1 は、Rainbow プロジェクトのローカルリポジトリーとリモートリポジトリーの状態を示しています。これには、1 章から 11 章までに作成したすべてのコミットが含まれています。

ビジュアル化 12-1

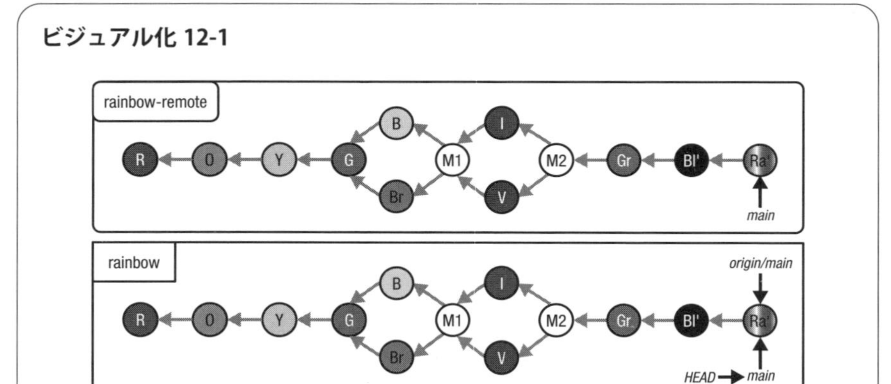

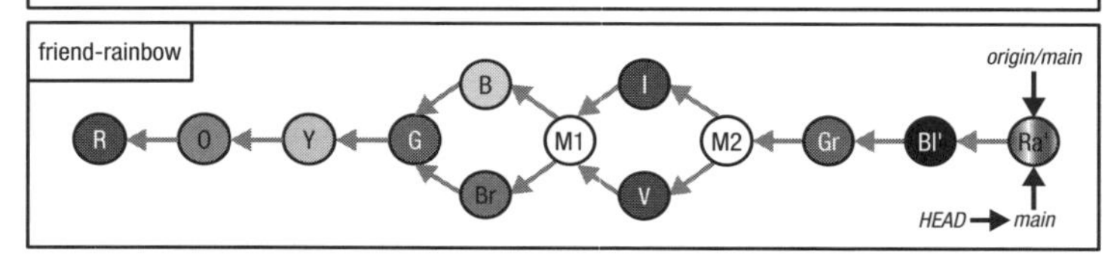

この章の開始時点での Rainbow プロジェクト。1 章以降のすべてのコミットが含まれている

この章で作成するコミットに集中するために、ここからは**ビジュアル化**のダイアグラムを簡略化し、すべてのリポジトリーの `main` ブランチに含まれる最後の 2 つのコミット（新しい black コミットと新しい rainbow コミット）だけを表示します。**ビジュアル化 12-2** は、この表現方法で示したものです。

ビジュアル化 12-2

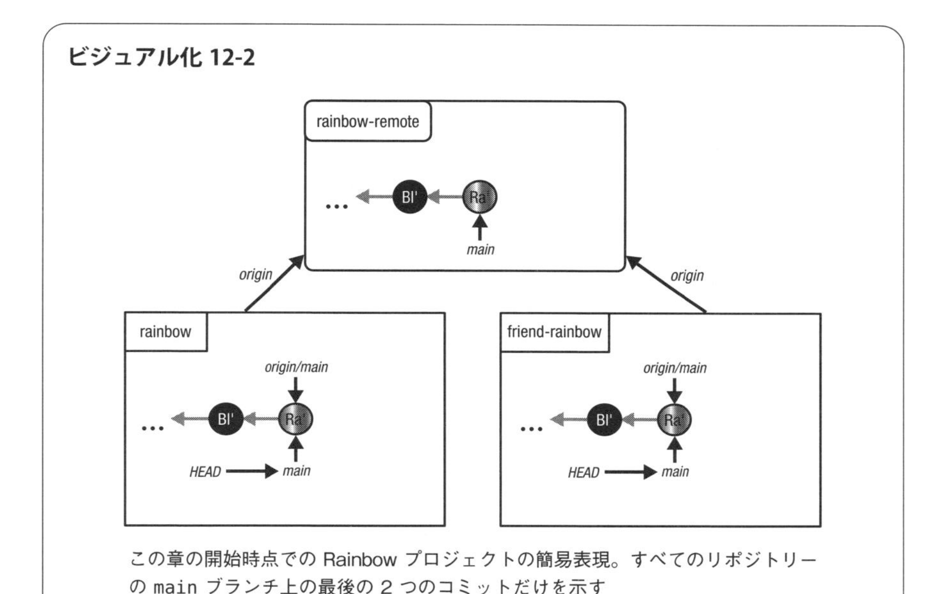

この章の開始時点での Rainbow プロジェクトの簡易表現。すべてのリポジトリーの `main` ブランチ上の最後の 2 つのコミットだけを示す

12.2 プルリクエストの紹介

プルリクエスト（pull request）はホスティングサービスが提供する機能であり、これを使うと、ブランチ上で行った作業を共同作業者と共有し、その作業に関するフィードバックを収集し、最終的にその作業をリモートで（つまり、ホスティングサービス上で）プロジェクトに統合することができます。プルリクエストは、ホスティングサービスによっては**マージリクエスト**（merge request）と呼ばれます。プルリクエストは、Git の機能ではなくホスティングサービスの機能ですが、Git を使った日々の作業でとても役に立つので、ぜひ紹介しておきたかったのです。

プルリクエストの統合は、マージまたはリベースを使って行うことができますが、デフォルトの（そして最も一般的な）方法はマージなので、この章ではマージを使った例を紹介します。また、プルリクエストを統合するプロセスのことを、「プルリクエストのマージ」と呼ぶことにします。

プルリクエストを作成する場合、プルリクエストを「オープンする」（開く）と表現します。プルリクエストがレビューされ、承認され、マージされると、ユーザーはそれを「クローズ」します（閉じます）。また、プルリクエストのマージを中止し、オープン中のプルリクエストのリストから削除したい場合（たとえば、プルリクエストが承認されなかった場合）にも、プルリクエストをクローズします。

プルリクエストのプロセスは、次の9つのステップに分けることができます。

1. ローカルリポジトリーでブランチを作成する。
2. そのブランチ上でコミットを作成することで、作業を追加する。
3. そのブランチをリモートリポジトリーにプッシュする。
4. ホスティングサービス上でプルリクエストを作成（オープン）する。
5. プルリクエストをレビューしてもらい、必要に応じて、他のユーザーからのフィードバックをプルリクエストに取り入れる。
6. プルリクエストを承認してもらう。
7. プルリクエストをマージする。
8. プッシュしたブランチがトピックブランチ（機能ブランチ）である場合は、リモートブランチを削除する。
9. ローカルリポジトリーをリモートリポジトリーと同期させるために変更をプルし、ローカルブランチとリモート追跡ブランチを削除することでローカルリポジトリーを整理する。

ブランチ間にマージコンフリクトが存在する場合は、プルリクエストをマージすることはできません。まず、マージコンフリクトを解決する必要があります。一部のホスティングサービスでは、Webサイト上でマージコンフリクトを解決するためのサポートが提供されていますが、一般的には、「10章　マージコンフリクト」で説明したプロセスを使って、ローカルリポジトリーでマージコンフリクトを解決します。

プルリクエストの例に取り掛かる前に、ホスティングサービスで作業する場合に覚えておくべきことを簡単に説明しておきましょう。

12.3　ホスティングサービスの仕様

プルリクエストの作成や管理に関する具体的な手順はホスティングサービス（GitHub、GitLab、Bitbucketなど）によって異なり、この章の練習課題を行うためには、使用しているホスティングサービスのドキュメントを参照する必要があるかもしれません。追加の情報については、「付録D　補足資料」の「D.6　プルリクエスト（マージリクエスト）の作成」を参照してください。

また、ホスティングサービスによっては、使用する用語が異なる場合もあります。たとえば、GitHubとBitbucketでは「プルリクエスト」という用語を使いますが、同じ機能のことをGitLabでは「マージリクエスト」と呼びます。この章の練習課題に取り組むときには、このような違いがあることを覚えておいてください。

名前の中に「プル」と入っていますが、プルリクエストは、`git pull`コマンドとは関係ありません。

「6章　ホスティングサービスと認証」で、ホスティングサービスの選択とHTTPSまたはSSHの設定をしたときに、ホスティングサービスのアカウントについては、企業のアカウントではなく、個人のアカウントを使うことを推奨しました。その理由は、プルリクエストの作成および承認プロセスに関して、ホスティングサービス内で追加の設定がされている場合があるからです。ユーザー（または読者が所属している企業）によっては、プルリクエストの作成に関して特定の要件を定めている場合があります。また、プルリクエストを誰が承認できるか、プルリクエストをマージする前にチーム内の何人がプルリクエストを承認する必要があるか、などについて制限を設けている場合もあります。

本書の例では、特別な設定がされていないことを前提としています。企業のアカウントを使用している場合は、このことを覚えておいてください。追加の要件や制限が設定されていることで、プルリクエストの作成や管理に影響が出る可能性があるからです。

次に、そもそも、なぜプルリクエストを使用するのかについて考えてみましょう。

12.4　なぜプルリクエストを使用するのか？

プルリクエストは、作業をレビューするための仕組みを提供することで、Gitプロジェクトでのコミュニケーションとコラボレーション（共同作業）を容易にします。プルリクエストには便利なコメント機能があり、プロジェクトの参加者がファイル内の特定の行にコメントを追加したり、そのコメントに返信したり、ディスカッションスレッドを開始したりすることができます。これにより、レビュープロセスを容易に体系化できます。

プルリクエストは、完全にホスティングサービスのUI内で管理されるので、Gitを使用していないユーザーもGitプロジェクトにフィードバックを提供することができます――プルリクエストにコメントを付けるために、Gitの使い方を知っている必要はありません! プルリクエストを使うとどのように便利なのかを確かめるために、**サンプル Book プロジェクト 12-1** を見てみましょう。

サンプル Book プロジェクト 12-1

9章に取り組むために、`main` ブランチから `chapter_nine` ブランチを作成すると仮定しましょう。そのブランチ上で2つのコミット(`W` と `X`)を作成し、その後でローカルの `chapter_nine` ブランチをリモートリポジトリーにプッシュして、リモートの `chapter_nine` ブランチを作成します。**図12-1** は、ローカルリポジトリーとリモートリポジトリーの状態を示しています。

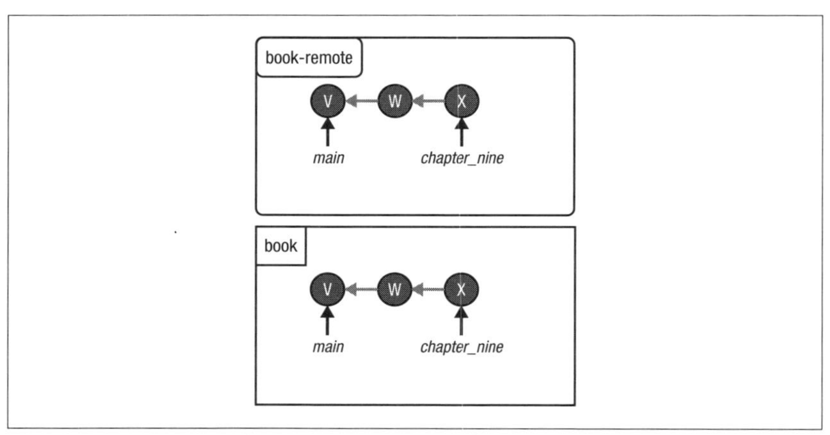

図12-1　`chapter_nine` ブランチをリモートリポジトリーにプッシュした後の Book プロジェクト

作業を `main` ブランチにマージする前に編集者にレビューしてもらうことで編集者と合意していたことを思い出してください。つまり、編集者は新しい `chapter_nine` ブランチをレビューする必要があります。選択肢の1つは、編集者が自身のローカルコンピューター上にリモートリポジトリーをクローンし、そのブランチをチェックアウトすることです。しかし、このやり方では、筆者にフィードバックとコメントを返すための簡単な方法がありません。また、編集者が Git の使い方を学んでいなかったため、リポジトリーのクローンやローカルリポジトリーでの作業に苦労すると仮定しましょう。

そこで、もう 1 つの選択肢として、編集者がリモートリポジトリーにアクセスできることを確認したうえで、リモートの `chapter_nine` ブランチをリモートの `main` ブランチにマージするためのプルリクエストを、リモートリポジトリー内で作成します。プルリクエストの URL を編集者に送信するか、または単に、リモートリポジトリーにアクセスして「Chapter 9 updates」というプルリクエストを探すように伝えます。

編集者はコメント機能を使って、筆者に質問したりフィードバックを返したりすることができます。ここで、章内に矛盾が存在し、修正する必要があることに編集者が気がついたと仮定しましょう。編集者は、プルリクエストにコメントを残し、そのフィードバックを読むよう筆者に伝えます。筆者は、ローカルリポジトリーで問題を解決し、ローカルの `chapter_nine` ブランチで新しいコミット（コミット Y）を作成し、リモートリポジトリーにプッシュします。これにより、リモートの `chapter_nine` ブランチが更新され、その結果、プルリクエストも自動的に更新されます。**図12-2** は、更新されたローカルリポジトリーとリモートリポジトリーの状態を示しています。

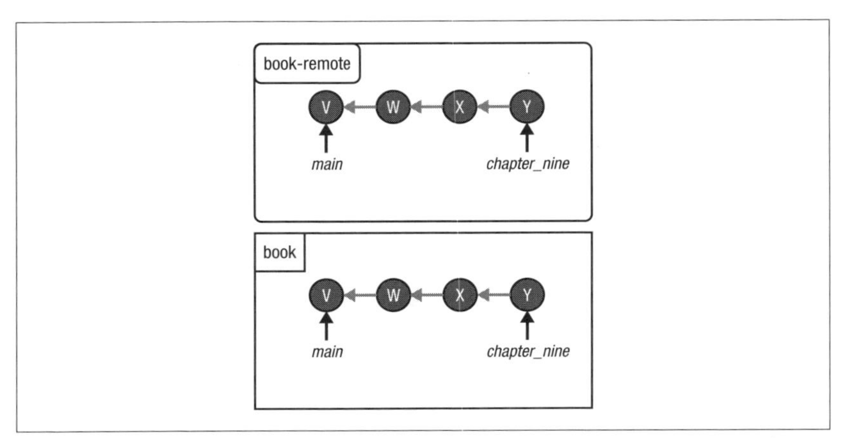

図12-2 chapter_nine ブランチ上にコミットYを作成し、リモートリポジトリーにプッシュした後のBookプロジェクト

このようにプルリクエストを作成したことで、編集者は、Bookプロジェクトについてフィードバックを返すことが簡単になり、筆者は、フィードバックを取り入れて更新を共有することが簡単になりました。

サンプルBookプロジェクト12-1 は、プルリクエストが役に立つ理由を説明しています。次に、プルリクエストによって、実際に作業がどのように統合されるかを見てみましょう。

12.5 プルリクエストがどのようにマージされるかを理解する

すでに学んだように、Gitには2種類のマージがあります。早送りマージは、ソースブランチとターゲットブランチの開発履歴が分岐していない場合に行われ、3方向マージは、それらが分岐している場合に行われます。3方向マージでは、マージコミットが作成されます。「5章 マージ」と「9章 3方向マージ」では、それぞれの種類のマージを実行する例を体験しました。

リモートでのマージは、デフォルトでは、ローカルでのマージとは異なります。ほとんどのホスティングサービスのデフォルト設定では、プルリクエストによるリモートマージは、**非早送り**（non-fast-forward）と呼ばれるマージオプションを使って実行されます。このオプションを使うと、たとえソースブランチとターゲットブランチの開発履歴が分岐していなかったとしても、マージコミットが作成されます。

非早送りオプションを使って実行されるマージ（非早送りマージ）は、**明示的なマージ**（explicit merge）と呼ばれることもあります。なぜなら、それらは常に、どこでマージが行われたかをマージコミットによって明示するからです。

ホスティングサービスの設定を変更し、異なるマージオプションやアプローチを使ってマージを行うことは可能です。しかし、非早送りマージが最も一般的なので、本書ではそれについて解説します。プルリクエストによって作業がどのようにマージされるかを確かめるために、**サンプル Book プロジェクト 12-2** で、**サンプル Book プロジェクト 12-1** のシナリオを再び取り上げてみましょう。

サンプル Book プロジェクト 12-2

サンプル Book プロジェクト 12-1 では、筆者が「Chapter 9 updates」というプルリクエストを作成したことを説明しました。これは、chapter_nine ブランチで行った作業を編集者にレビューしてもらい、それを main ブランチにマージするためのものです。**図12-3** は、この時点での Book プロジェクトの状態を示しています。

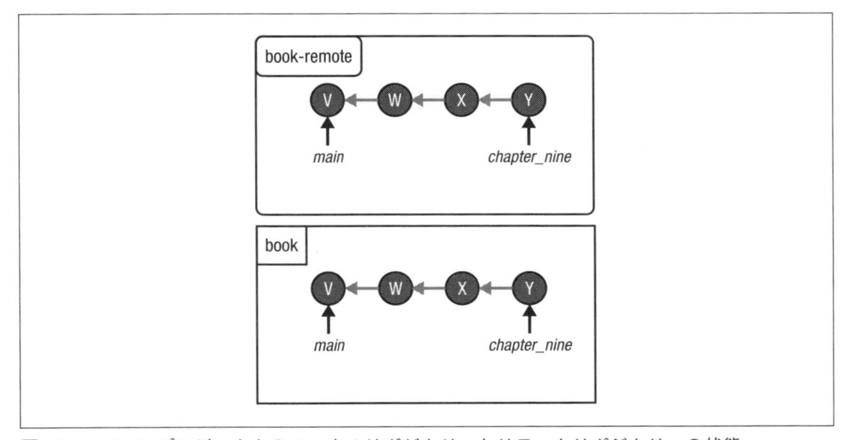

図12-3　Book プロジェクトのローカルリポジトリーとリモートリポジトリーの状態

筆者がリモートの chapter_nine ブランチにプッシュした最新の作業（コミット Y）を編集者がレビューした結果、これ以上、筆者に返すフィードバックはありませんでした。そこで編集者は、ホスティングサービスの Web サイト上で、プルリクエストを承認するためのボタンを選択します。

それを受けて、筆者は、プルリクエストをマージするためのボタンを Web サイト上で選択し、リモートの chapter_nine ブランチをリモートの main ブランチにマージします。筆者はデフォルトの設定を使っているので、これは非早送りマージになります。つまり、リモートの chapter_nine ブランチとリモートの main ブランチの開発履歴が分岐していなかったとしても、マージコミットが作成されます。**図12-4** では、これをコミット M として示しています。

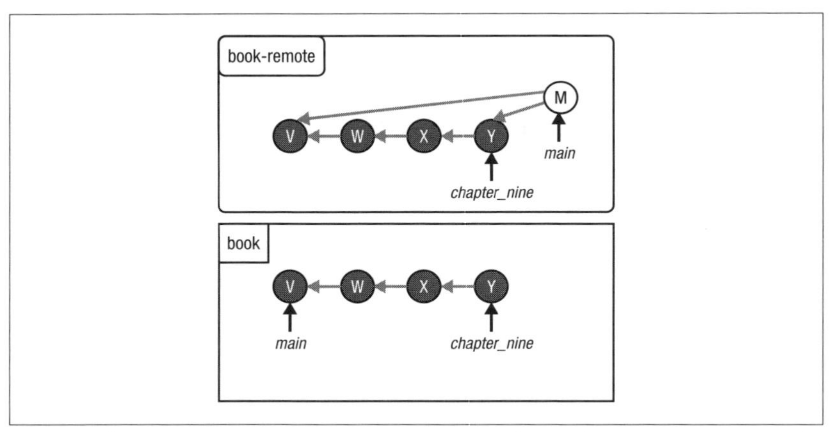

図12-4　プルリクエストをマージして、chapter_nine ブランチを main ブランチにマージした後の Book プロジェクト

マージコミット M の親コミットは、マージ前に main ブランチが指していたコミット V と、chapter_nine ブランチの最新のコミットであるコミット Y の 2 つです。

最後に筆者が行わなければならないのは、chapter_nine ブランチを削除することと、ローカルの main ブランチをリモートリポジトリーと同期させるために、最新の main ブランチをリモートリポジトリーからプルすることです。**図12-5** はこれを示しています。

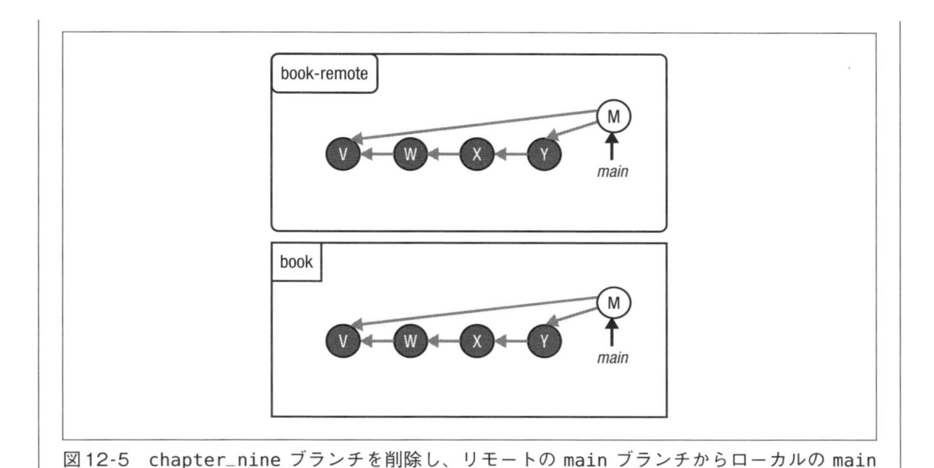

図12-5 chapter_nine ブランチを削除し、リモートの main ブランチからローカルの main ブランチに変更をプルした後の Book プロジェクト

サンプル Book プロジェクト 12-2 でプルリクエストの例を学んだので、Rainbow プロジェクトに戻って、プルリクエストのプロセスを実際に体験してみましょう。

12.6 プルリクエストを作成するための準備

プルリクエストの例を体験するために、まず `rainbow` リポジトリーで、プルリクエストのプロセスのステップ 1 と 2 を実行します（「12.2 プルリクエストの紹介」を参照）。

実行手順 12-1 では、「5.6 ブランチの作成と切り替えを同時に行う」で紹介した、`-c` オプションの付いた `git switch` コマンドを使って、`topic` という新しいブランチを作成し、すぐにそれに切り替えます。その後は、`topic` ブランチに作業を追加します。

新しいブランチの名前として `topic` という一般的な名前を使用するのは、「4.2 なぜブランチを使用するのか？」で説明したように、プロジェクトの特定の部分に取り組むために作成するブランチのことを、Git では「トピックブランチ」や「機能ブランチ」と呼ぶことが多いからです。現実の Git プロジェクトでは、たいてい、取り組んでいる機能やトピックについての短い説明を含んだブランチ名にします。

実行手順 12-1

1
```
rainbow $ git switch -c topic
Switched to a new branch 'topic'
```

2 rainbow プロジェクトディレクトリーの othercolors.txt ファイルをテキストエディターで開きます。

4行目に「Pink is not a color in the rainbow.」と追加し、ファイルを保存します。

3
```
rainbow $ git add othercolors.txt
```

4
```
rainbow $ git commit -m "pink"
[topic 4c35a5c] pink
 1 file changed, 1 insertion(+), 1 deletion(-)
```

5
```
rainbow $ git log
commit 4c35a5c02c3dc03f044cbdfdbb0ae55161af6a86 (HEAD -> topic)
Author: annaskoulikari <gitlearningjourney@gmail.com>
Date:   Sun Jul 3 14:16:01 2022 +0200

    pink

commit 7c09136bcbfdd9f638ed13c6653e06451579d21c (origin/main, main)
Author: annaskoulikari <gitlearningjourney@gmail.com>
Date:   Sun Feb 20 10:10:11 2022 +0100

    rainbow
```

注目してほしいこと

- rainbow リポジトリーの topic ブランチ上で pink コミットを作成しました。

ビジュアル化 12-3 はこれを示しています。

ビジュアル化 12-3

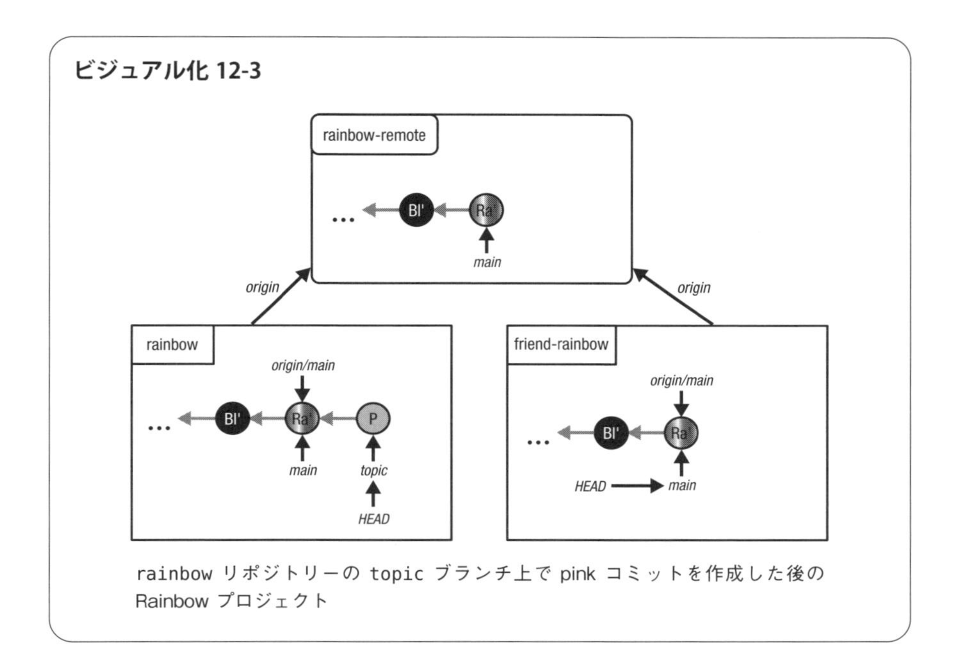

rainbow リポジトリーの topic ブランチ上で pink コミットを作成した後の Rainbow プロジェクト

topic ブランチは新しいローカルブランチです。このブランチに対して定義されている上流ブランチはありません。(上流ブランチは、個々のローカルブランチが追跡するリモートブランチであることを思い出してください。上流ブランチの概念については 7 章で、その定義方法については 9 章で、それぞれ学習しました。)

次に、プルリクエストのプロセス（12.2 節）のステップ 3 を実行します。つまり、作業をリモートリポジトリーにプッシュします。その過程で、上流ブランチを定義するための、より簡単な方法を紹介します。

12.7 上流ブランチを定義するための簡単な方法

「9 章 3 方向マージ」では、git branch -u <shortname>/<branch_name>というコマンドを使って上流ブランチを定義する方法を学習しました。しかし、本書も終わりに近づいてきたので、ここで小さな秘密を打ち明けることにしましょう。Git ユーザーにとって、上流ブランチを定義し忘れるのは、よくあることです。あるいは、単なる怠け心から設定を省略してしまうこともよくあります。

そこで、Git ユーザーがよく使う便利な方法があります。これを使うと、新しいブランチをリモートリポジトリーに初めてプッシュするときに、同時に上流ブランチを定義することができます。上流ブランチが定義されていないブランチで、引数を何も付けずにgit pushコマンドを実行すると、Gitは出力結果の中で警告を発します。この警告は、上流ブランチを設定するために使用すべきコマンドを提示し（git push --set-upstream <shortname> <branch_name>）、その中で、使用すべきショートネームとブランチ名を提案します（Gitは、リモートブランチとローカルブランチが同じ名前であることをユーザーが望んでいると想定しています）。

このコマンドをコマンドラインにコピーアンドペーストして実行すると、2つの課題を一度に実現できます。つまり、ローカルブランチをリモートリポジトリーにプッシュすると同時に、ローカルブランチの上流ブランチを定義できます。

実行手順12-2に進み、これを実際に試してみましょう。

実行手順12-2

1
```
rainbow $ git branch -vv
  main  7c09136 [origin/main] rainbow
* topic 4c35a5c pink
```

2
```
rainbow $ git push
fatal: The current branch topic has no upstream branch.
To push the current branch and set the remote as upstream, use

    git push --set-upstream origin topic
```

3 ステップ2のgit pushコマンドの出力結果に含まれているコマンド（git push --set-upstream origin topic）をコピーし、コマンドラインにペーストします。

4
```
rainbow $ git push --set-upstream origin topic
Enumerating objects: 5, done.
Counting objects: 100% (5/5), done.
Delta compression using up to 4 threads
Compressing objects: 100% (3/3), done.
Writing objects: 100% (3/3), 314 bytes | 314.00 KiB/s, done.
Total 3 (delta 1), reused 0 (delta 0), pack-reused 0
remote: Resolving deltas: 100% (1/1), completed with 1 local object.
remote:
remote: Create a pull request for 'topic' on GitHub by visiting:
remote:      https://github.com/gitlearningjourney/rainbow-remote/
pull/new/topic
remote:
To https://github.com/gitlearningjourney/rainbow-remote.git
 * [new branch]      topic -> topic
```

```
branch 'topic' set up to track 'origin/topic'.
```

5
```
rainbow $ git branch -vv
  main  7c09136 [origin/main] rainbow
* topic 4c35a5c [origin/topic] pink
```

6
```
rainbow $ git log
commit 4c35a5c02c3dc03f044cbdfdbb0ae55161af6a86 (HEAD -> topic,
origin/topic)
Author: annaskoulikari <gitlearningjourney@gmail.com>
Date:   Sun Jul 3 14:16:01 2022 +0200

    pink

commit 7c09136bcbfdd9f638ed13c6653e06451579d21c (origin/main, main)
Author: annaskoulikari <gitlearningjourney@gmail.com>
Date:   Sun Feb 20 10:10:11 2022 +0100

    rainbow
```

7 ホスティングサービス上の rainbow-remote リポジトリーにアクセスし、ページを再読み込みします。作成した topic ブランチが存在しており、topic ブランチを選択すると、コミットのリストに pink コミットが表示されるはずです。

注目してほしいこと

- ステップ 2 で、git push コマンドの出力結果は、次のような警告を発しています。

```
The current branch topic has no upstream branch.
現在のブランチ topic には上流ブランチがありません。
```

  また、次のような指示も与えています。

```
To push the current branch and set the remote as upstream, use
git push --set-upstream origin topic
現在のブランチをプッシュし、リモートブランチを上流ブランチとして
設定するには、git push --set-upstream origin topic を使います。
```

- ステップ 4 で、git push コマンドの出力結果は、新しいブランチについてプルリクエストを作成することを推奨しています。

```
Create a pull request for 'topic' on GitHub by visiting:
https://github.com/gitlearningjourney/rainbow-remote/pull/new/topic
```

https://github.com/gitlearningjourney/rainbow-remote/pull/new/topic にアクセスして、GitHub 上で'topic'についてプルリクエストを作成します。

ビジュアル化 12-4 は、**実行手順 12-2** の後のリポジトリーの状態を示しています。

ビジュアル化 12-4

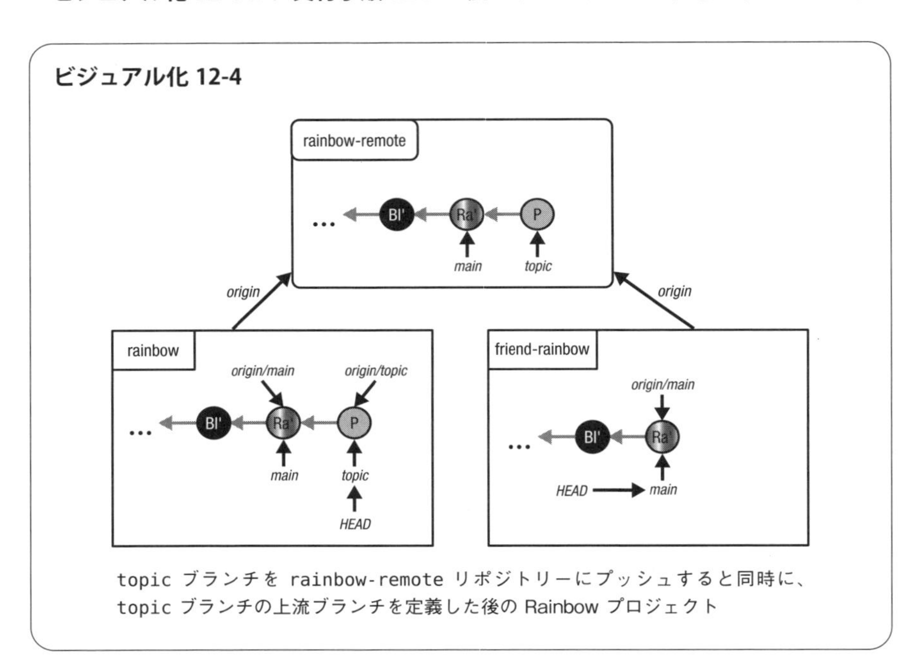

topic ブランチを rainbow-remote リポジトリーにプッシュすると同時に、topic ブランチの上流ブランチを定義した後の Rainbow プロジェクト

この節では、git push コマンドを使って、ブランチをリモートリポジトリーにプッシュすると同時に上流ブランチを簡単に定義できることを確かめました。次に、プルリクエストのプロセス（12.2 節）のステップ 4 を実行します。

ここで紹介した方法は、ローカルブランチの上流ブランチが、同じ名前のリモートブランチであることをユーザーが望んでいると想定しています。そうでない場合は、Git が提案する git push コマンドを、上流ブランチとして設定したいリモートブランチを指すように編集する必要があります。

12.8 ホスティングサービス上でプルリクエストを作成する

プルリクエストを作成するときには、ソースブランチとターゲットブランチを定義する必要があります。Rainbowプロジェクトの例では、`topic`がソースブランチであり、`main`がターゲットブランチです。つまり、`topic`ブランチを`main`ブランチにマージします。プルリクエストを作成するには、ホスティングサービスのUIを使います。追加の情報については、「付録D　補足資料」の「D.6　プルリクエスト（マージリクエスト）の作成」を参照してください。

プルリクエストを作成するためのWebページにアクセスし、プルリクエストに関する情報を入力します。ほとんどのホスティングサービスで必須なのは、タイトル（題名）のフィールドだけです。コミットメッセージやブランチ名の場合と同様に、チームでGitプロジェクトに取り組んでいる場合は、プルリクエストのタイトルに関して確立されたルールがあるかどうかをチェックする必要があります。本書のRainbowプロジェクトの例では、タイトルを「Adding the color pink」（ピンク色を追加）とし、その他のフィールドは空白のままにしておきます。

GitLabとBitbucketでは、マージするブランチをプルリクエストのマージ後に自動的に削除するオプションがあり、プルリクエストの作成時にそれを選択することができます。このオプションを選択するかどうかは自由です。どちらにしても、プルリクエストをマージし終わったら、リモートブランチを削除しておきます。これは、プルリクエストのプロセス（12.2節）のステップ8に当たります。

実行手順12-3に進み、プルリクエストを作成します。

実行手順12-3

1. 使用しているホスティングサービスでリモートリポジトリーにアクセスし、`topic`（ソースブランチ）を`main`（ターゲットブランチ）にマージするためのプルリクエストを作成します。これに関する追加の情報については、「付録D　補足資料」の「D.6　プルリクエスト（マージリクエスト）の作成」を参照してください。
   ホスティングサービスによっては、プルリクエストのタイトルのフィールドに、最後のコミットのコミットメッセージ（この例では「pink」）があらかじめ入力されている場合があります。その場合は、タイトルを「Adding the color pink」に変更してください。

GitHubを例に挙げると、メインの画面で黄色いバナーと［Compare & pull request］ボタンが表示されるので、そのボタンをクリックします[†1]。「base:」のブランチがmain、「compare:」のブランチがtopicに設定されていることを確認し（そうなっていない場合はそのように設定し）、タイトルを入力して、［Create pull request］ボタンをクリックします。

これで初めてのプルリクエストが作成できたので、次にプルリクエストのプロセス（12.2節）のステップ5と6に進み、レビューと承認をしてもらいましょう。

12.9 プルリクエストのレビューと承認

プルリクエストは、プロジェクトの共同作業者が読者の作業をレビューしたり、更新したり、あるいは単に承認したりする機会を提供します。ホスティングサービスのUIは、それぞれのファイルでどの行が、どのように変更されたかについて、色や記号を使って表示します。**図12-6**は、othercolors.txtファイルの4行目に、ピンク色に関する文が追加されたことをホスティングサービスが示している例です。

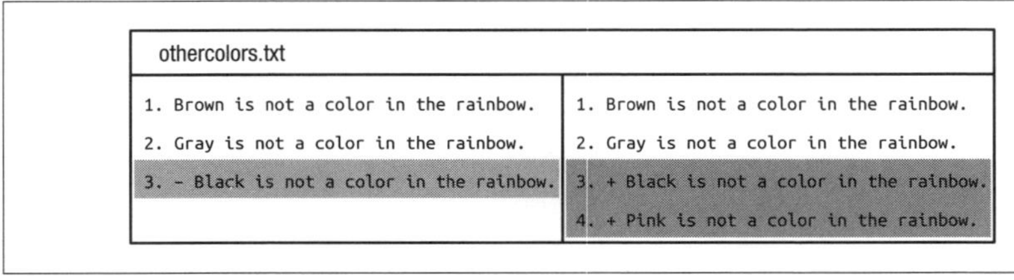

図12-6　プルリクエストの中で、変更されたファイルをホスティングサービスが表示している例

作業をレビューするときに、共同作業者はプルリクエストにコメントを残すことができます。プルリクエストにコメントが存在している場合は、それをレビューし、必要に応じてファイルに変更を加え、マージ中のブランチに1つ以上の追加のコミットをプッシュすることができます。その結果、新しいコミットによってプルリクエスト

†1　訳注：黄色いバナーと［Compare & pull request］ボタンが表示されていない場合は、［Pull requests］→［New pull request］をクリックし、「compare:」のブランチをtopicに設定し、［Create pull request］ボタンをクリックします。

が自動的に更新されます。

共同作業者は、自身のローカルリポジトリーにブランチをプルし、コミットを追加してリモートリポジトリーにプッシュすることで、そのブランチに追加の変更を加えることができます。この場合も、それらの追加のコミットによって、プルリクエストが自動的に更新されます。

Rainbow プロジェクトの例では、プルリクエストを作成したことを友人に伝え、レビューしてもらうように依頼したと仮定しましょう。友人はプルリクエストにアクセスしてその内容を参照し、読者が行った変更に満足し、プルリクエストを承認します。

プルリクエストをレビューする共同作業者がいる場合、通常、彼らはホスティングサービスの自身のアカウントにログインし、レビューを行い、ホスティングサービスの UI で「approve」（承認）ボタンを選択することでプルリクエストを承認します。しかし、読者は 2 人のユーザーを演じているので、この「approve」ボタンは選択できません。この例では、友人がプルリクエストを承認したふりをする必要があります。

実行手順 12-4 に進み、友人がプルリクエストをレビューおよび承認するプロセスをシミュレーションします。

実行手順 12-4

1. 読者が友人であるふりをして、ホスティングサービス上のプルリクエストにアクセスします。
2. プルリクエストの中で、変更されたファイルを表示します。これを行うための詳細については、必要であれば、ホスティングサービスのドキュメントを参照してください。GitHub では、［Pull requests］のページでプルリクエストを選択し、［Files changed］のタブをクリックすると表示されます。
3. プルリクエストを承認（したことに）します。

プルリクエストが承認されたら、プルリクエストのプロセス（12.2 節）のステップ 7 に進みます。

12.10 プルリクエストをマージする

ここからは再び読者自身として行動し、ホスティングサービスに戻って、プルリクエストをマージするステップを実行します。通常、このステップには、UIでプルリクエストにアクセスすることと、関連するボタンを選択することだけが含まれます。**実行手順 12-5** に進み、プルリクエストをマージします。

実行手順 12-5

1. 使用しているホスティングサービスの手順に従って、プルリクエストをマージします。GitHubでは、［Pull requests］のページでプルリクエストを選択し、［Merge pull request］ボタンをクリックします。内容を確認して、［Confirm merge］ボタンをクリックします。
2. リモートリポジトリーのコミットのリストを参照します。最新のマージコミットを見つけ、それを選択します。そのコミットハッシュと、2つの親コミットのコミットハッシュ（GitHubでは、`2 parents` と書かれた右側にある2つのコミットハッシュ）を書き留めます。

注目してほしいこと

- リモートの `topic` ブランチをリモートの `main` ブランチにマージし、マージコミットを作成しました。

ビジュアル化 12-5 はこれを示しています。新しいマージコミットは、`M3` として示してあります。

ビジュアル化 12-5

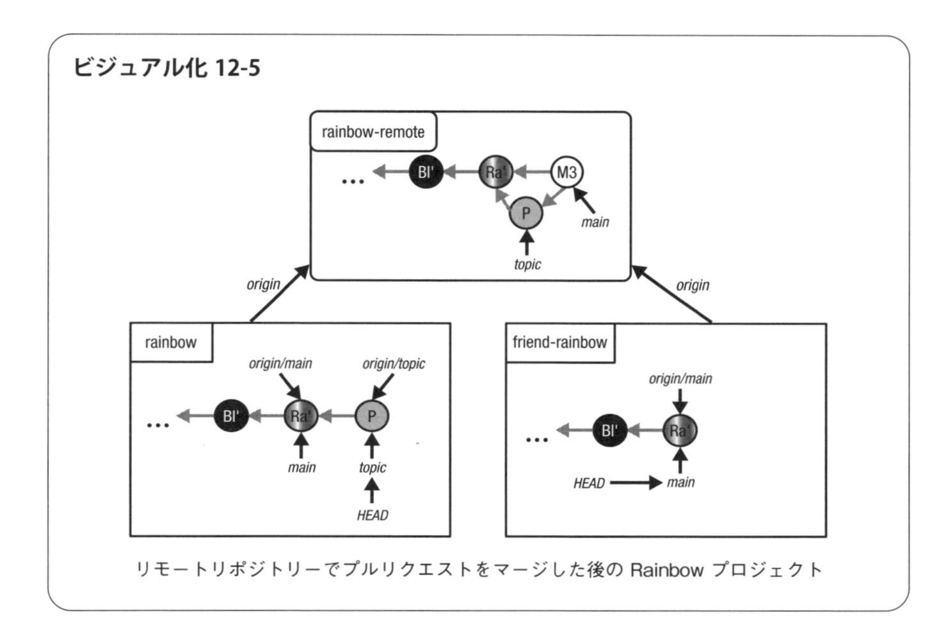

リモートリポジトリーでプルリクエストをマージした後の Rainbow プロジェクト

この章の前半で説明したように、このマージは、デフォルトの非早送りオプションを使って実行されます。つまり、たとえリモートの `topic` ブランチとリモートの `main` ブランチの開発履歴が分岐していなかったとしても、マージコミットが作成されます。

ビジュアル化 12-5 を見ると、`rainbow-remote` リポジトリーにはリモートの `topic` ブランチが引き続き存在しており、`rainbow` リポジトリーには、ローカルの `topic` ブランチとリモート追跡ブランチの `origin/topic` が引き続き存在しています。プルリクエストのプロセス（12.2 節）のステップ 8 に進み、リモートの `topic` ブランチを削除しましょう。

12.11　リモートブランチを削除する

プルリクエストでマージしたブランチがトピックブランチ（機能ブランチ）である場合は、プルリクエストのマージ後にそれを削除するのが普通です。なぜなら、そのブランチで行った作業はすでに完了したと見なせるからです。新たに作業を行う場合は、新しいブランチを作成し、プルリクエストのプロセスを再び実行します。このようにすることで、リモートリポジトリーが古いブランチで雑然としてしまうことがなく、整理された状態に保たれます。

プルリクエストを作成したときに、プルリクエストのマージ後にブランチを自動的に削除するオプションを選択していた場合は、リモートの topic ブランチはすでに存在していません。そのようなオプションがホスティングサービスで提供されていない場合や、提供されていても選択しなかった場合は、**実行手順 12-6** に進み、リモートの topic ブランチを削除します。

実行手順 12-6

1. ホスティングサービス上のリモートリポジトリーにアクセスし、リモートの topic ブランチを削除します。これを行うための詳細については、必要であれば、ホスティングサービスのドキュメントを参照してください。
   GitHub では、「Branches」のページで topic ブランチの行にある削除ボタン（ごみ箱のアイコン）をクリックします。ページを再読み込みして、topic ブランチが削除されたことを確認します。

ビジュアル化 12-6 は、リモートの topic ブランチを削除した後のリポジトリーの状態を示しています。

ビジュアル化 12-6

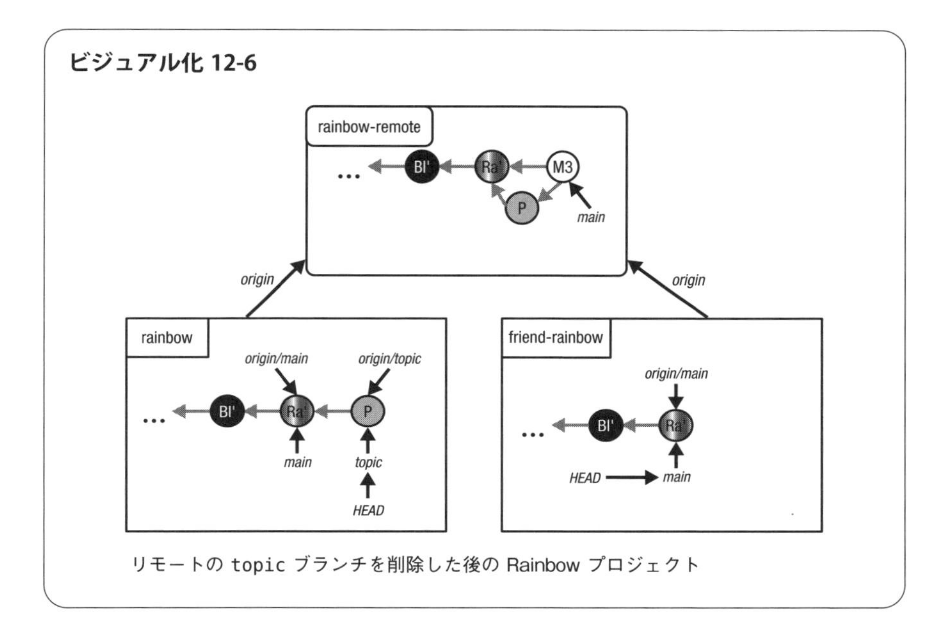

リモートの topic ブランチを削除した後の Rainbow プロジェクト

見てわかるように、2つのローカルリポジトリーのローカルブランチ `main` は、どちらもリモートリポジトリーの `main` ブランチとは同期していません。また、`rainbow` リポジトリーには、依然としてローカルブランチの `topic` とリモート追跡ブランチの `origin/topic` が存在しています。

Rainbow プロジェクトの主要な開発ラインである `main` ブランチが、どちらのローカルリポジトリーでも最新の状態になるように、次の節では、読者と友人がリモートリポジトリーから最新の変更をプルします。また、ローカルブランチの `topic` とリモート追跡ブランチの `origin/topic` を削除することで、`rainbow` リポジトリーを整理します。

12.12 ローカルリポジトリーの同期と後片づけ

プルリクエストのプロセスの最後のステップは、読者と友人がそれぞれのローカルリポジトリーをリモートリポジトリーと同期させることです。まず、`rainbow` リポジトリーを同期させます。プルリクエストによって `topic` ブランチがマージされたので、ローカルブランチの `topic` とリモート追跡ブランチの `origin/topic` を削除します。

「8章　クローンとフェッチ」では、-p オプションの付いた git fetch コマンドを使うことで、リモートリポジトリー内で削除されたリモートブランチに対応するすべてのリモート追跡ブランチを削除しました。ここでは、git pull コマンドと一緒に -p オプションを使うことで、同様の処理を行います。**実行手順 12-7** に進み、rainbow リポジトリーを同期します。

実行手順 12-7

1
```
rainbow $ git switch main
Switched to branch 'main'
Your branch is up to date with 'origin/main'.
```

2
```
rainbow $ git pull -p
From https://github.com/gitlearningjourney/rainbow-remote
 - [deleted]         (none)     -> origin/topic
remote: Enumerating objects: 1, done.
remote: Counting objects: 100% (1/1), done.
remote: Total 1 (delta 0), reused 0 (delta 0), pack-reused 0
Unpacking objects: 100% (1/1), 626 bytes | 626.00 KiB/s, done.
   7c09136..2f833d6  main       -> origin/main
Updating 7c09136..2f833d6
Fast-forward
 othercolors.txt | 2 +-
 1 file changed, 1 insertion(+), 1 deletion(-)
```

3
```
rainbow $ git branch -d topic
Deleted branch topic (was 4c35a5c).
```

4
```
rainbow $ git log
commit 2f833d6fa783882c5f832da9e1eafe6d405d3468 (HEAD -> main,
origin/main)
Merge: 7c09136 4c35a5c
Author: annaskoulikari <gitlearningjourney@gmail.com>
Date:   Mon Jul 4 05:50:08 2022 +0200

    Merge pull request #1 from gitlearningjourney/topic

    Adding the color pink

commit 4c35a5c02c3dc03f044cbdfdbb0ae55161af6a86
Author: annaskoulikari <gitlearningjourney@gmail.com>
Date:   Sun Jul 3 14:16:01 2022 +0200

    pink
```

注目してほしいこと

- ローカルブランチの `topic` とリモート追跡ブランチの `origin/topic` を削除しました。
- ローカルブランチの `main` を更新しました。
- マージコミット（M3）は、ホスティングサービスによって自動的に生成されたコミットメッセージと説明を持っています。この例では、コミットメッセージが「`Merge pull request #1 from gitlearningjourney/topic`」であり、コミットの説明が「`Adding the color pink`」です。後者は、読者が作成したプルリクエストのタイトルだったものです。デフォルトのコミットメッセージの基となるテンプレートは、それぞれのホスティングサービスで微妙に異なります。
- M3 マージコミットの親は、`7c09136`（rainbow コミット）と `4c35a5c`（pink コミット）です。例によって、コミットハッシュの値は一意なので、読者のコミットハッシュは本書のものとは異なります。

ビジュアル化 12-7 は、**実行手順 12-7** の後の Rainbow プロジェクトの状態を示しています。

ビジュアル化 12-7

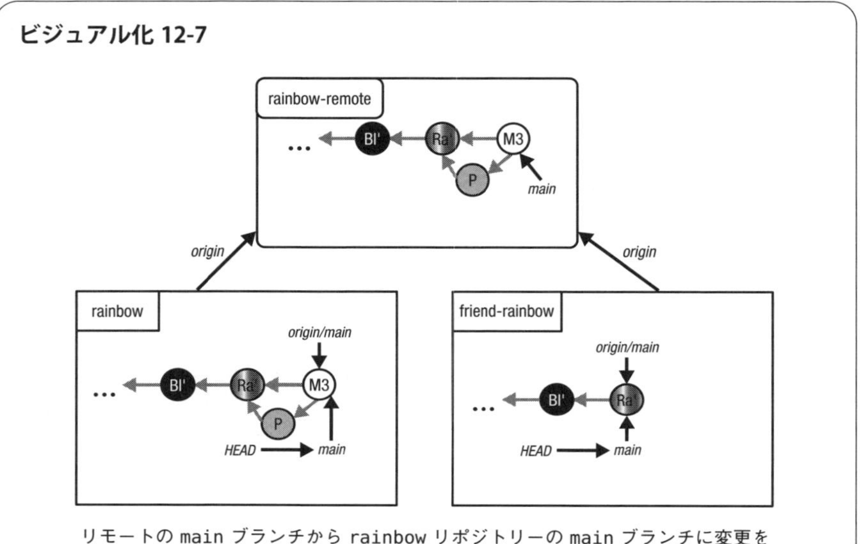

リモートの main ブランチから rainbow リポジトリーの main ブランチに変更をプルし、ローカルブランチの topic とリモート追跡ブランチの origin/topic を削除した後の Rainbow プロジェクト

注目してほしいこと

- rainbow リポジトリーで、main ブランチは最新の M3 マージコミットを指しています。

次に**実行手順 12-8** で、友人が、リモートリポジトリーの変更に合わせてローカルの main ブランチを同期します。

実行手順 12-8

1
```
friend-rainbow $ git pull
remote: Enumerating objects: 6, done.
remote: Counting objects: 100% (6/6), done.
remote: Compressing objects: 100% (4/4), done.
remote: Total 4 (delta 1), reused 2 (delta 0), pack-reused 0
Unpacking objects: 100% (4/4), 831 bytes | 166.00 KiB/s, done.
From https://github.com/gitlearningjourney/rainbow-remote
   7c09136..2f833d6  main       -> origin/main
Updating 7c09136..2f833d6
```

```
Fast-forward
 othercolors.txt | 3 ++-
 1 file changed, 2 insertions(+), 1 deletion(-)

2 friend-rainbow $ git log
commit 2f833d6fa783882c5f832da9e1eafe6d405d3468 (HEAD -> main,
origin/main, origin/HEAD)
Merge: 7c09136 4c35a5c
Author: annaskoulikari <gitlearningjourney@gmail.com>
Date:   Mon Jul 4 05:50:08 2022 +0200

    Merge pull request #1 from gitlearningjourney/topic

    Adding the color pink

commit 4c35a5c02c3dc03f044cbdfdbb0ae55161af6a86
Author: annaskoulikari <gitlearningjourney@gmail.com>
Date:   Sun Jul 3 14:16:01 2022 +0200

    pink
```

注目してほしいこと

- 友人がローカルの main ブランチを更新しました。

ビジュアル化 12-8 はこれを示しています。

ビジュアル化 12-8

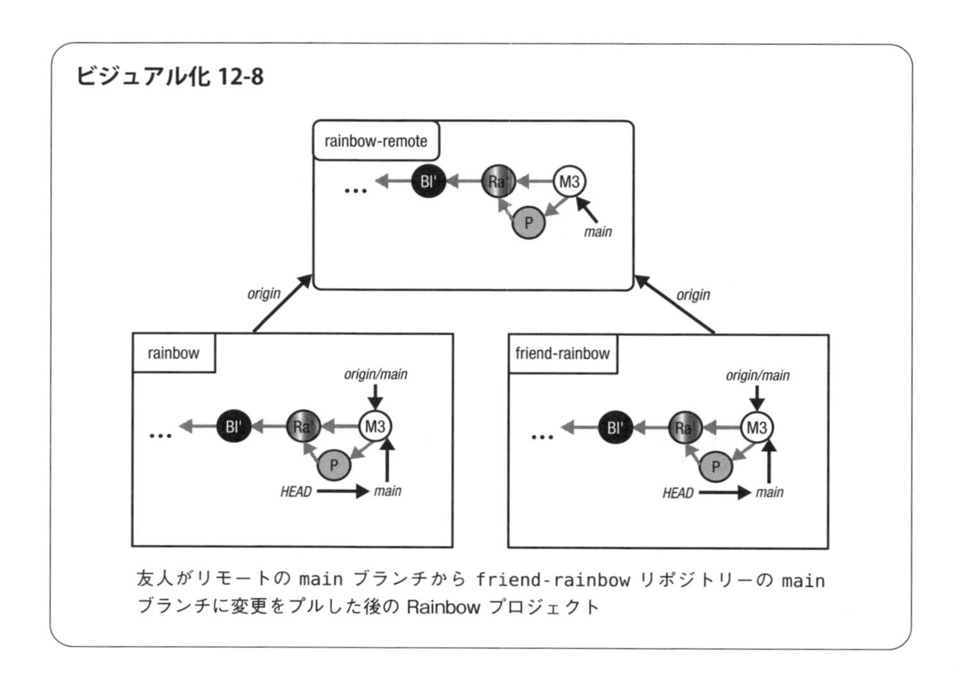

友人がリモートの main ブランチから friend-rainbow リポジトリーの main ブランチに変更をプルした後の Rainbow プロジェクト

12.13　ローカルリポジトリーとリモートリポジトリーの状態（終了時点）

これで、本書の学習体験は終わりです。**ビジュアル化 12-9** は、Rainbow プロジェクトのローカルリポジトリーとリモートリポジトリーの状態を示しています。これには、1章からこの章の終わりまでに作成したすべてのコミットが含まれています。

ビジュアル化 12-9

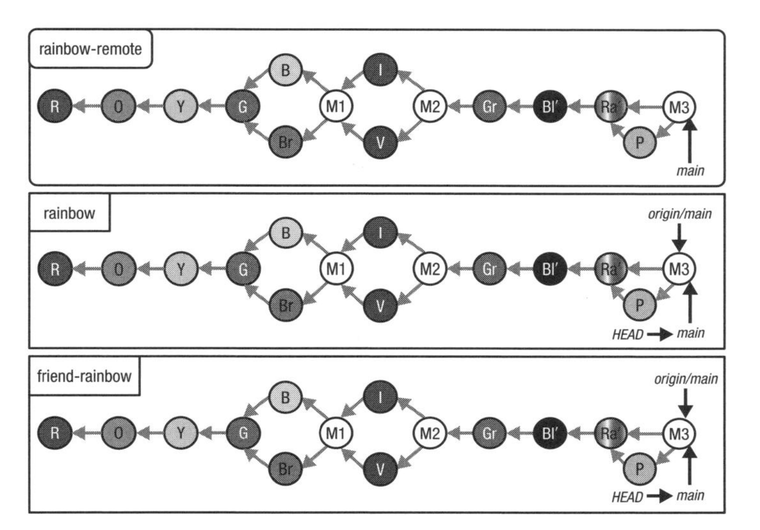

この章の終了時点での Rainbow プロジェクト。1 章以降のすべてのコミットが含まれている

12.14 まとめ

この章では、プルリクエストについて学びました。Git プロジェクトで複数のユーザーと共同作業を行ううえで、プルリクエストがなぜ有益なツールなのかを説明しました。プルリクエストを使うことで、コミュニケーションとレビュープロセスが容易になります。Rainbow プロジェクトの例を使って、プルリクエストのプロセスの全ステップを実行しました。その実行中に、デフォルトでは、非早送りオプションを使ってプルリクエストがマージされることを観察しました。この場合、マージに関係するブランチが分岐していなくても、つまり、通常であれば早送りマージが行われるケースでも、マージコミットが作成されます。そのほかに、リモートリポジトリーにブランチをプッシュすると同時に上流ブランチを定義する方法について学び、そのためのコマンドを Git に生成させる簡単な方法を紹介しました。

最後に伝えたいことをエピローグに書いておいたので、ぜひ読んでください。また、付録には有益な参考資料が含まれているので、そちらも参照してください。

13章 エピローグ

おめでとうございます！ これで本書の内容はすべて終わりです。読者の Git 学習の旅を通じて本書がお役に立てたことを願うと同時に、Git がどのように動作するかの基礎について強固なメンタルモデルを構築できたと読者が実感できていることを願っています。

本書はこれで終わりですが、これは Git の冒険の始まりにすぎません。読者の次のステップは、Git を使って実際にプロジェクトのバージョン管理を始めることです。その過程で、Git の世界に存在する数多くの機能の使い方を学ぶでしょう。また、読者や読者のチームにとって、どのような Git のワークフローが有効であるかを考えたり、読者がすでにチームの一員であれば、そこで使われている Git のワークフローがどのように機能するかを学んだりする必要があるでしょう。

「1章　Git とコマンドライン」から「12章　プルリクエスト（マージリクエスト）」まで Rainbow プロジェクトに取り組んできた学習の旅はすべて終わりましたが、特定の章の内容を復習したいと思う人や、いくつかの練習課題をもう一度実行したいと思う人もいるかもしれません。そのような場合は、「付録 A　各章を始めるためのセットアップ」の手順に従って、任意の章からやり直すために必要な Rainbow プロジェクトの最低限のセットアップを作成してください。

最後に、もし本書が役に立ったら、ぜひ他の人にも勧めて、彼らの Git の学習を手助けしてあげてください。

付録A
各章を始めるための
セットアップ

本書が提供するハンズオン形式の学習体験は、「1章　Gitとコマンドライン」から「12章　プルリクエスト（マージリクエスト）」まで通して読むように設計されています。読者は、本書全体を通じてRainbowプロジェクトに取り組み、Gitがどのように動作するかを学習します。

しかし、特定の章から始めたい場合もあるでしょう。たとえば次のような場合です。

- 本書の練習課題をすべてやり終えた後で、特定の章から復習したい場合
- 前の章で、解決できないトラブルがRainbowプロジェクトに発生し、新たな状態で新しい章から続行したい場合

このような場合、この付録内の該当するセクションの指示に従うと、始めたい章の開始時点でのRainbowプロジェクト（とほぼ同じもの）を再作成できます。これらの指示は、希望する章からRainbowプロジェクトを続行するために必要な最低限のセットアップを提供します。それぞれの**実行手順**のステップに関する詳細は、該当する各章の内容を参照してください。

「9章　3方向マージ」から「12章　プルリクエスト（マージリクエスト）」まではついては、それぞれの前の章までに作成したすべてのコミットを再作成することはしません。代わりに、前の章で最後に作成したコミットに似たコミットだけを再作成します。したがって、Rainbowプロジェクトの各リポジトリーは、それぞれの章の**ビジュアル化**のダイアグラムで示されているものよりも、コミットの数が少なくなります。これらの章に取り組むときには、このことを覚えておいてください。

この付録のすべての指示は、本書の練習課題のために使用するコンピューターで、「1章　Gitとコマンドライン」の内容を少なくとも一度は実行していることを前提としています。これには、Gitのインストール、テキストエディターの選択、`user.name`と`user.email`の各変数の設定が含まれます。そうでない場合は、「A.1　すべての章の前提となるセットアップ」の**実行手順**から始めてください。

この付録の指示では、本書で使用してきたリポジトリーと同じ名前を使います（`rainbow`、`friend-rainbow`、`rainbow-remote`）。ローカルコンピューターやホスティングサービスにそれらのリポジトリーが残っている場合は、`rainbow1`、`friend-rainbow1`、`rainbow-remote1`のように、少しだけ異なる名前を使う必要があります。これらの名前は、それぞれの章を通じて参照されるので、よく似た名前にしておくことを勧めます。

また、各章に関する手順の中で`desktop`ディレクトリーを操作していますが、Windowsではディレクトリー名が異なるので注意してください。詳しくは、「1.9.2　ディレクトリー間の移動」の訳者補記を参照してください。

A.1　すべての章の前提となるセットアップ

Gitをまだインストールしていない場合や、使用するテキストエディターをまだ準備できていない場合は、**実行手順A-1**に進みます。それらの準備が終わっている場合は、スキップしてください。

実行手順A-1

1. 「付録D　補足資料」を参照し、手順に従って、使用しているOS用のGitをインストールします。
2. 好みのテキストエディターを選択します。コンピューター上にまだテキストエディターがない場合は、インストールします。詳細については、「1.12　テキストエディターの準備」を参照してください。

次に、`user.name`および`user.email`という構成変数を適切な値に設定する必要があります。この設定がまだ終わっていない場合は、**実行手順A-2**に進みます。Gitの構成変数の詳細については、「1.11　Git構成の設定」を参照してください。**実行手順**の中で、山括弧（<>）で囲まれたプレースホルダーの代わりに、必ず、読者の名前とEメールアドレスを使用してください。

実行手順 A-2

1. `$ git config --global user.name "<name>"`
2. `$ git config --global user.email "<email>"`

A.2　2章を始めるためのセットアップ

「2章　ローカルリポジトリー」から作業を始めるには、**実行手順 A-3** で、基本的なセットアップを準備します。

実行手順 A-3

1. コマンドラインアプリケーションを使って、コマンドラインウィンドウを開きます。
2. `$ cd desktop`
3. `desktop $ mkdir rainbow`
4. `desktop $ cd rainbow`

A.3　3章を始めるためのセットアップ

「3章　コミットの作成」から作業を始めるには、**実行手順 A-4** で、`rainbow` リポジトリーの基本的なセットアップを準備します。

実行手順 A-4

1. コマンドラインアプリケーションを使って、コマンドラインウィンドウを開きます。
2. `$ cd desktop`
3. `desktop $ mkdir rainbow`
4. `desktop $ cd rainbow`
5. `rainbow $ git init -b main`

```
Initialized empty Git repository in /Users/annaskoulikari/desktop/
rainbow/.git/
```

6. rainbow プロジェクトディレクトリーの中に、rainbowcolors.txt というファイルを作成します。
7. テキストエディターで、rainbowcolors.txt ファイルの 1 行目に「Red is the first color of the rainbow.」と追加し、ファイルを保存します。

ビジュアル化 A-1 に示すように、このプロセスの終了時点で、作成した rainbow リポジトリーは、作業ディレクトリーの中に rainbowcolors.txt ファイルを含んでいます。

ビジュアル化 A-1

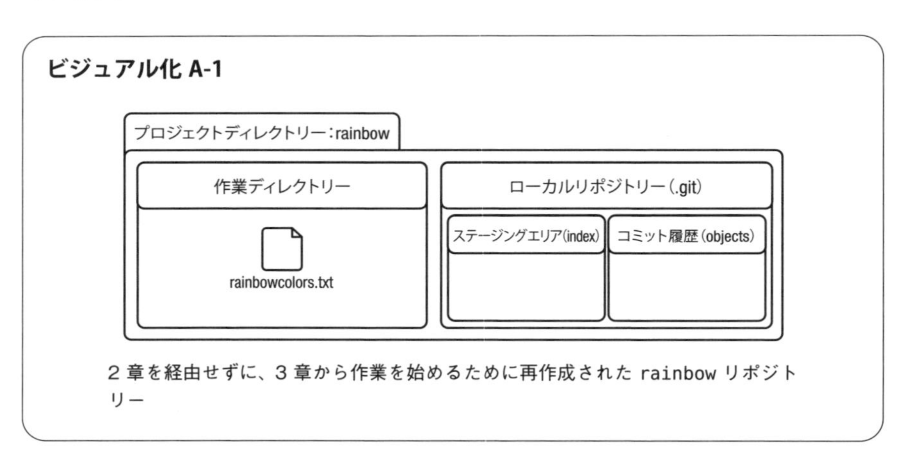

2 章を経由せずに、3 章から作業を始めるために再作成された rainbow リポジトリー

A.4　4 章を始めるためのセットアップ

「4 章　ブランチ」から作業を始めるには、**実行手順 A-5** で、rainbow リポジトリーの基本的なセットアップを準備します。

実行手順 A-5

1. コマンドラインアプリケーションを使って、コマンドラインウィンドウを開きます。
2. `$ cd desktop`
3. `desktop $ mkdir rainbow`

4
```
desktop $ cd rainbow
```

5
```
rainbow $ git init -b main
Initialized empty Git repository in /Users/annaskoulikari/desktop/
rainbow/.git/
```

6 rainbow プロジェクトディレクトリーの中に、rainbowcolors.txt というファイルを作成します。

7 テキストエディターで、rainbowcolors.txt ファイルの 1 行目に「Red is the first color of the rainbow.」と追加し、ファイルを保存します。

8
```
rainbow $ git add rainbowcolors.txt
```

9
```
rainbow $ git commit -m "red"
[main (root-commit) c26d0bc] red
 1 file changed, 1 insertion(+)
 create mode 100644 rainbowcolors.txt
```

ビジュアル化 A-2 に示すように、このプロセスの終了時点で、作成した rainbow リポジトリーは、red コミットを含んでいます。

ビジュアル化 A-2

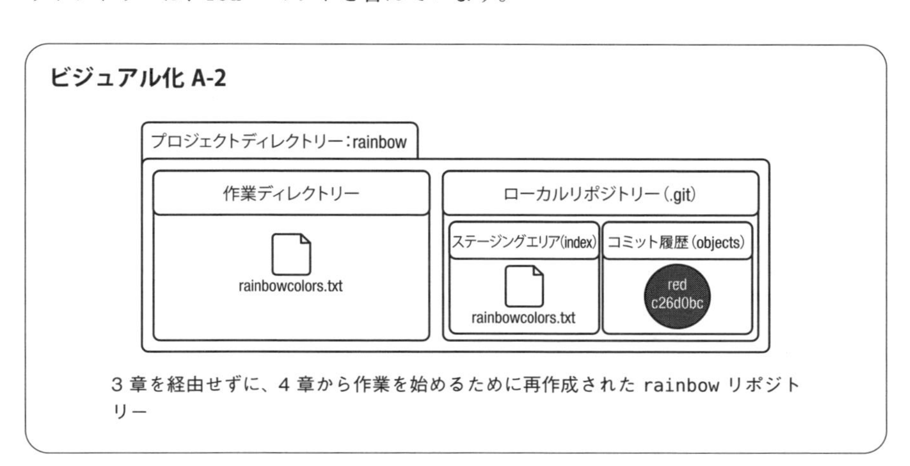

3 章を経由せずに、4 章から作業を始めるために再作成された rainbow リポジトリー

A.5　5 章を始めるためのセットアップ

「5 章　マージ」から作業を始めるには、**実行手順 A-6** で、rainbow リポジトリーの基本的なセットアップを準備します。

実行手順 A-6

1. コマンドラインアプリケーションを使って、コマンドラインウィンドウを開きます。
2.
```
$ cd desktop
```
3.
```
desktop $ mkdir rainbow
```
4.
```
desktop $ cd rainbow
```
5.
```
rainbow $ git init -b main
Initialized empty Git repository in /Users/annaskoulikari/desktop/
rainbow/.git/
```
6. rainbow プロジェクトディレクトリーの中に、rainbowcolors.txt というファイルを作成します。
7. テキストエディターで、rainbowcolors.txt ファイルの 1 行目に「Red is the first color of the rainbow.」と追加し、ファイルを保存します。
8.
```
rainbow $ git add rainbowcolors.txt
```
9.
```
rainbow $ git commit -m "red"
[main (root-commit) c26d0bc] red
 1 file changed, 1 insertion(+)
 create mode 100644 rainbowcolors.txt
```
10. テキストエディターで、rainbowcolors.txt ファイルの 2 行目に「Orange is the second color of the rainbow.」と追加し、ファイルを保存します。
11.
```
rainbow $ git add rainbowcolors.txt
```
12.
```
rainbow $ git commit -m "orange"
[main 7acb333] orange
 1 file changed, 2 insertions(+), 1 deletion(-)
```
13.
```
rainbow $ git branch feature
```
14.
```
rainbow $ git switch feature
Switched to branch 'feature'
```
15. テキストエディターで、rainbowcolors.txt ファイルの 3 行目に「Yellow is the third color of the rainbow.」と追加し、ファイルを保存します。
16.
```
rainbow $ git add rainbowcolors.txt
```
17.
```
rainbow $ git commit -m "yellow"
[feature fc8139c] yellow
 1 file changed, 2 insertions(+), 1 deletion(-)
```

ビジュアル化 A-3 に示すように、このプロセスの終了時点で、作成した rainbow リポジトリーは、red、orange、yellow の各コミットを含んでいます。

ビジュアル化 A-3

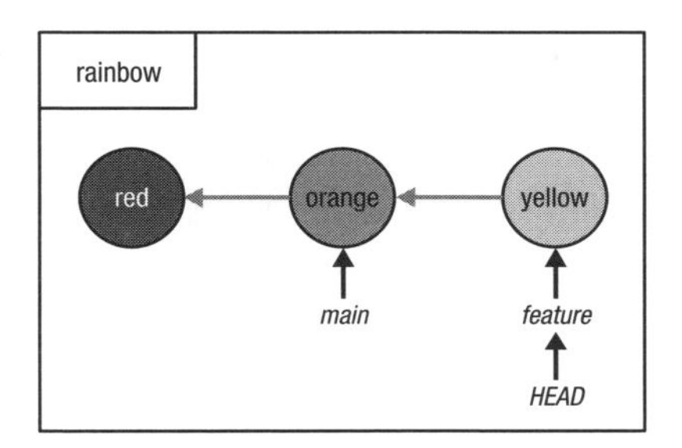

4 章を経由せずに、5 章から作業を始めるために再作成された rainbow リポジトリー

A.6　6 章または 7 章を始めるためのセットアップ

「6 章　ホスティングサービスと認証」または「7 章　リモートリポジトリーの作成とプッシュ」から作業を始めるには、**実行手順 A-7** で、rainbow リポジトリーの基本的なセットアップを準備します。

実行手順 A-7

1. コマンドラインアプリケーションを使って、コマンドラインウィンドウを開きます。
2. `$ cd desktop`
3. `desktop $ mkdir rainbow`
4. `desktop $ cd rainbow`
5.
```
rainbow $ git init -b main
Initialized empty Git repository in /Users/annaskoulikari/desktop/
rainbow/.git/
```
6. rainbow プロジェクトディレクトリーの中に、rainbowcolors.txt というファイルを作成します。

7. テキストエディターで、`rainbowcolors.txt` ファイルの 1 行目に「Red is the first color of the rainbow.」と追加し、ファイルを保存します。

8.
```
rainbow $ git add rainbowcolors.txt
```

9.
```
rainbow $ git commit -m "red"
[main (root-commit) c26d0bc] red
 1 file changed, 1 insertion(+)
 create mode 100644 rainbowcolors.txt
```

10. テキストエディターで、`rainbowcolors.txt` ファイルの 2 行目に「Orange is the second color of the rainbow.」と追加し、ファイルを保存します。

11.
```
rainbow $ git add rainbowcolors.txt
```

12.
```
rainbow $ git commit -m "orange"
[main 7acb333] orange
 1 file changed, 2 insertions(+), 1 deletion(-)
```

13.
```
rainbow $ git branch feature
```

14.
```
rainbow $ git switch feature
Switched to branch 'feature'
```

15. テキストエディターで、`rainbowcolors.txt` ファイルの 3 行目に「Yellow is the third color of the rainbow.」と追加し、ファイルを保存します。

16.
```
rainbow $ git add rainbowcolors.txt
```

17.
```
rainbow $ git commit -m "yellow"
[feature fc8139c] yellow
 1 file changed, 2 insertions(+), 1 deletion(-)
```

18.
```
rainbow $ git switch main
Switched to branch 'main'
```

19.
```
rainbow $ git merge feature
Updating 7acb333..fc8139c
Fast-forward
 rainbowcolors.txt | 3 ++-
 1 file changed, 2 insertions(+), 1 deletion(-)
```

「7 章　リモートリポジトリーの作成とプッシュ」から始めるためにこのセクションを利用していて、ホスティングサービスのアカウントをまだ持っていない場合や、HTTPS または SSH アクセスのための認証情報をまだ設定していない場合は、続行する前に、まず「6 章　ホスティングサービスと認証」に進み、その章の練習課題を実行してください。このセクションの指示に従うだけでは十分ではありません。

ビジュアル化 A-4 に示すように、このプロセスの終了時点で、作成した `rainbow` リポジトリーは、red、orange、yellow の各コミットを含んでいます。

ビジュアル化 A-4

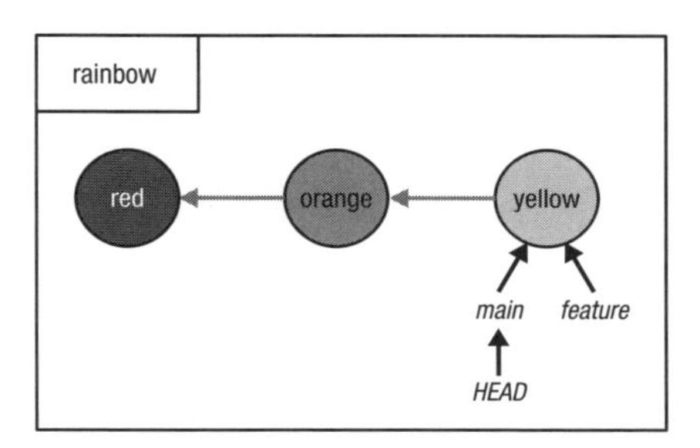

5 章を経由せずに、6 章または 7 章から作業を始めるために再作成された `rainbow` リポジトリー

A.7　8 章を始めるためのセットアップ

「8 章　クローンとフェッチ」から作業を始めるには、**実行手順 A-8** で、Rainbow プロジェクトの基本的なセットアップを準備します。ステップ 24 では、コマンド全体を 1 行に入力してください。

実行手順 A-8

1. コマンドラインアプリケーションを使って、コマンドラインウィンドウを開きます。
2. `$ cd desktop`
3. `desktop $ mkdir rainbow`
4. `desktop $ cd rainbow`
5. `rainbow $ git init -b main`
```
Initialized empty Git repository in /Users/annaskoulikari/desktop/
rainbow/.git/
```
6. `rainbow` プロジェクトディレクトリーの中に、`rainbowcolors.txt` というファイルを作成します。

7 テキストエディターで、rainbowcolors.txt ファイルの1行目に「Red is the first color of the rainbow.」と追加し、ファイルを保存します。

8
```
rainbow $ git add rainbowcolors.txt
```

9
```
rainbow $ git commit -m "red"
[main (root-commit) c26d0bc] red
 1 file changed, 1 insertion(+)
 create mode 100644 rainbowcolors.txt
```

10 テキストエディターで、rainbowcolors.txt ファイルの2行目に「Orange is the second color of the rainbow.」と追加し、ファイルを保存します。

11
```
rainbow $ git add rainbowcolors.txt
```

12
```
rainbow $ git commit -m "orange"
[main 7acb333] orange
 1 file changed, 2 insertions(+), 1 deletion(-)
```

13
```
rainbow $ git branch feature
```

14
```
rainbow $ git switch feature
Switched to branch 'feature'
```

15 テキストエディターで、rainbowcolors.txt ファイルの3行目に「Yellow is the third color of the rainbow.」と追加し、ファイルを保存します。

16
```
rainbow $ git add rainbowcolors.txt
```

17
```
rainbow $ git commit -m "yellow"
[feature fc8139c] yellow
 1 file changed, 2 insertions(+), 1 deletion(-)
```

18
```
rainbow $ git switch main
Switched to branch 'main'
```

19
```
rainbow $ git merge feature
Updating 7acb333..fc8139c
Fast-forward
 rainbowcolors.txt | 3 ++-
 1 file changed, 2 insertions(+), 1 deletion(-)
```

20 ホスティングサービスのアカウントをまだ持っていない場合や、HTTPS または SSH アクセスのための認証情報をまだ設定していない場合は、直ちに「6章　ホスティングサービスと認証」に進み、その部分のプロセスを完了してください。それが終わったら、この**実行手順**に戻ってください。

21 ホスティングサービスのアカウントにログインします。

22 リモートリポジトリーを作成します。これを行うための詳しい情報については、「付録D　補足資料」の「D.5　リモートリポジトリーの作成」を参照してください。

本書の練習課題のためにリポジトリーを作成する場合は、次のように設定してください。

- リポジトリー名は、rainbow-remoteとします。
- リポジトリーを公開（public）にするか非公開（private）にするかを選択できます。非公開にしておくことを勧めます。
- リポジトリーの中にファイルは何も含めません。たとえば、READMEファイルや.gitignoreファイルも含めません。
- デフォルトのブランチ名を入力するように求められる場合は、空白のままにしておくか、mainに設定します。

23 リモートリポジトリーを作成するためのステップが完了したら、リモートリポジトリーURLを確認します。どこで確認できるかわからない場合は、利用しているホスティングサービスのドキュメントを参照してください。

リモートリポジトリーURLには、2つのバージョンがあります。1つはHTTPS用であり、もう1つはSSH用です。本書の例では、2つのリモートリポジトリーURLは次のとおりです。

- **HTTPS**

  https://github.com/gitlearningjourney/rainbow-remote.git
- **SSH**

  git@github.com:gitlearningjourney/rainbow-remote.git

使用するプロトコル用のURLをコピーします。以下のステップの中で、筆者のURLが書かれている部分では、代わりに読者のURLを使用してください。

24
```
rainbow $ git remote add origin https://github.com/gitlearningjourney/
rainbow-remote.git
```

25
```
rainbow $ git push origin main
Enumerating objects: 9, done.
Counting objects: 100% (9/9), done.
Delta compression using up to 4 threads
Compressing objects: 100% (5/5), done.
Writing objects: 100% (9/9), 747 bytes | 373.00 KiB/s, done.
Total 9 (delta 1), reused 0 (delta 0), pack-reused 0
remote: Resolving deltas: 100% (1/1), done.
To https://github.com/gitlearningjourney/rainbow-remote.git
 * [new branch]      main -> main
```

```
26 rainbow $ git switch feature
   Switched to branch 'feature'

27 rainbow $ git push origin feature
   Total 0 (delta 0), reused 0 (delta 0), pack-reused 0
   remote:
   remote: Create a pull request for 'feature' on GitHub by visiting:
   remote:      https://github.com/gitlearningjourney/rainbow-remote/
   pull/new/feature
   remote:
   To https://github.com/gitlearningjourney/rainbow-remote.git
    * [new branch]      feature -> feature
```

ビジュアル化 A-5 に示すように、このプロセスの終了時点で、作成したRainbowプロジェクトは、両方のリポジトリー内に、red、orange、yellowの各コミットを含んでいます。

ビジュアル化 A-5

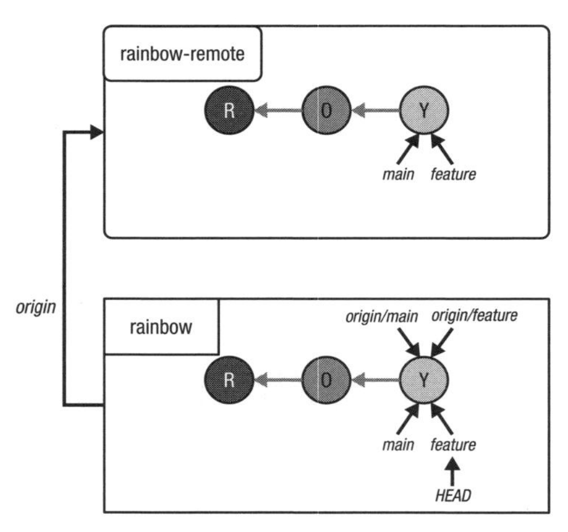

7章を経由せずに、8章から作業を始めるために再作成されたRainbowプロジェクト

A.8　9章を始めるためのセットアップ

「9章　3方向マージ」から作業を始めるには、**実行手順A-9**で、Rainbowプロジェクトの基本的なセットアップを準備します。ステップ14と17では、コマンド全体を1行に入力してください。

実行手順A-9

1. コマンドラインアプリケーションを使って、コマンドラインウィンドウを開きます。
2. `$ cd desktop`
3. `desktop $ mkdir rainbow`
4. `desktop $ cd rainbow`
5.
```
rainbow $ git init -b main
Initialized empty Git repository in /Users/annaskoulikari/desktop/
rainbow/.git/
```
6. rainbowプロジェクトディレクトリーの中に、rainbowcolors.txtというファイルを作成します。
7. テキストエディターで、rainbowcolors.txtファイルに次のテキストを追加し、ファイルを保存します。
```
Red is the first color of the rainbow.
Orange is the second color of the rainbow.
Yellow is the third color of the rainbow.
Green is the fourth color of the rainbow.
```
8. `rainbow $ git add rainbowcolors.txt`
9.
```
rainbow $ git commit -m "green"
[main (root-commit) 4e59074] "green"
 1 file changed, 4 insertions(+)
 create mode 100644 rainbowcolors.txt
```
10. ホスティングサービスのアカウントをまだ持っていない場合や、HTTPSまたはSSHアクセスのための認証情報をまだ設定していない場合は、直ちに「6章　ホスティングサービスと認証」に進み、その部分のプロセスを完了してください。それが終わったら、この**実行手順**に戻ってください。
11. ホスティングサービスのアカウントにログインします。
12. リモートリポジトリーを作成します。これを行うための詳しい情報については、「付録D　補足資料」の「D.5　リモートリポジトリーの作成」を参照してください。

本書の練習課題のためにリポジトリーを作成する場合は、次のように設定してください。

- リポジトリー名は、rainbow-remote とします。
- リポジトリーを公開（public）にするか非公開（private）にするかを選択できます。非公開にしておくことを勧めます。
- リポジトリーの中にファイルは何も含めません。たとえば、README ファイルや.gitignore ファイルも含めません。
- デフォルトのブランチ名を入力するように求められる場合は、空白のままにしておくか、main に設定します。

13 リモートリポジトリーを作成するためのステップが完了したら、リモートリポジトリー URL を確認します。どこで確認できるかわからない場合は、利用しているホスティングサービスのドキュメントを参照してください。

リモートリポジトリー URL には、2 つのバージョンがあります。1 つは HTTPS 用であり、もう 1 つは SSH 用です。本書の例では、2 つのリモートリポジトリー URL は次のとおりです。

- **HTTPS**

  https://github.com/gitlearningjourney/rainbow-remote.git
- **SSH**

  git@github.com:gitlearningjourney/rainbow-remote.git

使用するプロトコル用の URL をコピーします。以下のステップの中で、筆者の URL が書かれている部分では、代わりに読者の URL を使用してください。

14
```
rainbow $ git remote add origin https://github.com/gitlearningjourney/
rainbow-remote.git
```

15
```
rainbow $ git push origin main
Enumerating objects: 3, done.
Counting objects: 100% (3/3), done.
Delta compression using up to 4 threads
Compressing objects: 100% (2/2), done.
Writing objects: 100% (3/3), 311 bytes | 311.00 KiB/s, done.
Total 3 (delta 0), reused 0 (delta 0), pack-reused 0
To https://github.com/gitlearningjourney/rainbow-remote.git
 * [new branch]      main -> main
```

16 新しいコマンドラインウィンドウを開き、desktop ディレクトリーに移動し、ここから友人を演じます。

17
```
desktop $ git clone https://github.com/gitlearningjourney/rainbow-remote.git friend-rainbow
Cloning into 'friend-rainbow'...
remote: Enumerating objects: 3, done.
remote: Counting objects: 100% (3/3), done.
remote: Compressing objects: 100% (2/2), done.
remote: Total 3 (delta 0), reused 3 (delta 0), pack-reused 0
Receiving objects: 100% (3/3), done.
```

18
```
desktop $ cd friend-rainbow
```

ビジュアル化 A-6 に示すように、このプロセスの終了時点で、作成した Rainbow プロジェクトの最低限のセットアップは、すべてのリポジトリー内に、green コミットという 1 つのコミットだけを含んでいます。

ビジュアル化 A-6

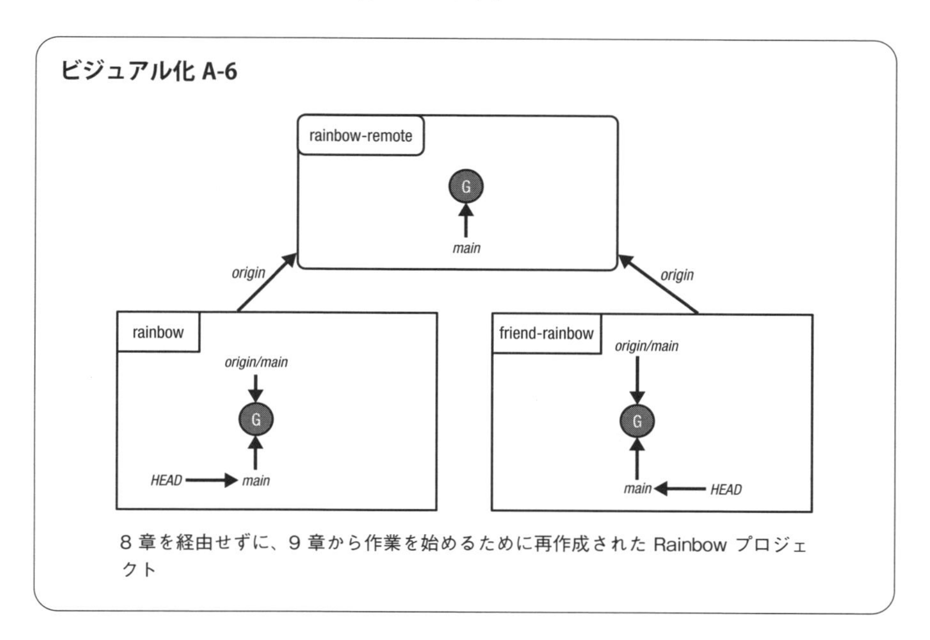

8 章を経由せずに、9 章から作業を始めるために再作成された Rainbow プロジェクト

A.9　10 章を始めるためのセットアップ

「10 章　マージコンフリクト」から作業を始めるには、**実行手順 A-10** で、Rainbow

プロジェクトの基本的なセットアップを準備します。ステップ 15 と 19 では、コマンド全体を 1 行に入力してください。

実行手順 A-10

1. コマンドラインアプリケーションを使って、コマンドラインウィンドウを開きます。
2. `$ cd desktop`
3. `desktop $ mkdir rainbow`
4. `desktop $ cd rainbow`
5.
```
rainbow $ git init -b main
Initialized empty Git repository in /Users/annaskoulikari/desktop/
rainbow/.git/
```
6. rainbow プロジェクトディレクトリーの中に、rainbowcolors.txt というファイルと othercolors.txt というファイルを作成します。
7. テキストエディターで、rainbowcolors.txt ファイルに次のテキストを追加し、ファイルを保存します。

```
Red is the first color of the rainbow.
Orange is the second color of the rainbow.
Yellow is the third color of the rainbow.
Green is the fourth color of the rainbow.
Blue is the fifth color of the rainbow.
```

8. テキストエディターで、othercolors.txt ファイルに次のテキストを追加し、ファイルを保存します。

```
Brown is not a color in the rainbow.
```

9. `rainbow $ git add rainbowcolors.txt othercolors.txt`
10.
```
rainbow $ git commit -m "fake merge commit 1"
 2 files changed, 6 insertions(+)
 create mode 100644 othercolors.txt
 create mode 100644 rainbowcolors.txt
```
11. ホスティングサービスのアカウントをまだ持っていない場合や、HTTPS または SSH アクセスのための認証情報をまだ設定していない場合は、直ちに「6 章　ホスティングサービスと認証」に進み、その部分のプロセスを完了してください。それが終わったら、この**実行手順**に戻ってください。
12. ホスティングサービスのアカウントにログインします。
13. リモートリポジトリーを作成します。これを行うための詳しい情報については、「付録D　補足資料」の「D.5　リモートリポジトリーの作成」を参照してください。

本書の練習課題のためにリポジトリーを作成する場合は、次のように設定してください。

- リポジトリー名は、rainbow-remoteとします。
- リポジトリーを公開（public）にするか非公開（private）にするかを選択できます。非公開にしておくことを勧めます。
- リポジトリーの中にファイルは何も含めません。たとえば、READMEファイルや.gitignoreファイルも含めません。
- デフォルトのブランチ名を入力するように求められる場合は、空白のままにしておくか、mainに設定します。

14 リモートリポジトリーを作成するためのステップが完了したら、リモートリポジトリーURLを確認します。どこで確認できるかわからない場合は、利用しているホスティングサービスのドキュメントを参照してください。

リモートリポジトリーURLには、2つのバージョンがあります。1つはHTTPS用であり、もう1つはSSH用です。本書の例では、2つのリモートリポジトリーURLは次のとおりです。

- **HTTPS**

  https://github.com/gitlearningjourney/rainbow-remote.git

- **SSH**

  git@github.com:gitlearningjourney/rainbow-remote.git

使用するプロトコル用のURLをコピーします。以下のステップの中で、筆者のURLが書かれている部分では、代わりに読者のURLを使用してください。

15
```
rainbow $ git remote add origin https://github.com/gitlearningjourney/
rainbow-remote.git
```

16
```
rainbow $ git push origin main
Enumerating objects: 4, done.
Counting objects: 100% (4/4), done.
Delta compression using up to 4 threads
Compressing objects: 100% (3/3), done.
Writing objects: 100% (4/4), 394 bytes | 394.00 KiB/s, done.
Total 4 (delta 0), reused 0 (delta 0), pack-reused 0
To https://github.com/gitlearningjourney/rainbow-remote.git
 * [new branch]      main -> main
```

17

```
rainbow $ git branch -u origin/main
branch 'main' set up to track 'origin/main'.
```

18 新しいコマンドラインウィンドウを開き、desktop ディレクトリーに移動し、ここから友人を演じます。

19

```
desktop $ git clone https://github.com/gitlearningjourney/rainbow-
remote.git friend-rainbow
Cloning into 'friend-rainbow'...
remote: Enumerating objects: 4, done.
remote: Counting objects: 100% (4/4), done.
remote: Compressing objects: 100% (3/3), done.
remote: Total 4 (delta 0), reused 4 (delta 0), pack-reused 0
Receiving objects: 100% (4/4), done.
```

20

```
desktop $ cd friend-rainbow
```

ビジュアル化 A-7 に示すように、このプロセスの終了時点で、作成した Rainbow プロジェクトの最低限のセットアップは、すべてのリポジトリー内に、「fake merge commit 1」(M1) という 1 つのコミットだけを含んでいます。

「9 章　3 方向マージ」で作成した最後のコミットは、2 つの親を持つマージコミット（M1）でした。ここで作成したコミットは、リポジトリー内で唯一のコミットになるので、親コミットはありません。そのため、「fake merge commit」（偽のマージコミット）という名前にしてあります。

ビジュアル化 A-7

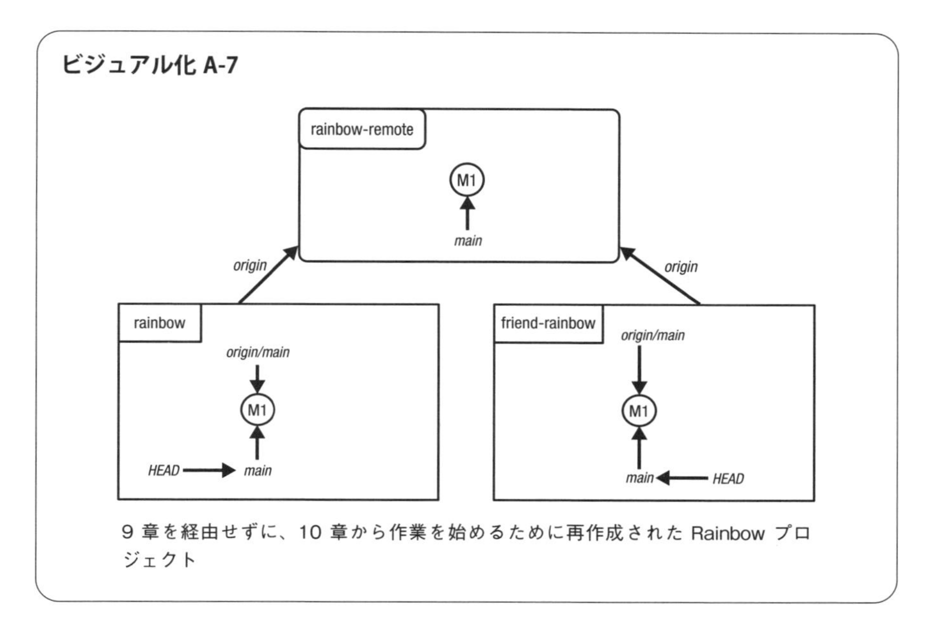

9 章を経由せずに、10 章から作業を始めるために再作成された Rainbow プロジェクト

A.10　11 章を始めるためのセットアップ

「11 章　リベース」から作業を始めるには、**実行手順 A-11** で、Rainbow プロジェクトの基本的なセットアップを準備します。ステップ 15 と 19 では、コマンド全体を 1 行に入力してください。

実行手順 A-11

1. コマンドラインアプリケーションを使って、コマンドラインウィンドウを開きます。
2. `$ cd desktop`
3. `desktop $ mkdir rainbow`
4. `desktop $ cd rainbow`
5.
```
rainbow $ git init -b main
Initialized empty Git repository in /Users/annaskoulikari/desktop/
rainbow/.git/
```
6. rainbow プロジェクトディレクトリーの中に、rainbowcolors.txt というファイルと othercolors.txt というファイルを作成します。

7 テキストエディターで、rainbowcolors.txt ファイルに次のテキストを追加し、ファイルを保存します。

```
Red is the first color of the rainbow.
Orange is the second color of the rainbow.
Yellow is the third color of the rainbow.
Green is the fourth color of the rainbow.
Blue is the fifth color of the rainbow.
Indigo is the sixth color of the rainbow.
Violet is the seventh color of the rainbow.
```

8 テキストエディターで、othercolors.txt ファイルに次のテキストを追加し、ファイルを保存します。

```
Brown is not a color in the rainbow.
```

9
```
rainbow $ git add rainbowcolors.txt othercolors.txt
```

10
```
rainbow $ git commit -m "fake merge commit 2"
[main (root-commit) 32fa0b7] fake merge commit 2
 2 files changed, 8 insertions(+)
 create mode 100644 othercolors.txt
 create mode 100644 rainbowcolors.txt
```

11 ホスティングサービスのアカウントをまだ持っていない場合や、HTTPS または SSH アクセスのための認証情報をまだ設定していない場合は、直ちに「6章　ホスティングサービスと認証」に進み、その部分のプロセスを完了してください。それが終わったら、この**実行手順**に戻ってください。

12 ホスティングサービスのアカウントにログインします。

13 リモートリポジトリーを作成します。これを行うための詳しい情報については、「付録D　補足資料」の「D.5　リモートリポジトリーの作成」を参照してください。

本書の練習課題のためにリポジトリーを作成する場合は、次のように設定してください。

- リポジトリー名は、rainbow-remote とします。
- リポジトリーを公開（public）にするか非公開（private）にするかを選択できます。非公開にしておくことを勧めます。
- リポジトリーの中にファイルは何も含めません。たとえば、README ファイルや.gitignore ファイルも含めません。
- デフォルトのブランチ名を入力するように求められる場合は、空白のままにしておくか、main に設定します。

14 リモートリポジトリーを作成するためのステップが完了したら、リモートリポジトリー URL を確認します。どこで確認できるかわからない場合は、利用しているホスティングサービスのドキュメントを参照してください。

リモートリポジトリー URL には、2つのバージョンがあります。1つは HTTPS 用であり、もう1つは SSH 用です。本書の例では、2つのリモートリポジトリー URL は次のとおりです。

- **HTTPS**

  `https://github.com/gitlearningjourney/rainbow-remote.git`

- **SSH**

  `git@github.com:gitlearningjourney/rainbow-remote.git`

使用するプロトコル用の URL をコピーします。以下のステップの中で、筆者の URL が書かれている部分では、代わりに読者の URL を使用してください。

15
```
rainbow $ git remote add origin https://github.com/gitlearningjourney/
rainbow-remote.git
```

16
```
rainbow $ git push origin main
Enumerating objects: 4, done.
Counting objects: 100% (4/4), done.
Delta compression using up to 4 threads
Compressing objects: 100% (3/3), done.
Writing objects: 100% (4/4), 413 bytes | 413.00 KiB/s, done.
Total 4 (delta 0), reused 0 (delta 0), pack-reused 0
To https://github.com/gitlearningjourney/rainbow-remote.git
 * [new branch]      main -> main
```

17
```
rainbow $ git branch -u origin/main
branch 'main' set up to track 'origin/main'.
```

18 新しいコマンドラインウィンドウを開き、desktop ディレクトリーに移動し、ここから友人を演じます。

19
```
desktop $ git clone https://github.com/gitlearningjourney/rainbow-
remote.git friend-rainbow
Cloning into 'friend-rainbow'...
remote: Enumerating objects: 4, done.
remote: Counting objects: 100% (4/4), done.
remote: Compressing objects: 100% (3/3), done.
remote: Total 4 (delta 0), reused 4 (delta 0), pack-reused 0
Receiving objects: 100% (4/4), done.
```

20
```
desktop $ cd friend-rainbow
```

ビジュアル化 A-8 に示すように、このプロセスの終了時点で、作成した Rainbow プロジェクトの最低限のセットアップは、すべてのリポジトリー内に、「fake merge commit 2」（M2）という 1 つのコミットだけを含んでいます。

「10 章　マージコンフリクト」で作成した最後のコミットは、2 つの親を持つマージコミット（M2）でした。ここで作成したコミットは、リポジトリー内で唯一のコミットになるので、親コミットはありません。そのため、「fake merge commit」（偽のマージコミット）という名前にしてあります。

ビジュアル化 A-8

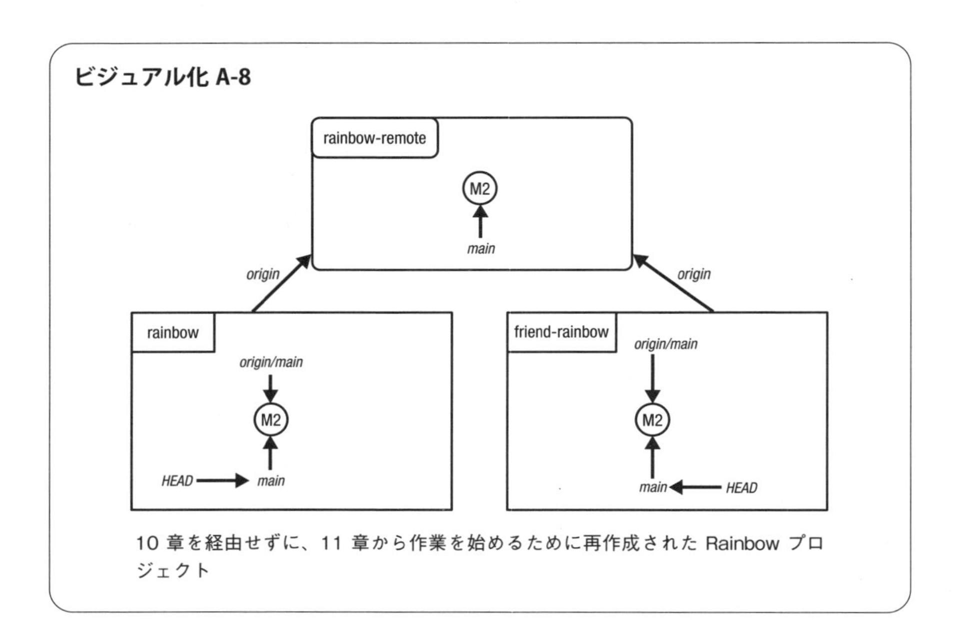

10 章を経由せずに、11 章から作業を始めるために再作成された Rainbow プロジェクト

A.11　12 章を始めるためのセットアップ

「12 章　プルリクエスト（マージリクエスト）」から作業を始めるには、**実行手順 A-12** で、Rainbow プロジェクトの基本的なセットアップを準備します。ステップ 15 と 19 では、コマンド全体を 1 行に入力してください。

実行手順 A-12

1. コマンドラインアプリケーションを使って、コマンドラインウィンドウを開きます。

2.
```
$ cd desktop
```

3.
```
desktop $ mkdir rainbow
```

4.
```
desktop $ cd rainbow
```

5.
```
rainbow $ git init -b main
Initialized empty Git repository in /Users/annaskoulikari/desktop/
rainbow/.git/
```

6. rainbow プロジェクトディレクトリーの中に、rainbowcolors.txt というファイルと othercolors.txt というファイルを作成します。

7. テキストエディターで、rainbowcolors.txt ファイルに次のテキストを追加し、ファイルを保存します。

```
Red is the first color of the rainbow.
Orange is the second color of the rainbow.
Yellow is the third color of the rainbow.
Green is the fourth color of the rainbow.
Blue is the fifth color of the rainbow.
Indigo is the sixth color of the rainbow.
Violet is the seventh color of the rainbow.
These are the colors of the rainbow.
```

8. テキストエディターで、othercolors.txt ファイルに次のテキストを追加し、ファイルを保存します。

```
Brown is not a color in the rainbow.
Gray is not a color in the rainbow.
Black is not a color in the rainbow.
```

9.
```
rainbow $ git add rainbowcolors.txt othercolors.txt
```

10.
```
rainbow $ git commit -m "rainbow"
[main (root-commit) 56b92dc] "rainbow"
 2 files changed, 11 insertions(+)
 create mode 100644 othercolors.txt
 create mode 100644 rainbowcolors.txt
```

11. ホスティングサービスのアカウントをまだ持っていない場合や、HTTPS または SSH アクセスのための認証情報をまだ設定していない場合は、直ちに「6章 ホスティングサービスと認証」に進み、そのプロセスを完了してください。それが終わったら、この**実行手順**に戻ってください。

12 ホスティングサービスのアカウントにログインします。

13 リモートリポジトリーを作成します。これを行うための詳しい情報については、「付録 D　補足資料」の「D.5　リモートリポジトリーの作成」を参照してください。

本書の練習課題のためにリポジトリーを作成する場合は、次のように設定してください。

- リポジトリー名は、rainbow-remote とします。
- リポジトリーを公開（public）にするか非公開（private）にするかを選択できます。非公開にしておくことを勧めます。
- リポジトリーの中にファイルは何も含めません。たとえば、README ファイルや.gitignore ファイルも含めません。
- デフォルトのブランチ名を入力するように求められる場合は、空白のままにしておくか、main に設定します。

14 リモートリポジトリーを作成するためのステップが完了したら、リモートリポジトリー URL を確認します。どこで確認できるかわからない場合は、利用しているホスティングサービスのドキュメントを参照してください。

リモートリポジトリー URL には、2 つのバージョンがあります。1 つは HTTPS 用であり、もう 1 つは SSH 用です。本書の例では、2 つのリモートリポジトリー URL は次のとおりです。

- **HTTPS**
  https://github.com/gitlearningjourney/rainbow-remote.git
- **SSH**
  git@github.com:gitlearningjourney/rainbow-remote.git

使用するプロトコル用の URL をコピーします。以下のステップの中で、筆者の URL が書かれている部分では、代わりに読者の URL を使用してください。

15
```
rainbow $ git remote add origin https://github.com/gitlearningjourney/
rainbow-remote.git
```

16
```
rainbow $ git push origin main
Enumerating objects: 4, done.
Counting objects: 100% (4/4), done.
Delta compression using up to 4 threads
Compressing objects: 100% (4/4), done.
Writing objects: 100% (4/4), 445 bytes | 445.00 KiB/s, done.
```

```
    Total 4 (delta 0), reused 0 (delta 0), pack-reused 0
    To https://github.com/gitlearningjourney/rainbow-remote.git
     * [new branch]      main -> main

17  rainbow $ git branch -u origin/main
    branch 'main' set up to track 'origin/main'.
```

18 新しいコマンドラインウィンドウを開き、desktop ディレクトリーに移動し、ここから友人を演じます。

```
19  desktop $ git clone https://github.com/gitlearningjourney/rainbow-
    remote.git friend-rainbow
    Cloning into 'friend-rainbow'...
    remote: Enumerating objects: 4, done.
    remote: Counting objects: 100% (4/4), done.
    remote: Compressing objects: 100% (4/4), done.
    remote: Total 4 (delta 0), reused 4 (delta 0), pack-reused 0
    Receiving objects: 100% (4/4), done.

20  desktop $ cd friend-rainbow
```

ビジュアル化 A-9 に示すように、このプロセスの終了時点で、作成した Rainbow プロジェクトの最低限のセットアップは、すべてのリポジトリー内に、rainbow コミットという 1 つのコミットだけを含んでいます。

12 章の開始時点での rainbow コミットは、リベースされた rainbow コミットです。そのため、その章の**ビジュアル化**のダイアグラムでは、`Ra'` とラベル付けされています。しかし、このプロセスの終了時点での rainbow コミットは、通常のコミットです。この章に取り組むときには、このことを覚えておいてください。

ビジュアル化 A-9

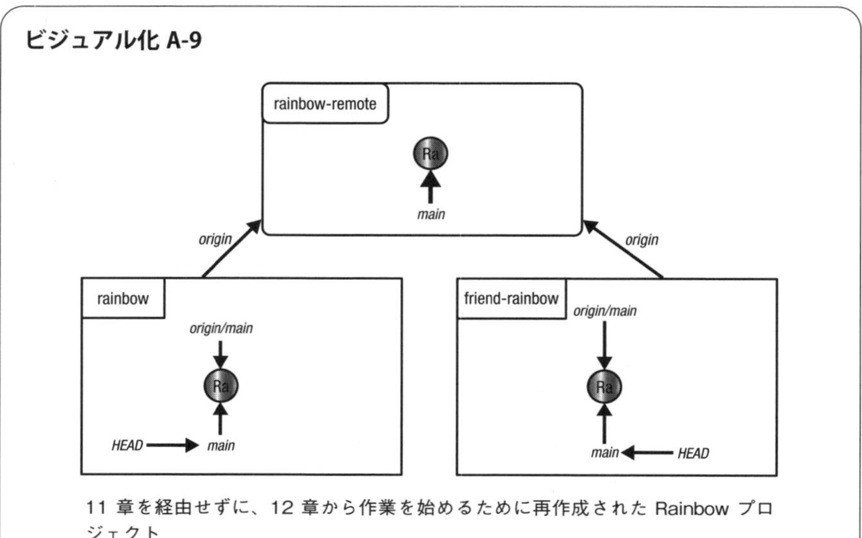

11 章を経由せずに、12 章から作業を始めるために再作成された Rainbow プロジェクト

付録B コマンドのクイックリファレンス

表B-1　1章　Git とコマンドライン

コマンド	説明
clear	コマンドラインウィンドウを消去する
pwd	カレントディレクトリーのパスを表示する
ls	可視ファイルと可視ディレクトリーをリスト表示する
ls -a	隠しファイルと隠しディレクトリーを含めて、すべてのファイルとディレクトリーをリスト表示する
cd <path_to_directory>	ディレクトリーを変更する
mkdir <directory_name>	ディレクトリーを作成する
git config --global --list	グローバル Git 構成ファイルに含まれる変数とその値をリスト表示する
git config --global user.name "<name>"	グローバル Git 構成ファイルに自分の名前を設定する
git config --global user.email "<email>"	グローバル Git 構成ファイルに自分の E メールアドレスを設定する

表B-2　2章　ローカルリポジトリー

コマンド	説明
git init	Git リポジトリーを初期化する
git init -b <branch_name>	Git リポジトリーを初期化し、初期ブランチの名前を <branch_name>に設定する

表B-3　3章　コミットの作成

コマンド	説明
git status	作業ディレクトリーとステージングエリアの状態を表示する
git add <filename>	1つのファイルをステージングエリアに追加する
git add <filename> <filename> ...	複数のファイルをステージングエリアに追加する
git add -A	作業ディレクトリーで編集したすべてのファイルをステージングエリアに追加する
git commit -m "<message>"	コミットメッセージを付けて新しいコミットを作成する
git log	コミットのリストを、新しいものから古いものへと順に表示する

表B-4　4章　ブランチ

コマンド	説明
git branch	ローカルブランチをリスト表示する
git branch <new_branch_name>	ブランチを作成する
git switch <branch_name>	ブランチを切り替える
git checkout <branch_name>	ブランチを切り替える

表B-5　5章　マージ

コマンド	説明
git merge <branch_name>	指定したブランチから現在のブランチに変更を統合する
git log --all	ローカルリポジトリー内のすべてのブランチについて、新しいものから古いものへと順にコミットのリストを表示する
git checkout <commit_hash>	コミットをチェックアウトする
git switch -c <new_branch_name>	新しいブランチを作成し、それに切り替える
git checkout -b <new_branch_name>	新しいブランチを作成し、それに切り替える

表B-6　7章　リモートリポジトリーの作成とプッシュ

コマンド	説明
git push	リモートリポジトリーにデータをアップロードする
git remote add <shortname> <URL>	<URL>で示されるリモートリポジトリーへの接続を、<shortname>という名前で追加する
git remote	ローカルリポジトリー内のリモートリポジトリー接続を、ショートネームでリスト表示する
git remote -v	ローカルリポジトリー内のリモートリポジトリー接続を、ショートネームとURLでリスト表示する
git push <shortname> <branch_name>	<branch_name>のブランチの内容を、<shortname>のリモートリポジトリーにアップロードする
git branch --all	ローカルブランチとリモート追跡ブランチをリスト表示する

表B-7　8章　クローンとフェッチ

コマンド	説明
git clone <URL> <directory_name>	リモートリポジトリーをクローンする
git push <shortname> -d <branch_name>	リモートブランチと、関連するリモート追跡ブランチを削除する
git branch -d <branch_name>	ローカルブランチを削除する
git branch -vv	ローカルブランチと、もしあればそれらの上流ブランチをリスト表示する
git fetch <shortname>	<shortname>で示されるリモートリポジトリーからデータをダウンロードする
git fetch	origin というショートネームのリモートリポジトリーからデータをダウンロードする
git fetch -p	削除されたリモートブランチに対応するリモート追跡ブランチを削除し、リモートリポジトリーからデータをダウンロードする

表B-8　9章　3方向マージ

コマンド	説明
git branch -u <shortname>/<branch_name>	現在のローカルブランチに対して上流ブランチを定義する
git pull <shortname> <branch_name>	<branch_name>で指定したブランチについて、<shortname>のリモートリポジトリーから変更をフェッチして統合する
git pull	現在のブランチに対して上流ブランチが定義されていれば、上流ブランチから変更をフェッチして統合する

表B-9　10章　マージコンフリクト

コマンド	説明
git merge --abort	マージプロセスを中止し、マージ前の状態に戻す

表B-10　11章　リベース

コマンド	説明
git rebase <branch_name>	別のブランチの先頭にコミットを再適用する
git restore --staged <filename>	ステージングエリア内のファイルを、そのファイルの別のバージョンに復元する
git rebase --continue	マージコンフリクトを解決した後で、リベースプロセスを続行する
git rebase --abort	リベースプロセスを中止し、リベース前の状態に戻す

付録C
ビジュアル言語のリファレンス

C.1 コミット

本書のダイアグラムでは、コミットは円で表されます。Rainbow プロジェクトでの通常のコミットは単色で示され、円の中にコミットの名前または略称が記されます(唯一の例外は rainbow コミットで、すべての虹の色で示されます)。**図C-1** に例を示します†1。

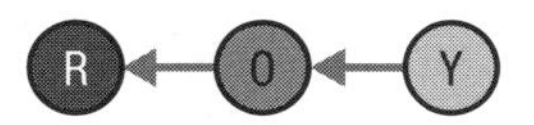

図C-1 Rainbow プロジェクトの通常のコミットの例。色と略称を使ってコミットを区別する

リベース操作(11 章を参照)によって通常のコミットが再作成される場合は、元のコミットと区別するために、再作成されるコミットの名前にアポストロフィ(')を追加します。**図C-2** に例を示します。

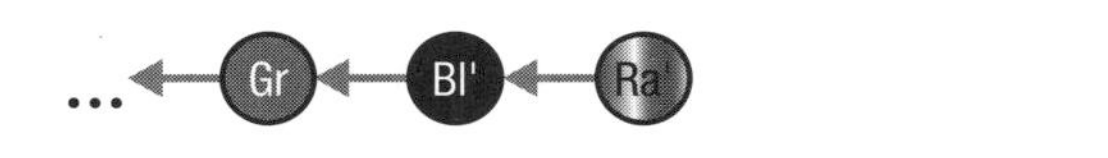

図C-2 Rainbow プロジェクトのリベースされたコミットの例。元のコミットと区別するために、略称にアポストロフィが追加されている

†1 訳注:紙版の書籍はモノクロ印刷なので少しわかりにくいですが、電子版の Ebook はオールカラーです。

本書を通じて、マージコミットは、黒の太い境界線を持つ白い円として表され、中にMという文字が記されます（数字を含む場合もあります）。**図C-3**に例を示します。

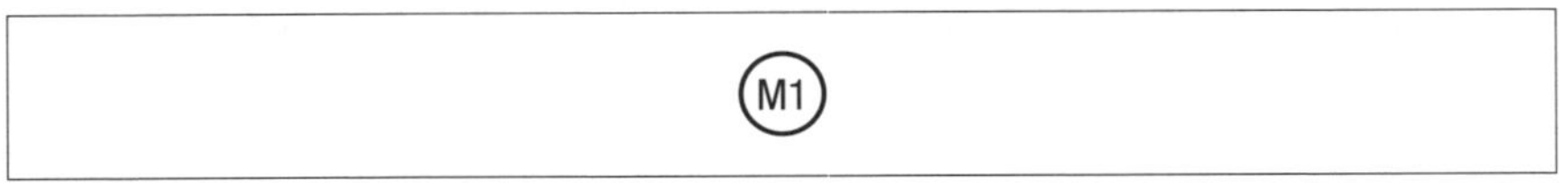

図C-3　マージコミットの例

Bookプロジェクトでの通常のコミットは、青の円として表され、互いを区別するためにアルファベットが記されます。**図C-4**に例を示します。

図C-4　Bookプロジェクトの通常のコミットの例。アルファベットを使ってコミットを区別する

C.2　Gitダイアグラム

「2章　ローカルリポジトリー」で紹介したGitダイアグラムは、1つのGitプロジェクトディレクトリーを表します。これは、作業ディレクトリー、ステージングエリア、コミット履歴、ローカルリポジトリーという4つの領域で構成されます。作業ディレクトリーとステージングエリアはファイルを含むことができ、コミット履歴はコミットとブランチを含むことができます。ブランチとHEADポインター（参照）は黒の矢印で表され、コミット間の親リンクはグレーの矢印で表されます。Gitダイアグラムの例を**図C-5**に示します。

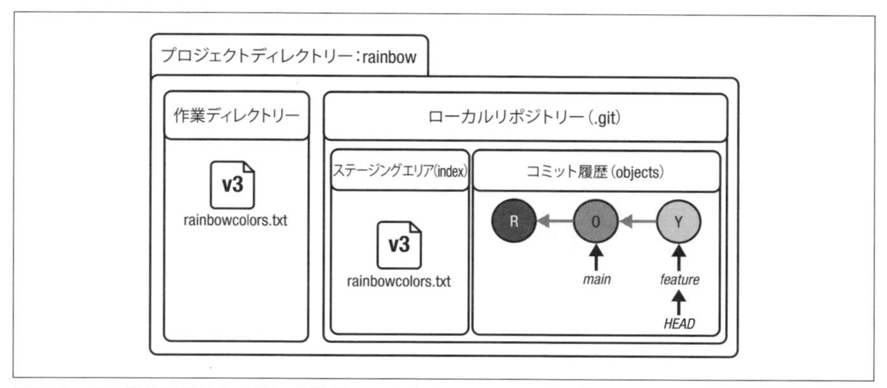

図C-5 Git ダイアグラムの例。作業ディレクトリー、ステージングエリア、コミット履歴、ローカルリポジトリーの表現を含んでおり、5 章の開始時点での Rainbow プロジェクトの状態を示している

C.3 リポジトリーダイアグラム

リポジトリーダイアグラムは、1つまたは複数のリポジトリーを表します。ローカルリポジトリーは、角が直角の長方形で表されます。リモートリポジトリーは、角が丸い長方形で表されます。これらのリポジトリーは、コミットとブランチを含むことができます。リポジトリーダイアグラムは、「4 章 ブランチ」以降で使います。

図C-6 は、1つのローカルリポジトリーを含むリポジトリーダイアグラムの例を示しています。

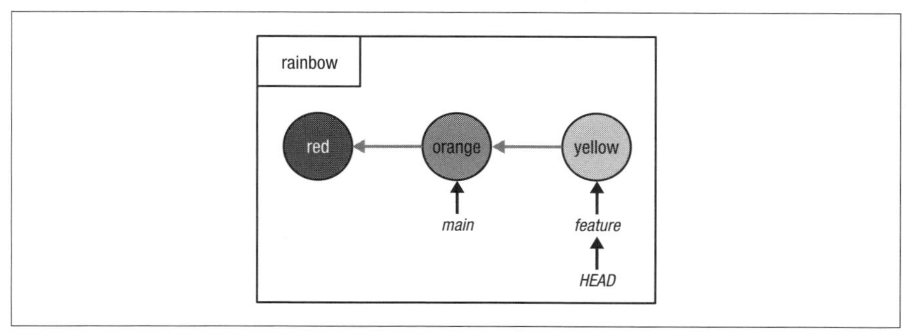

図C-6 1 つのローカルリポジトリーを含むリポジトリーダイアグラムの例。4 章の終了時点での Rainbow プロジェクトの状態を表す

図C-7 は、2つのローカルリポジトリーと1つのリモートリポジトリーを含むリポジトリーダイアグラムの例を示しています。

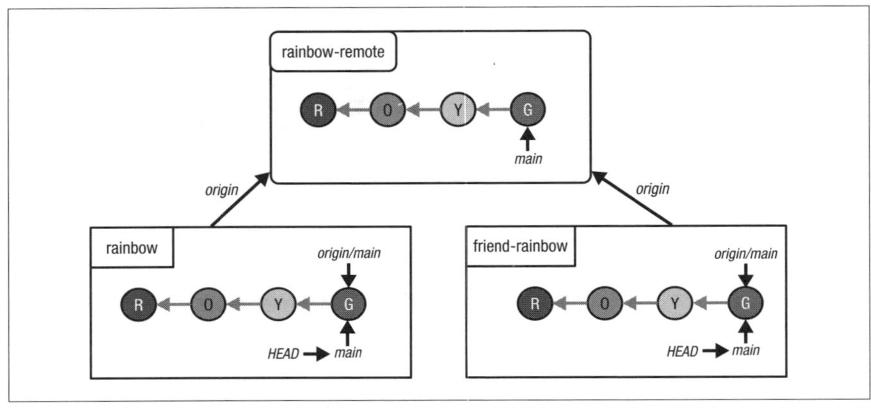

図C-7　2つのローカルリポジトリーと1つのリモートリポジトリーを含むリポジトリーダイアグラムの例。8章の終了時点での Rainbow プロジェクトの状態を表す

付録D 補足資料

本稿は、本書のGitHubリポジトリー（https://github.com/gitlearningjourney/learning-git）の`README.md`ファイルを日本語に翻訳し、必要に応じて加筆・修正したものです。本書を読むうえでの補足資料として使用してください。なお、この内容は本書の日本語版の翻訳時点でのものですので、最新の情報については、上記のGitHubリポジトリーを参照してください。

D.1 Windows用のGitのインストール

WindowsでGitをインストールするには、Gitの公式WebサイトでWindows用のダウンロードページ（https://git-scm.com/download/win）にアクセスします。このページには、Gitをダウンロードするための方法がいくつか提示されています。

本書のためには、最初に書かれているメインのダウンロードオプションを使ってGitをインストールすることを勧めます。［Click here to download］というリンクを選択すると、インストーラーがダウンロードされます（**図D-1**）。

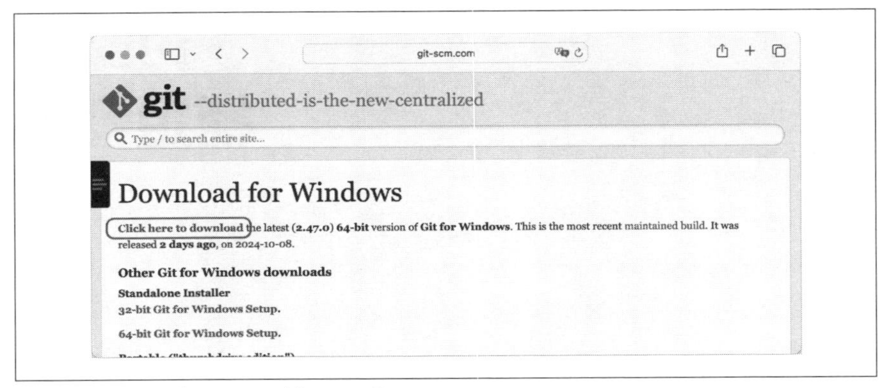

図 D-1　Windows 版の Git のダウンロード

このダウンロードオプションを使用することで、確実にバージョンが 2.28 以上である Git がインストールされます。本書で紹介しているすべてのコマンドを使うためには、このバージョン以上であることが必要です。

次に、ダウンロードしたインストーラーを実行し、ステップバイステップでインストールプロセスを完了します。表示されるすべての画面でデフォルトの設定をそのまま受け入れ、[Next] をクリックして進みます。最後の画面で [install] をクリックすると、インストールが始まります。インストールが終わると完了画面が表示されるので、[Finish] を押して終了します。

Git が正常にインストールされたかどうかをチェックするには、Git Bash のコマンドラインウィンドウを開き、`git version` コマンドを使って Git のバージョンをチェックします。**実行手順 D-1** に従って、これを確認してみましょう。

実行手順 D-1

1. コマンドラインアプリケーションの Git Bash を検索し、コマンドラインウィンドウを開きます。
2.
```
$ git version
git version 2.38.1.windows.1
```

注目してほしいこと

- `git version` コマンドの出力結果は、インストールされた Git のバージョンを示しています。

これで、Windows 用の Git のインストールが完了しました。

D.2　macOS 用の Git のインストール

macOS で Git をインストールするには、Git の公式 Web サイトで macOS 用のダウンロードページ（https://git-scm.com/download/mac）にアクセスします。このページには、Git をダウンロードするための方法がいくつか提示されています。

本書のためには、Homebrew を使って Git をインストールすることを勧めます（**図 D-2**）。

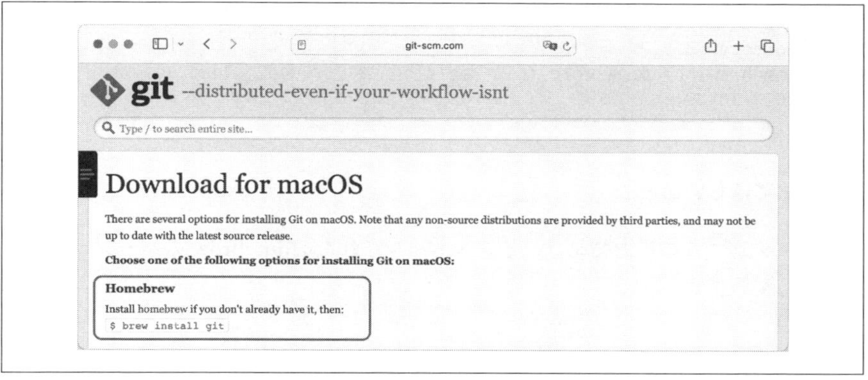

図 D-2　macOS 版の Git のダウンロード

Homebrew を使って Git をインストールすることで、確実にバージョンが 2.28 以上である Git がインストールされます。本書で紹介しているすべてのコマンドを使うためには、このバージョン以上であることが必要です。

Homebrew を使って Git をインストールするには、まず Homebrew がインストール済みでなければなりません。Homebrew をまだインストールしていない場合は、**実行手順 D-2** に進んでください。

実行手順 D-2

1. Homebrew の Web サイト（https://brew.sh/ja/）にアクセスし、Homebrew をインストールするためのコマンド（「インストール」の下に書かれているコマンド）をコピーします。コマンドの右側にあるボタンをクリックすると、簡単にコピーできます。
2. コマンドラインウィンドウを開き、ステップ 1 でコピーしたコマンドをペーストします。次のステップ 3 でこのコマンドを実行するときには、コマンドラインでのディレクトリーの場所は重要ではありません。
3.
```
$ /bin/bash -c "$(curl -fsSL https://raw.githubusercontent.com/
Homebrew/install/HEAD/install.sh)"
==> Checking for sudo access (which may request your password)...
Password:
```
4. パスワードを入力するように求められるので、自分のコンピューターでのユーザーパスワードを入力します。
5. ［Enter］キーを押して、インストールプロセスを完了します。
6.
```
$ brew --version
Homebrew 3.6.7
Homebrew/homebrew-core (git revision 4917c76d4d2; last commit
2022-10-29)
```

注目してほしいこと

- ステップ 6 の出力結果は、インストールされた Homebrew のバージョンを示しています。

これで Homebrew がインストールできたので、次に Git をインストールします。そのためには、`brew install git` コマンドを使います。インストールが終わったら、`git version` コマンドを使って、インストールされた Git のバージョンをチェックします。**実行手順 D-3** に従って、これらを実行してください。

実行手順 D-3

1.
```
$ brew install git
```
2.
```
$ git version
git version 2.38.1
```

これで、macOS用のGitのインストールが完了しました。

D.3 HTTPSアクセスのセットアップ

D.3.1 GitHubでの個人用アクセストークンの作成

本書の6章では、ホスティングサービスを選択し、HTTPSまたはSSHプロトコルを介してリモートリポジトリーに接続するための認証情報をセットアップするよう指示されています。ホスティングサービスとしてGitHubを使用していて、HTTPSプロトコルを使用することに決めた場合は、個人用アクセストークンを作成する必要があります。

GitHubで個人用アクセストークンを作成する方法については、GitHub Docs - Creating a personal access token（https://docs.github.com/en/authentication/keeping-your-account-and-data-secure/managing-your-personal-access-tokens#creating-a-personal-access-token-classic）で参照できます[†1]。

訳者補 個人用アクセストークンの作成

個人用アクセストークンを作成するための手順を簡単に説明します。

1. メールアドレスの検証が終わっていない場合は、まずメールアドレスを検証します。メールアドレスの検証が完了していないと、個人用アクセストークンは作成できません。詳しくは、GitHub Docsのページ（https://docs.github.com/ja）で「メールアドレスを検証する」と検索してください。
2. GitHubで、任意のページの右上隅にある自分のプロフィール写真をクリックし、[Settings]をクリックします。
3. 左側のサイドバーで、[Developer settings]をクリックします。
4. 左側のサイドバーで、[Personal access tokens]の下にある[Tokens (classic)]をクリックします。
5. [Generate new token]をクリックし、[Generate new token (classic)]を

†1 訳注：日本語版ページ（https://docs.github.com/ja/authentication/keeping-your-account-and-data-secure/managing-your-personal-access-tokens#personal-access-token-classic-%E3%81%AE%E4%BD%9C%E6%88%90）

クリックします。

6. ［Note］フィールドで、トークンにわかりやすい名前を付けます。
7. ［Expiration］で、トークンの有効期限を設定します。既定の選択肢の中から選択するか、［Custom...］を選択して日付を入力します。
8. ［Select scopes］で、このトークンに付与するスコープを選択します。トークンを使ってコマンドラインからリポジトリーにアクセスするには、`repo`（リポジトリー）を選択します。スコープが割り当てられていないトークンでは、公開されている情報にのみアクセスできます。
9. ［Generate token］をクリックします。
10. 生成されたトークンをコピーして保存します。

GitHub で個人用アクセストークンを作成する場合は、次のことに注意してください。

- ［Note］フィールドは、個人用アクセストークンの名前を表します。
- ［Expiration］で有効期限を選択するときには、最低でも、本書を読んで練習課題をやり終えるために必要な期間を設定することを勧めます。そうでないと、本書を読んでいる途中で個人用アクセストークンが期限切れになり、新しいトークンを作成するためのプロセスを実行しなければならなくなります。
- スコープ（scope）は、このトークンで何を行えるか、すなわち何が認証されるかを定義します。本書の目的のためには、少なくとも `repo`（リポジトリー）スコープを選択する必要があります。
- 個人用アクセストークンは安全な場所に保存してください。

個人用アクセストークンは、セキュリティ上の理由から、作成時に一度しか表示されません。そのため、安全な場所に保存しておく必要があります。

D.3.2　Bitbucket でのアプリパスワードの作成

本書の 6 章では、ホスティングサービスを選択し、HTTPS または SSH プロトコルを介してリモートリポジトリーに接続するための認証情報をセットアップするよう指示されています。ホスティングサービスとして Bitbucket を使用していて、

HTTPSプロトコルを使用することに決めた場合は、アプリパスワードを作成する必要があります。

Bitbucketでアプリパスワードを作成する方法については、Bitbucket Support - Create an App password（https://support.atlassian.com/bitbucket-cloud/docs/create-an-app-password/）で参照できます[†2]。

Bitbucketでアプリパスワードを作成する場合は、次のことに注意してください。

- ［Label］フィールドは、アプリパスワードの名前を表します。
- 権限（permission）は、このアプリパスワードで何が認証されるかを表します。本書の目的のためには、少なくとも、アカウント（Account）、Workspace membership、プロジェクト（Projects）、リポジトリー（Repositories）、プルリクエスト（Pull Requests）の各セクションのオプションを選択する必要があります。
- アプリパスワードは安全な場所に保存してください。

アプリパスワードは、セキュリティ上の理由から、作成時に一度しか表示されません。そのため、安全な場所に保存しておく必要があります。

D.4 SSHアクセスのセットアップ

本書の6章では、ホスティングサービスを選択し、HTTPSまたはSSHプロトコルを介してリモートリポジトリーに接続するための認証情報をセットアップするよう指示されています。SSHプロトコルを使用することに決めた場合は、それぞれのホスティングサービスでのセットアップ方法が書かれた次のリンクを参照してください。

GitHub

- GitHub Docs - Connecting to GitHub with SSH（https://docs.github.com/en/authentication/connecting-to-github-with-ssh）[†3]

†2 訳注：日本語版ページ（https://support.atlassian.com/ja/bitbucket-cloud/docs/create-an-app-password/）

†3 訳注：日本語版ページ（https://docs.github.com/ja/authentication/connecting-to-github-with-ssh）

GitLab

- GitLab Docs - Use SSH keys to communicate with GitLab (https://docs.gitlab.com/ee/user/ssh.html) †4

Bitbucket

- Bitbucket Support - Set up an SSH key (https://support.atlassian.com/bitbucket-cloud/docs/set-up-an-ssh-key/) †5

D.4.1　SSHのセットアップの例

ここでは、SSHの一般的なセットアップの例を示します。うまくいかない場合や、一般的な例が当てはまらない場合は、ホスティングサービスの公式ドキュメントを参照することを勧めます。

SSHアクセスをセットアップするための主要なステップは、次の3つです。

1. 自分のコンピューター上でSSH鍵のペアを作成する。
2. SSHの秘密鍵をSSHエージェントに追加する。
3. SSHの公開鍵をホスティングサービスのアカウントに追加する。

ステップ1：自分のコンピューター上でSSH鍵のペアを作成する

SSH鍵にはさまざまな種類があり、そのうちのいくつかは他のものより安全であると考えられています。それぞれのホスティングサービスは、どの種類のSSH鍵を受け入れるかを文書で示しています。

本書の執筆時点で、3つの主要なホスティングサービスで受け入れられていて、最も安全と考えられているSSH鍵の種類は、`ed25519`です。ここで示すセットアップの例でも、これを使います。ただし、使用しているホスティングサービスで受け入れられているものであれば、どの種類の鍵でも利用できます。

SSH鍵のペアを作成するには、`ssh-keygen -t <ssh-key-type> -C "<email>"` コマンドを使います。`-t` オプションは「type」を表し、SSH鍵の

†4　訳注：クリエーションライン株式会社による日本語版ページ（https://gitlab-docs.creationline.com/ee/user/ssh.html）

†5　訳注：日本語版ページ（https://support.atlassian.com/ja/bitbucket-cloud/docs/configure-ssh-and-two-step-verification/）

種類を指定します。-C オプションはラベルを表します。ここではラベルとして、ホスティングサービスのアカウントで使用している E メールアドレスを使います。

このコマンドを実行すると、どこに鍵を保存するかを尋ねられます。デフォルトの設定に従うことを勧めます。デフォルトでは、読者のホームディレクトリーの中に、.ssh という隠しディレクトリーが作成されます。隠しディレクトリーと隠しファイル、およびそれらの表示方法については、1 章で学習したことを思い出してください。

これまでに自分のコンピューターで SSH をセットアップしたことがあるかどうか定かでない場合は、ホームディレクトリーに移動し、.ssh という隠しディレクトリーが存在するかどうかチェックしてください。

隠しディレクトリーの.ssh の中には、2 つのファイルが作成されます。1 つは SSH の秘密鍵のファイルであり、本書の例では id_ed25519 です。もう 1 つは SSH の公開鍵のファイルであり、本書の例では id_ed25519.pub です。**図 D-3** は、作成される.ssh ディレクトリーとファイルの例を示しています。

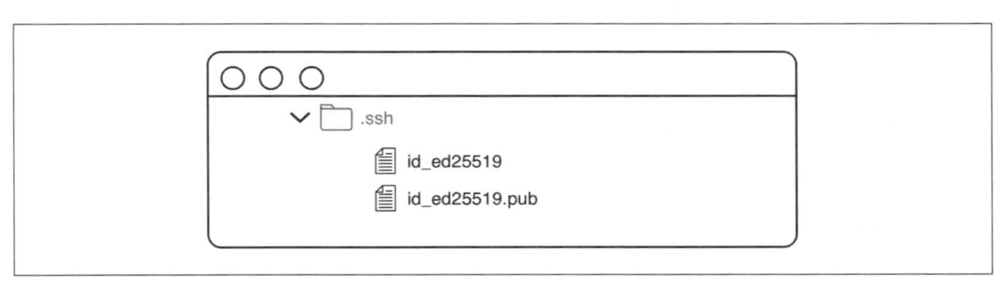

図 D-3　.ssh ディレクトリーの例

鍵を保存する場所を指定したら、次に、パスフレーズ（すなわちパスワード）を入力するよう求められます。パスフレーズは省略可能ですが、セキュリティ上の理由から、使用することを強く推奨します。

実行手順 D-4 に進み、SSH をセットアップするためのステップ 1（SSH 鍵のペアの作成）を完了してください。

実行手順 D-4

1
```
$ ssh-keygen -t ed25519 -C "gitlearningjourney@gmail.com"
Generating public/private ed25519 key pair.

Enter file in which to save the key
(/Users/annaskoulikari/.ssh/id_ed25519):
```

2 デフォルトの場所に鍵を保存するために、そのまま［Enter］キーを押します。本書の例では、/Users/annaskoulikari/.ssh/id_ed25519 というファイルに保存されます。

```
Created directory '/Users/annaskoulikari/.ssh'.

Enter passphrase (empty for no passphrase):
```

3 SSH 鍵のパスフレーズ（すなわちパスワード）を入力します。

```
Enter same passphrase again:
```

4 確認のために、同じパスフレーズをもう一度入力します。

```
Your identification has been saved in
/Users/annaskoulikari/.ssh/id_ed25519

Your public key has been saved in
/Users/annaskoulikari/.ssh/id_ed25519.pub

The key fingerprint is:
SHA256:2ye4Q/S10thZsBM6PZgdLkTJbWCmMygMCXoB8j6gvno
gitlearningjourney@gmail.com
```

5 ホームディレクトリーに移動し、隠しディレクトリーと隠しファイルを表示するように設定を変更し（またはそのようになっていることを確認し）、.ssh ディレクトリーの内容を確認します。

これで SSH 鍵のペアが作成できたので、ステップ 2 に進み、SSH の秘密鍵を SSH エージェントに追加します。

ステップ 2：SSH の秘密鍵を SSH エージェントに追加する

ステップ 1 で SSH 鍵のペアを作成したときに、パスフレーズを入力しました。通常は、SSH を使ってリモートリポジトリーに接続するたびに、パスフレーズを入力する必要があります。

SSH の秘密鍵を SSH エージェントに追加すると、これを回避できます。SSH エージェントは、読者の代わりに SSH 鍵を管理し、パスフレーズを記憶します。

SSH エージェントへの秘密鍵の追加は、2 つの部分から成ります。

まず、`eval "$(ssh-agent -s)"` コマンドを使って、SSH エージェントをバックグラウンドで起動します。

次に、`ssh-add` コマンドを使い、SSH 秘密鍵ファイルのパスを渡すことで、秘密鍵を SSH エージェントに追加します。したがって、実行するコマンドは、`ssh-add ~/.ssh/<ssh_private_key_file_name>` になります。1 章で説明したように、チルダ記号（~）はホームディレクトリーを表します。

実行手順 D-5 に進み、SSH の秘密鍵を SSH エージェントに追加します。

実行手順 D-5

1
```
$ eval "$(ssh-agent -s)"
Agent pid 26054
```

2
```
$ ssh-add ~/.ssh/id_ed25519
Enter passphrase for /Users/annaskoulikari/.ssh/id_ed25519:
```

3 SSH 鍵の作成時に入力したパスフレーズを入力します。

```
Identity added: /Users/annaskoulikari/.ssh/id_ed25519
(gitlearningjourney@gmail.com)
```

これで、SSH アクセスをセットアップするためのステップ 2 が完了したので、最後のステップ 3 に進むことができます。

ステップ 3：SSH の公開鍵をホスティングサービスのアカウントに追加する

ステップ 1 で、ホームディレクトリーの中に `.ssh` という隠しディレクトリーが作成され、その中に 2 つのファイルが含まれていることを確認しました。1 つは SSH の秘密鍵のファイルであり、もう 1 つは SSH の公開鍵のファイルです。

このステップでは、公開鍵のファイルの内容をコピーし、それをホスティングサービスの自分のアカウントに追加します。

公開鍵のファイルの内容をコピーするには、コマンドラインを使用するか、またはファイルシステム内のファイルに直接アクセスし、テキストエディターを使ってファイルを開きます。本書の例では、ファイル名は `id_25519.pub` です。

次に、ホスティングサービスのドキュメントの指示に従って、ホスティングサービスのアカウントに公開鍵を追加します。

実行手順 D-6 に進み、SSH のセットアッププロセスのステップ 3 を完了してください。

実行手順 D-6

1. SSH の公開鍵の内容をコピーします。これを行うには、ファイルシステム内でファイルを探し、テキストエディターを使ってそれを開き、その内容をコピーします。または、コマンドラインでコマンドを使って、公開鍵ファイルの内容をコピーします。
2. ホスティングサービスのドキュメントの手順に従って、SSH の公開鍵をホスティングサービスのアカウントに保存します。

これで、SSH を介して接続するための認証情報のセットアップが完了しました。

D.5　リモートリポジトリーの作成

本書の 7 章では、リモートリポジトリーを作成するよう指示されています。それぞれのホスティングサービスでこれを行うための方法については、次のリンクを参照してください。

GitHub

- GitHub Docs - Create a repository（https://docs.github.com/en/get-started/quickstart/create-a-repo）†6

GitLab

- GitLab Docs - Create a blank project（https://docs.gitlab.com/ee/user/project/#create-a-blank-project）†7

†6　訳注：日本語版ページ（https://docs.github.com/ja/repositories/creating-and-managing-repositories/quickstart-for-repositories）

†7　訳注：クリエーションライン株式会社による日本語版ページ（https://gitlab-docs.creationline.com/ee/user/project/#create-a-blank-project）

補注： GitLabでは、リポジトリーは「プロジェクト」（project）と呼ばれます。

Bitbucket

- Bitbucket Support - Create a repository（https://support.atlassian.com/bitbucket-cloud/docs/create-a-repository/）[†8]
- Bitbucket Support - Create a repository in Bitbucket Cloud（https://support.atlassian.com/bitbucket-cloud/docs/create-a-repository-in-bitbucket-cloud/）[†9]

訳者補 GitHubでのリモートリポジトリーの作成

GitHubでリモートリポジトリーを作成するための手順を簡単に説明します。下記の手順は、本書の練習課題のためにリポジトリーを作成する場合のものです。

1. GitHubの任意のページで、右上にあるプラス記号（＋）をクリックし、[New repository] をクリックします。
2. [Repository name] のフィールドに、作成するリポジトリーの名前（`rainbow-remote`）を入力します。
3. [Description] のフィールドに、リポジトリーの説明を入力します。これは省略可能です。
4. リポジトリーを非公開にするために、`Private`を選択します。
5. [Add a README file] には、チェックは付けません。
6. [Add .gitignore] は、「None」のままにしておきます。
7. [Choose a license] は、「None」のままにしておきます。
8. [Create repository] をクリックします。

†8 訳注：日本語版ページ（https://support.atlassian.com/ja/bitbucket-cloud/docs/create-a-repository/）

†9 訳注：日本語版ページ（https://support.atlassian.com/ja/bitbucket-cloud/docs/create-a-repository-in-bitbucket-cloud/）

D.6　プルリクエスト（マージリクエスト）の作成

本書の12章では、rainbow-remoteリポジトリーでプルリクエストを作成するよう指示されています。それぞれのホスティングサービスでこれを行うための方法については、次のリンクを参照してください。

GitHub

- GitHub Docs - Creating a pull request（https://docs.github.com/en/pull-requests/collaborating-with-pull-requests/proposing-changes-to-your-work-with-pull-requests/creating-a-pull-request?tool=webui#creating-the-pull-request）†10

GitLab

- GitLab Docs - Creating merge requests（https://docs.gitlab.com/ee/user/project/merge_requests/creating_merge_requests.html）†11
  補注：「From the merge request list」セクション（日本語版ページでは「マージリクエスト一覧から」セクション）の指示に従うことを勧めます。

Bitbucket

- Bitbucket Support - Create a pull request（https://support.atlassian.com/bitbucket-cloud/docs/create-a-pull-request/#Create-a-pull-request）†12

†10　訳注：日本語版ページ（https://docs.github.com/ja/pull-requests/collaborating-with-pull-requests/proposing-changes-to-your-work-with-pull-requests/creating-a-pull-request?tool=webui#creating-the-pull-request）

†11　訳注：クリエーションライン株式会社による日本語版ページ（https://gitlab-docs.creationline.com/ee/user/project/merge_requests/creating_merge_requests.html）

†12　訳注：日本語版ページ（https://support.atlassian.com/ja/bitbucket-cloud/docs/create-a-pull-request/#Create-a-pull-request）

索引

記号・数字

B

C

D

F

G

H

I

L

M

N

O

P

S

U

V

あ行

か行

さ行

た行

な行

は行

ま行

ら行

● 著者紹介

Anna Skoulikari（アンナ・スコウリカリ）

コミュニケーション能力の高さを活かして、シンプルかつ視覚的な方法でGitを教えているクリエイター。高い評価を得ているオンラインコースを含め、さまざまなメディアを通じてGitの普及に力を入れている。彼女は技術系の仕事に精通しており、UXデザイナー、フロントエンド開発者、テクニカルライターとして勤務した経験を持つ。

● **訳者紹介**

原 隆文（はら たかふみ）

1965年 長野県に生まれる。マニュアル翻訳会社、ソフトウェア開発会社を経て独立。妻と二人で神奈川県に在住。訳書に『クイック Perl 5 リファレンス』（共訳）、『XSLT Web 開発者ガイド』『Oracle のための Java 開発技法』（いずれもピアソン・エデュケーション）、『HTML & XHTML 第5版』『Access Hacks』『UML 2.0 クイックリファレンス』『入門 UML 2.0』『オプティマイジング Web サイト』『あなたの知らないところでソフトウェアは何をしているのか？』『SVG エッセンシャルズ 第2版』『プログラミング TypeScript』『マスタリング Linux シェルスクリプト 第2版』『初めての TypeScript』『Efficient Linux コマンドライン』『SQL ポケットガイド 第4版』（いずれもオライリー・ジャパン）などがある。

● **査読者紹介（和書）**

高橋 福助（たかはし ふくすけ）

2018年より NTTDATA-CERT（株式会社 NTT データグループの CSIRT）に所属し、IR、OSINT、SOAR 業務に従事。日本のセキュリティコミュニティ「大和セキュリティ」の OSS ツール「Hayabusa」「Takajo」の開発者の一人。OSS Blue Team ツールの修正、バグハンティング、フットサルが趣味で、複数 CVE を公開。35th Annual FIRST Conference、SECCON 2023 電脳会議 Open Conference、BSides Tokyo 2024、HITON CMT 2024 などのカンファレンスで発表。

GitHub：fukusuket

カバーの説明

本書の表紙の動物は、キビタイコノハドリ（学名：Chloropsis aurifrons）です。インド亜大陸、中国南西部、東南アジアなどに生息する鳥です。

この種のコノハドリは鮮やかな緑色の小さな鳥であり、黒い顔とのどを持ち、額にオレンジ色と金色のまだらがあります。鋭く長いくちばしと先端がブラシ状の舌は、木の皮や木の葉から昆虫を捕食するのに役立ちます。この鳥は熱帯の森林や庭園でよく見られ、昆虫、果実、さらには――ハチドリのように空中で静止しながら――花の蜜も食べます。

キビタイコノハドリは縄張り意識がとても強く、他の鳥に対して攻撃的であり、脅威を感じると、人間を含む他の動物を襲うことで知られています。この鳥は、春に繁殖し、木の葉と枝からカップ状の小さな巣を作ります。雌は2つか3つの卵を産み、雄はその卵を2週間抱き続けます。ひな鳥は、羽毛が生えそろって巣立ちできるようになるまで、さらに2週間ほど巣にとどまります。

オライリーの書籍の表紙を飾る動物の多くは絶滅の危機にあります。それらは世界にとって重要な生物です。

Gitハンズオンラーニング
——手を動かして学ぶバージョン管理システムの基本

2025年 2 月 3 日　　初版第 1 刷発行

著　　者　Anna Skoulikari（アンナ・スコウリカリ）
訳　　者　原 隆文（はら たかふみ）
発 行 人　ティム・オライリー
制　　作　アリエッタ株式会社
印刷・製本　三美印刷株式会社
発 行 所　株式会社オライリー・ジャパン
〒160-0002 東京都新宿区四谷坂町12番22号
Tel (03)3356-5227
Fax (03)3356-5263
電子メール japan@oreilly.co.jp
発 売 元　株式会社オーム社
〒101-8460 東京都千代田区神田錦町3-1
Tel (03)3233-0641（代表）
Fax (03)3233-3440

Printed in Japan（ISBN978-4-8144-0104-8）
乱丁本、落丁本はお取り替え致します。

本書は著作権上の保護を受けています。本書の一部あるいは全部について、株式会社オライリー・ジャパンから文書による許諾を得ずに、いかなる方法においても無断で複写、複製することは禁じられています。